2014—2015

空间科学

学科发展报告

REPORT ON ADVANCES IN
SPACE SCIENCE

中国科学技术协会　主编
中国空间科学学会　编著

U0236043

中国科学技术出版社
·北　京·

图书在版编目（CIP）数据

2014—2015空间科学学科发展报告 / 中国科学技术
协会主编；中国空间科学学会编著. —北京：中国科
学技术出版社，2016.2

（中国科协学科发展研究系列报告）

ISBN 978-7-5046-7088-5

Ⅰ. ① 2… Ⅱ. ① 中… ② 中… Ⅲ. ① 空间科学—学科
发展—研究报告—中国—2014—2015 Ⅳ. ① V1-12

中国版本图书馆 CIP 数据核字（2016）第 025918 号

策划编辑	吕建华　　许　慧	
责任编辑	夏凤金	
装帧设计	中文天地	
责任校对	刘洪岩	
责任印制	张建农	

出　　版	中国科学技术出版社	
发　　行	科学普及出版社发行部	
地　　址	北京市海淀区中关村南大街16号	
邮　　编	100081	
发行电话	010-62103130	
传　　真	010-62179148	
网　　址	http://www.cspbooks.com.cn	

开　　本	787mm×1092mm　1/16	
字　　数	368千字	
印　　张	17	
版　　次	2016年4月第1版	
印　　次	2016年4月第1次印刷	
印　　刷	北京盛通印刷股份有限公司	
书　　号	ISBN 978-7-5046-7088-5 / V·70	
定　　价	68.00元	

2014—2015
空间科学学科发展报告

首席科学顾问　顾逸东

编　写　组

　　组　长　吴　季

　　执　笔　刘志恒

　　成　员（按姓氏拼音排序）

　　　　常　进　陈晓丽　丁　柏　董晓龙　归林华

　　　　李莹辉　刘和光　刘建忠　刘秋生　刘志恒

　　　　缪秉魁　潘明祥　庞之浩　商　澎　孙丽琳

　　　　王　赤　王士维　赵玉芬

学　术　秘　书（按姓氏拼音排序）

　　　　何静雯　刘　跃　邱　理　唐　果　王彬彬

　　　　王红杰　王占群　伍　健　杨一德　曾　宏

　　　　朱林弘

>>>> 序

党的十八届五中全会提出要发挥科技创新在全面创新中的引领作用，推动战略前沿领域创新突破，为经济社会发展提供持久动力。国家"十三五"规划也对科技创新进行了战略部署。

要在科技创新中赢得先机，明确科技发展的重点领域和方向，培育具有竞争新优势的战略支点和突破口十分重要。从 2006 年开始，中国科协所属全国学会发挥自身优势，聚集全国高质量学术资源和优秀人才队伍，持续开展学科发展研究，通过对相关学科在发展态势、学术影响、代表性成果、国际合作、人才队伍建设等方面的最新进展的梳理和分析以及与国外相关学科的比较，总结学科研究热点与重要进展，提出各学科领域的发展趋势和发展策略，引导学科结构优化调整，推动完善学科布局，促进学科交叉融合和均衡发展。至 2013 年，共有 104 个全国学会开展了 186 项学科发展研究，编辑出版系列学科发展报告 186 卷，先后有 1.8 万名专家学者参与了学科发展研讨，有 7000 余位专家执笔撰写学科发展报告。学科发展研究逐步得到国内外科学界的广泛关注，得到国家有关决策部门的高度重视，为国家超前规划科技创新战略布局、抢占科技发展制高点提供了重要参考。

2014 年，中国科协组织 33 个全国学会，分别就其相关学科或领域的发展状况进行系统研究，编写了 33 卷学科发展报告（2014—2015）以及 1 卷学科发展报告综合卷。从本次出版的学科发展报告可以看出，近几年来，我国在基础研究、应用研究和交叉学科研究方面取得了突出性的科研成果，国家科研投入不断增加，科研队伍不断优化和成长，学科结构正在逐步改善，学科的国际合作与交流加强，科技实力和水平不断提升。同时本次学科发展报告也揭示出我国学科发展存在一些问题，包括基础研究薄弱，缺乏重大原创性科研成果；公众理解科学程度不够，给科学决策和学科建设带来负面影响；科研成果转化存在体制机制障碍，创新资源配置碎片化和效率不高；学科制度的设计不能很好地满足学科多样性发展的需求；等等。急切需要从人才、经费、制度、平台、机制等多方面采取措施加以改善，以推动学科建设和科学研究的持续发展。

中国科协所属全国学会是我国科技团体的中坚力量，学科类别齐全，学术资源丰富，汇聚了跨学科、跨行业、跨地域的高层次科技人才。近年来，中国科协通过组织全国学会开展学科发展研究，逐步形成了相对稳定的研究、编撰和服务管理团队，具有开展学科发展研究的组织和人才优势。2014—2015学科发展研究报告凝聚着1200多位专家学者的心血。在这里我衷心感谢各有关学会的大力支持，衷心感谢各学科专家的积极参与，衷心感谢付出辛勤劳动的全体人员！同时希望中国科协及其所属全国学会紧紧围绕科技创新要求和国家经济社会发展需要，坚持不懈地开展学科研究，继续提高学科发展报告的质量，建立起我国学科发展研究的支撑体系，出成果、出思想、出人才，为我国科技创新夯实基础。

2016 年 3 月

2014 年 5 月，中国空间科学学会承担了《2014—2015 空间科学学科发展报告》的撰写工作。6 月 26 日上午，召开了《2014—2015 空间科学学科发展报告》撰写工作的第一次工作会议。会议对学科发展报告的撰写内容、编写大纲进行了讨论，并就撰写工作进行了具体分工和布置。

根据撰写工作的节点进度，2015 年 8 月 21 日，召开了"空间科学学科发展研讨会"，对《2014—2015 空间科学学科发展报告（讨论稿）》进行了研讨并广泛征求了意见。根据研讨会提出的建议和意见，对讨论稿在框架结构、内容等方面进行了多次修改和补充。

由于空间科学发展与国家航天技术的发展规划、空间探测计划关系密切，涉及的科研计划时间尺度长、范围宽，在短期内，只能是计划相关的一个阶段性的研究成果。因此，本报告前后联系较密切。

本报告包括综合报告和专题报告两部分，综合报告主要分为 4 大部分：其一，引言，即综合报告的高度概括；其二，我国空间科学近年的最新进展；其三，空间科学国内外研究进展比较；其四，空间科学发展趋势及展望。详细论述的专题报告共 9 个，分别是：空间物理学发展报告，空间天文学发展报告，月球和行星科学发展报告，空间遥感发展报告，空间探测发展报告，空间材料发展报告，微重力科学发展报告，空间生命科学发展报告以及空间科学战略性先导科技专项进展报告。

在撰写过程中得到了相关专业委员会所挂靠单位给予的大力支持，参与撰写的许多专家，特别是报告的总执笔人刘志恒研究员、专题报告的撰写者在撰写过程中付出了很多心血，特一并表示衷心的感谢！

中国空间科学学会

2015 年 11 月

>>>> 目录

ABSTRACTS IN ENGLISH

综合报告

空间科学新进展和发展趋势

一、引言

空间科学是以研究宇宙的过去、现在和未来，从宏观（天体）到微观（原子与分子）去揭示宇宙客观发展规律的当代前沿自然学科。空间科学可划分为诸多分支领域，如：空间天文、太阳物理、空间物理、空间基础物理、空间探测、空间遥感、空间材料、微重力科学和空间生命科学等。

空间科学作为与重大科技突破和人类生存发展密切相关、能够引领密集技术创新的前沿交叉学科，在国家发展中发挥着越来越重要的作用，成为世界强国高度重视和争相支持的重要学科领域。近年来，国际上新的空间规划相继发布，科学合作更加全面广泛，卫星计划任务陆续实施，科学成果与发现不断涌现。我国跟踪国际发展前沿变化，开展了持续的空间科学发展战略与规划研究。结合国际上空间科学的最新进展与突破、前沿趋势与国内发展状况，凝炼出了具有重大创新思想的空间科学卫星项目，研究取得了显著进步。

我国空间物理领域利用国际合作，开始实现从跟踪、参与到自主、引领转变的发展新阶段。空间物理机理研究，如建模与预报能力已有了长足的进步。空间天文观测，如硬X射线调制望远镜和暗物质粒子探测卫星都已经转入正样阶段或处发射状态，多个背景型号项目在关键技术攻关方面进展很大。天文学科领域在2009—2013年共计产出研究论文59513篇，5年累计论文量增幅11.14%，年均论文量增幅2.13%。中国也是天文论文数量增长最快的国家，在这期间发表3274篇第一作者论文，占国际天文论文总数的5.5%，世界排名第四位。按照国际天文联盟（IAU）会员数作为参考，中国天文学家的人均论文产出好于世界平均水平。中国天文学科领域的论文产出数量在亚洲国家中已居第一位。我国第一个空间科学探测计划"地球空间双星探测计划"（简称双星计划）的成功实施，开创了我国空间科学探测的先河。子午工程于2012年10月完成建设投入运行，迈出了我国地基探测的历史性的一步。磁层－电离层－热层耦合小卫星星座探测计划（MIT）、太阳极轨望远镜计划（SPORT）、太阳空间望远镜卫星计划等列入中科院空间科学先导专项、民用航天背景预研项目。在月球与行星科学领域，随着19次、22次以及30次南极科学考察的顺利进行，我国共回收了陨石样品11000余块，一跃成为世界上拥有陨石最多的国家之一（仅次于日本和美国）。另一方面，我国深空探测始于2004年实施的月球探测工程，即"嫦娥工程"，它分为"绕、落、回"三个阶段，到2020年前完成。我国嫦娥三号探测器于2013年12月14日顺利软着陆于月球，使得我国成为在第二轮月球探测浪潮中第一个实现探测器登陆月球的国家。在我国高分辨率对地观测系统和包括大气、海洋、陆地和环境与灾害监测卫星组成的对地观测卫星系统中，遥感也是主要的信息获取手段之一。几十年来，我国光学遥感技术发展迅速，目前已经具备空间科学探测等各类有效载荷的设计、制造、试验和应用能力，载荷品类不断丰富，功能和性能不断提升。"十二五"期间，在高分重大专项的驱动下，我国有效载荷发展跨上新的台阶，遥感载荷进入亚米级分辨时代。近几年来，特别是在"十二五"期间，空间微波遥感技术与应用发展取得了突破性的进展，特别是"海洋二号"卫星多种微波遥感探测有效载荷的发展和应用、"风云三号"多种微波遥感探测与成像有效载荷的发展和应用、"环境一号"C星合成孔径雷达的发射和应用、在国际上首次实现的兼容GPS和北斗导航卫星的微波频段掩星探测的实现和大量有效数据的获取、地球静止轨道大气微波探测成像技术研究的重要突破，标志我国空间微波遥感已经全面从技术突破走向应用，微波遥感技术的水平和能力已经开始接近和达到国际先进水平，并且在一些方向上从模仿跟踪走向自主创新和引领发展。以美、俄、欧、日为主的国家和地区的微重力科学研究已经进入以空间站为主的时代，相关的科学研究活动进入到一个相对稳定发展时期。近两年，我国在微重力科学的发展已经进入载人航天二期工程的尾声，空间微重力科学在流体科学、材料科学、空间物理与技术以及生命与生物技术等领域都取得了一定的发展。目前许多在地面实验室进行的物理学前沿实验已经实现一定的测量精度，正向着充分利用空间微重力环境进行精密测量物理的发展。同时，随着"天宫二号"以及"实践十号"任务的成功发射将会产生空间材料、流体等领域的一系列新成果，下一步我国微重力科学的发展将进入空间站阶段。在空间材料科学研究领域，我国在多种金属及合金，C/C和C/Si等复合材料方面均开展了大量工作，相关产品已应用于航天航空等多个领域。近年来，复合材料的快速制备工艺取得重大突破，发明了快速化学气相渗技术，大幅度缩短了C/C、C/Si复合材料制备周期，降低了制备低成本；在防热复合材料的制备方面，设计出夹层结构等多种结构形式；在功能材料方面，开展了润滑材料、催化和防碎片等研究；在结构－功能一体化材料方面，制备出低介电常数的氮化硅材料以及可见－中红外透明陶瓷材料，满足了承载、防热、润滑和通信等不同应用的需求。我国空间生命科学研究近年来明确转向以空间基础生物学与生物技术研究为主，进一步拓展与加强地外生命科学探索。2011年以来，先后论证、启动了一批包括"基因芯片技术在地外生命信号探索中的应用研究""行星科学实验室轨道地外生命实验箱方案设计""空间细胞生物力学工程技术平台研究""无人航天器的微生物监控技术研究""地球生命对空间环境的适应与响应机制实验方案研究"等空间生命科学预研项目。

二、我国空间科学近年的最新进展

（一）空间物理研究最新进展

近年来，我国的空间物理机理研究开始站在国际前沿，建模与预报能力有了长足的进步，空间物理领域的国际合作也开始实现从跟踪、参与到自主、引领转变的发展新阶段。

1. 双星计划

双星计划包括两颗卫星：近地赤道区卫星（TC-1）和极区卫星（TC-2），运行于目前国际上地球空间探测卫星尚未覆盖的近地磁层活动区。这两颗卫星相互配合，形成了独立的具有创新和特色的地球空间探测计划。双星计划与欧空局的"星簇计划（Cluster）"相配合，构成了人类历史上第一次使用相同或相似的探测器对地球空间进行的"六点"探测，研究地球磁层整体变化规律和爆发事件的机理。双星计划的主要科学任务是通过对地球空间电磁场和带电粒子的探测，获取了可靠的科学数据，在研究中取得新的发现和获得突破性的理论研究成果。双星计划让世界了解了中国空间科学的现代水平。

2. 磁层－电离层－热层耦合小卫星星座探测计划（MIT）

MIT 的科学目标是利用小卫星星座系统的探测和研究，解决磁层－电离层－热层耦合系统中能量耦合、电动力学和动力学耦合以及质量耦合等方面尚未解决的若干重大科学问题；重点是探测电离层上行粒子流发生和演化对太阳风直接驱动的响应过程，研究来自电离层和热层近地尾向流在磁层空间暴触发过程中的重要作用，了解磁层空间暴引起的电离层和热层全球尺度扰动特征，揭示磁层－电离层－热层系统相互作用的关键途径和变化规律。

3. 太阳极轨望远镜计划（SPORT）

SPORT 将首次在太阳极轨上，以遥感成像及就位探测相结合的方式，对太阳高纬地区的太阳活动及行星际空间的环境变化进行连续的观测，对太阳和空间物理研究及空间天气预报具有重要意义。

4. 地基探测——子午工程

自 2011 年东半球空间环境地基综合监测子午链开始运行以来，至 2014 年 5 月底，子午工程已获取 64 种空间环境参数，超过 661 万个数据文件，近 2.35TB 的监测数据。利用子午工程数据，已经在我国上空空间环境特征研究，以及地球空间各个圈层之间的耦合研究等方面取得了原创性的科研成果，据不完全统计，包括在国际著名学术刊物（*JGR*、*GRL* 等）上已发表学术论文 150 余篇。与此同时，子午工程还为我国航天活动如"天宫一号""神舟八号""神舟九号"的发射，以及交会对接等任务提供了大量的数据支撑服务。

空间物理领域国际合作格局开始形成，通过双星计划－Cluster、中俄火星联合探测计划、夸父计划和国际空间天气子午圈计划的实施和推动，国际合作开始进入围绕重大国家任务开展实质性、战略性合作的发展新阶段。"国际空间天气子午圈计划"获得了科技部重大国际合作计划的支持，被2012年美国《太阳与空间物理十年发展规划》列为重要国际合作项目。我国科学家牵头建议的夸父国际合作卫星计划，被誉为"中华民族在空间探测科学领域的创世纪的计划"。美国 *Science* 杂志专门对夸父计划进行了报道，文中指出，"夸父计划将在很高的精度上追踪太阳爆发和地磁暴活动；它将有许多项首创技术，并将使中国在深空探测方面跨入国际领先行列"。这些由中国科学家牵头的地基、天基计划已在组织推动中，必将对科学发展产生重要引领作用。空间天气业务和其他气象业务的配合，可以实现从太阳到地球表面气象环境的无缝隙业务体。目前中国科学家正在积极推进"国际空间天气预报前沿计划"的重大国际合作研究项目。

（二）空间天文学最新进展

经过多年的科研实践、人才培养和国际合作研究，形成了一批在国内外有影响的学术带头人和优秀创新研究群体。在过去的5年里，空间天文观测技术和研究方法取得了长足的进步，硬X射线调制望远镜和暗物质粒子探测卫星都已经转入正样研制阶段，多个背景型号项目在关键技术攻关方面进展很大，为"十三五"我国空间天文的发展提供了强有力的支撑。

1. 太阳物理

近10年来，我国太阳物理研究取得了很大的进展和成果，无论在观测和理论研究方面都有自己的特色。中国学者在 *Solar Physics* 杂志上发表论文的比例超过10%，与英国相当，仅次于美国。我国太阳物理的研究队伍体量仅占整个天文学的12%，近5年内贡献了19%的引用位于前10%的论文。我国学者由向量磁场观测最早给出光球磁重联存在的证据，提出了三维磁场外推的边界元方法并由此首次得出耀斑的磁绳结构；最早建议网络内磁场的内禀弱性质，在宁静区小尺度磁场、冕洞磁场结构与演化和黑子精细结构等方面取得了原创性的成果。我国学者在日冕物质抛射（CME）爆发的大尺度源区、磁绳灾变模型、CME爆发的数值模拟、日冕螺度积累和CME的发生、磁重联电流片的观测特征、磁绳的观测特征和形成机制等方面做了一系列有深度的研究工作，在国际上有较大的影响。通过光谱观测，结合半经验模型和动力学模型的计算，对耀斑大气的加热机制、白光耀斑的起源进行诊断，形成了很有特色的一个研究领域。紫金山天文台的精细结构望远镜近年来在揭示脉冲相耀斑环收缩等动力学特征方面获得了有意义的观测结果。率先提出了耀斑高能电子的低端截止能量较预期值高、发现射电和EUV波段的耀斑环在脉冲相具有收缩现象等。国家天文台科学家通过分析空间和地面太阳观测数据，系统地提出了太阳向量磁场分析研究方法、概念和表征量，定量描述了太阳活动区磁能积累的物理过程；首次给出太阳低层大气磁重联存在的证据，提出两阶段磁重联太阳耀斑唯像模型；提出太阳网络内磁场是内禀弱磁场，对太阳总磁通量有重要贡献的观点。云南天文台"太阳活动和

CME 理论研究"创新团组与外特聘学者 Ilia Roussev 教授通力合作，分析最新空间卫星数据，对日冕物质抛射（CME）和相应的 X 射线爆发进行了深入、细致的研究，采用最先进的数值模拟方法研究日冕物质抛射的起始和早期演化过程，给出了处于学科前沿的计算机模拟最新结果。紫金山天文台的太阳物理研究人员和美国同行合作，利用最新落成的大口径太阳望远镜（大熊湖天文台 1.6m 口径的 NST）和我国自行研制的 10830 埃窄带滤光器，首次得到了太阳在该波段的高分辨率图像（色球），发现了高温物质和能量外流的通道。结合空间卫星观测数据分析，研究成果解释了加热日冕的能量究竟来自光球的何处。这一现象的能量来源被美国 *Science* 杂志列为天体物理学八大问题之一。

国家天文台的一研究团组与合作者，利用上海光机所高功率激光物理联合实验室的神光 II 号装置，巧妙地构造了激光等离子体磁重联拓扑结构。观测到了与太阳耀斑中环顶 X 射线源极为相似的实验结果。这项工作成果发表在 *Nature Physics* 上并受到广泛的关注，被认为有望开辟实验室天体物理研究的新领域。

2. 非太阳领域

我国在非太阳领域形成了以空间高能天文为主并兼顾可见光、紫外和射电等波段的多波段空间天文探测，以及空间反物质、空间宇宙线、空间暗物质和激光天文动力学等研究方向的格局，基本上包括了国际空间天文的主要研究方向，如黑洞等致密天体物理、超新星遗迹、γ 射线暴、星系、星系团、宇宙学、太阳活动以及暗物质的探索等重要的天体物理前沿。2011 年 1 月，中国科学院首批启动的战略性先导科技专项空间天文项目有硬 X 射线调制望远镜（HXMT）和暗物质粒子探测卫星。暗物质粒子探测卫星"悟空"于 2015 年年底发射。它将进行宇宙线、伽马射线探测并进行暗物质粒子的间接探测研究。HXMT 包括软 X 射线望远镜、中能 X 射线望远镜和高能 X 射线望远镜，计划于 2016 年发射升空，进行宽波段 X 射线巡天工作。中欧合作伽马射线暴偏振测量仪器（POLAR），计划搭载"天宫二号"于 2015 年年底发射运行，将是国际上首个高灵敏度专用测量伽马暴伽马射线偏振的科学仪器。中法合作空间高能天文小卫星空间变源监视器卫星（SVOM），已经被批准正式立项，计划 2021 年前后上天，其主要科学目标是研究 γ 暴的多波段辐射性质。

（三）月球与深空探测和探月工程最新进展

月球与行星科学的发展一方面依赖于陨石学研究的科学成果，另一方面依赖于空间探测的发展。

1. 陨石学最新进展

陨石是来自地球之外的小行星和行星的样品，是太阳系演化历史的见证者，是非常珍贵的科学资源。陨石学研究不但探索和揭示太阳系的起源和成因、形成和演化历史，而且为深空探测科学目标的确立和探测数据的解译提供了服务。陨石学主要研究方向包括：不同类型陨石物质成分特征及其成因、太阳系外物质与恒星演化的物理化学过程、灭绝核素与太阳系早期演化的同位素定年、太阳星云的形成和演化、金属 – 硅酸盐的熔融分异与行星核幔的形成、冲击变质与高压矿物学以及陨石和宇宙尘样品的收集等。

（1）陨石收集。①南极陨石收集：2013—2014 年中国第 30 次南极科学考察队在格罗夫山地区开展了第六次综合考察，陨石搜集是核心任务之一。项目开展了布莱克、梅尔沃德和梅森峰等附近蓝冰区的踏勘工作。对阵风悬崖中段蓝冰区、阵风悬崖中北段碎石带、萨哈罗夫岭碎石带等区域开展了详细的陨石搜寻。共发现陨石样品 583 块，其中阵风悬崖北段 497 块、阵风悬崖中段 82 块、哈丁山及萨哈罗夫岭 4 块。获得陨石富集规律信息。②沙漠陨石收集：2012 年 10 月和 2013 年 5 月，中国科学院地球化学研究所及高校等单位联合在哈密戈壁地区开展了两次寻找陨石的踏勘和考察搜寻活动，在我国沙漠陨石 8 个富集区收集陨石 50 块；陨石类型有 L5、H5、L 冲击熔融型等。

（2）陨石库建设及陨石分类研究。①陨石库的建设与管理。目前，陨石库日常管理工作由中国极地研究中心负责，样品分类和数字化整理 2350 块陨石。建立了南极陨石样品共享平台。该网上平台以陨石样品信息为基础，包含共享平台的有关管理规定、样品申请的程序、建设成果等内容。②陨石分类研究。陨石分类是一项长期的基础性工作，是开展深入研究的必要条件。2013 年，中国极地研究中心和桂林理工大学共同开展了 150 块格罗夫山陨石的分类工作和陨石样品信息整理工作。

（3）火星陨石氢同位素研究——火星地下水的证据。火星是深空探测的热点。人类不懈地探索火星，最主要的动力是期盼发现地球以外的生命，其基本逻辑是，火星表面的许多地形地貌特征，指示曾经有过水流，因而具有支持和孕育生命的基本条件。中国科学院地质与地球物理研究所胡森博士和林杨挺研究员等人借助纳米离子探针，对 GRV 020090 火星陨石中的岩浆包裹体和磷灰石的水含量和 H 同位素组成进行分析。研究发现，该样品岩浆包裹体的水含量和 H 同位素具有非常好的对数相关性，指示火星大气水交换的结果，从而推断火星大气的 H 同位素组成为 6034 ± 72‰，与好奇号最新的探测结果一致。此外，研究表明这些水是由外部通过扩散进入冷却后的岩浆包裹体。因此，这是火星大气水而不是岩浆水。这是首次发现火星存在大气降水的同位素证据。

（4）碳质球粒陨石中寻找前太阳颗粒。陨石中的前太阳物质（presolar material）是在太阳系形成之前，由各种恒星演化至晚期喷出物凝聚形成微米至次微米大小的尘埃颗粒，是人类唯一能获得的其他恒星样品（又称太阳系外物质）。前太阳颗粒携带了恒星核合成的信息，是恒星核合成理论的重要实验制约。中国科学院地质与地球物理研究所与美国华盛顿大学空间科学实验室的合作者，利用纳米离子探针和俄歇纳米探针对南极格罗夫山 GR 型碳质球粒陨石 GRV 021710 开展了前太阳物质的系统调查和研究。研究结果表明，GRV 021710 陨石是迄今最富集前太阳颗粒的原始球粒陨石之一，含有大量的前太阳富氧颗粒（236 ± 40 ppm，硅酸盐和氧化物，1 ppm=10⁻⁶，下同）和富碳颗粒（189 ± 18 ppm，SiC 和石墨）。

（5）其他陨石研究成果。在上述研究成果外，陨石研究还有其他成果，比如：各种类型陨石岩石矿物学特征及其成因认识，这些陨石以普通球粒陨石为主，另外还有火星

陨石、月球陨石、顽火辉石球粒陨石、中铁陨石、碳质球粒陨石等；陨石同位素研究有
Mg-Al 同位素、Re-Os 同位素等；还有陨石冲击变质现象研究。

2. 月球探测工程

按照我国月球探测工程的总体规划，月球探测工程计划分"绕、落、回"三阶段实施。

（1）绕月探测工程（探月工程一期）。

"嫦娥一号"卫星于 2007 年 10 月 24 日在西昌卫星发射中心成功发射，实现了绕月工程。随后在国家"863"计划的资助下，开展了绕月探测工程数据模型与方法以及各类数据的融合反演等方面的研究。绕月探测工程是我国的首次月球探测工程，作为我国第一个月球探测器，"嫦娥一号"卫星在科学探测任务中获得了大量的探测数据，超额完成了全月球影像图、全月球数字高程模型图和月球三维数字地图的研制任务，完成了月壤特性探测与月球厚度反演、地月空间环境以及物质成分探测的任务，为后续月球探测工程任务的实施奠定了坚实的基础。

（2）探月工程二期。

探月工程二期共包括三发任务，其中第一发为"嫦娥二号"（CE-2）任务，是探月工程二期的先导星，已于 2010 年 10 月 1 日顺利升空，于 2011 年 4 月 1 日顺利完成工程任务，获得了 11TB 的 0、1、2 级数据。第二发任务是探月工程二期的主任务，命名为"嫦娥三号"（CE-3）任务。于 2013 年 12 月 2 日凌晨按计划发射升空。并于北京时间 12 月 14 日 21 时 11 分，成功实施月面软着陆。此次成功落月，使中国成为全世界第三个实现月面软着陆的国家。2014 年"嫦娥三号"一直处于任务执行期，开展预定科学探测任务，获取探测数据。第三发称为"嫦娥四号"任务，是"嫦娥三号"任务的备份星，目前有关部门正在组织论证，重新遴选科学目标和实施方案。

（3）月球探测三期工程。

探月工程三期于 2014 年 10 月 24 日 2 时成功发射了"嫦娥五号"试验器。2014 年 11 月 1 日 6 时 42 分，再入返回飞行试验返回器在内蒙古四子王旗预定区域顺利着陆，标志着我国探月工程三期再入返回飞行试验获得圆满成功。目前工程其他各项工作都在按照预先的时间节点进行。

3. 火星探测

火星是位于地球轨道外侧的第一颗行星，通过探索火星，人类希望建立第二家园和寻找地球外生命。研究火星的磁场、大气和气候、空间环境、地貌等内容，并掌握其规律，是实现这一目标的重要途径之一。我国相关单位已经开展了有关火星探测科学目标以及相关关键技术的攻关。目前我国已经开始组织实施火星探测工程，计划 2020 年首次发射火星探测器。我国的火星探测任务将包括火星环绕器和火星车登陆等内容。

（四）空间遥感最新进展

我国空间遥感技术及应用近年来取得突破性的发展。我国光学遥感领域已经具备空

间科学探测等各类有效载荷的设计、制造、试验和应用能力，载荷品类不断丰富，功能和性能不断提升。"十二五"期间，在高分重大专项的驱动下，我国有效载荷发展跨上新的台阶，遥感载荷进入亚米级分辨时代。微波遥感领域，从 2002 年首次在"神舟四号"飞船搭载多模态微波遥感器进行雷达高度计、微波散射计和微波辐射计的综合技术试验，到 2006 年首次成功发射第一个星载合成孔径雷达，我国星载微波遥感实现了全面的突破。最近几年来，我国空间微波遥感已经从技术突破向全面应用，从跟踪模仿向自主创新迈进，并在部分领域开始了引领前沿的发展和突破。

1. 我国在对地观测领域，气象卫星、海洋卫星和环境卫星遥感实现技术和应用的重大突破

（1）气象卫星。

2008 年，我国新一代极轨气象卫星"风云三号"卫星 A 星发射，首次在面向业务应用的对地观测卫星上配置微波遥感有效载荷。2010 年，"风云三号"B 星发射成功运行，标志着我国气象卫星微波探测和成像技术走向成熟。在"风云三号"A 星和 B 星成功的基础上，2013 年发射的"风云三号"C 星实现了微波遥感探测有效载荷技术的重大突破。

"风云三号"C 星充分继承了 A 星和 B 星的成熟技术，搭载了 12 台遥感仪器，其中光学仪器包括十通道可见红外扫描辐射计（星下点分辨率为 1.1km，扫描范围为 ±55.4°）、红外分光计、中分辨率成像光谱仪等载荷。"风云三号"的 03 星核心光学遥感仪器性能进一步提升，成为"风云三号"的首颗业务星。

微波湿度计在 A/B 星 150GHz 和 183GHz 两个频率、5 个通道的基础上，增加 90GHz 和 118GHz 两个探测频率、15 个探测通道，探测功能也由原来的单一湿度探测扩展为温湿度同步探测，在国际上首次实现由一台微波遥感器同时实现温度和湿度探测功能。微波湿温探测仪也是国际上第一个在近地轨道卫星上搭载 118GHz 辐射计接收机的空间对地观测设备，不仅实现了探测功能的扩展，而且探测通道的细分使探测性能上有极大的提高；微波湿度计扫描角度范围（±53.35°）大于 NOAA 卫星的 AMSU-B（±48.95°），因此扫描刈幅宽度大于 AMSU-B，扫描成像点数为 98 个，也优于 AMSU-B 的 90 个，拓展了探测范围。从 2014 年 9 月 24 日开始，该中心欧洲中期天气预报中心（ECMWF）开始在其业务预报模式中使用"风云三号"B 星微波湿度计资料，这标志着我国气象卫星的辐射测量精度和观测稳定性获得国际用户的认可。未来"风云"卫星将和欧洲、美国的气象卫星一同在气象卫星数据提供方面发挥主导作用。在对"风云三号"B 星微波湿度计资料进行了长期的跟踪和评价后，欧洲中期天气预报中心认为，"风云三号"B 星微波湿度计资料改进了模式对对流层中层和高层湿度场的分析，增强了卫星观测系统的强壮性。研究表明观测数据质量非常可靠，对模式预报产生的影响已与欧洲或美国的同类仪器相当，这是我国卫星微波遥感技术发展的重大突破性标志。

"风云三号"卫星 C 星还首次搭载 GNSS 掩星探测仪 GNOS，这是我国首次开展星载大气掩星探测试验，也是国际上第一个能够兼容 GPS 和北斗导航卫星的 GNSS 掩星探测设备，大大提高了掩星探测的有效数据获取能力，为掩星探测数据在气象预报、电离层监测和全球变化研究中的应用提供了新的技术。

根据我国的气象卫星规划，我国未来还将发展自主的全球降水卫星，其配置的载荷主要是微波遥感器，包括 Ku/Ka 双频降水雷达（DFPR）、微波湿温探测仪（MWHTS）、新一代微波温度计（MWTS-II）和新一代微波成像仪（频率 10 ~ 183GHz）。进一步，我国极轨气象卫星还将实现多星组网观测，进一步提高业务服务能力。

（2）海洋卫星。

近年来，我国正积极开展海洋观测领域水色仪等预言研究。2011 年 8 月 16 日，我国第一颗海洋动力环境卫星（HY-2）A 星成功发射，开启了我国海洋微波遥感的新纪元。HY-2 号卫星在国内首次自主设计与研制星载高精度双频雷达高度计；在国际上首次将提高采样率和收发射频信号高隔离技术用于星载雷达高度计，回波信号质量优于国外同类设备；在国际上首次提出并实现重心跟踪和最大似然算法并行工作的海陆兼容跟踪器，实现海洋和陆地的连续稳定测量；在国际上首次提出和采用从实验室到在轨的连续一致有源定标技术，研制基于脉冲重建体制的高精度高度计有源定标器，定标精度 1cm，在国际上处于领先水平。HY-2 校正辐射计在国际上首次提出并采用顺轨方向三波束直线排列观测；在国内首次实现星载非扫描微波辐射计热真空定标和对不同支路的准确定标，保证在轨定标准确度；在国际上首次采用紧凑双膜片正交模耦合器技术，实现星上正交极化射频主备份隔离，实现电功能模块交叉冷备份；在国际上首次利用铰链技术实现高精度毫米波天线展开，简化了机构复杂度，展开精度优于 0.1°。"海洋二号"卫星雷达高度计和校正辐射计数据，经过我国海洋卫星应用部门及法国国家空间中心（CNES）等国内外机构的验证和比较，数据质量达到同类卫星 Jason-2 的水平，回波信号优于国外卫星，具有进一步提高数据精度和质量的潜力。"海洋二号"卫星数据已经在法国多任务系统中获得应用，标志着我国海洋微波遥感技术水平实现了跨越式发展。"海洋二号"卫星微波散射计获取的海面风场数据质量达到或接近国外同类卫星的水平。获取的数据经过国内外用户的处理和试验应用，海面风速精度优于 2m/s，风向精度优于 20°，数据质量达到或接近 ASCAT 的水平，在国际海面风场卫星观测系统中占有重要地位。

此外，我国还和法国联合提出并合作研制中法海洋卫星（CFOSAT），利用多波束旋转扫描的真实孔径雷达海洋波谱仪（SWIM）和扇形波束扫描微波散射计（RFSCAT）进行海面波浪方向谱和海面风场的联合观测，开展波浪与风场相互作用的研究，为海洋和天气数值预报、海洋灾害预警监测等提供观测能力。中国提出并研制的 RFSCAT 则是在国际上首次采用扇形波束扫描体制，实现更多的风矢量单元后向散射观测角组合，提高海面风场的反演能力。CFOSAT 卫星及其有效载荷的提出，是我国海洋微波遥感技术发展的重要突破，标志着我国开始根据海洋环境要素探测要求自主提出新的有效载荷方案。

（3）环境卫星。

2012 年 2 月 3 日发射成功"环境一号"卫星 C 星（HJ-1C 卫星），是我国环境与灾害监测预报小卫星的一颗雷达卫星，也是我国第一颗民用合成孔径雷达（SAR）卫星和首颗 S 波段 SAR 卫星。HJ-1C 卫星的发射和运行，填补了我国在民用高分辨率的卫星成像遥感领域的空白，产生了重要的社会和经济效益。

（4）陆地观测卫星。

2013 年 4 月"高分一号"卫星在酒泉卫星发射中心成功发射，目前在轨运行稳定，成像清晰。"高分一号"卫星是中国高分辨率对地观测系统重大专项的首发星，卫星装载两台 2 m 分辨率全色、8 m 分辨率多光谱相机（简称高分相机）和 4 台 16 m 分辨率多光谱相机（简称宽幅相机）。运行在 645 km 太阳同步轨道上。高分相机幅宽为 70 km，宽幅相机幅宽为 800 km，在单颗卫星上同时实现高分辨率和大幅宽成像，具备对全球 4 天重访能力。卫星具有多种空间分辨率、多种光谱分辨率和多源遥感数据特征，可满足不同用户的应用需求。

"高分二号"卫星是高分辨率对地观测系统重大专项首批启动立项的重要项目之一，2014 年成功发射。"高分二号"是迄今中国研制的空间分辨率和寿命要求最高的民用光学对地观测卫星，具有米级空间分辨率、高辐射精度、高定位精度和快速姿态机动能力。技术指标达到国外新一代卫星水平。卫星配置有 2 台相机组合而成的光学成像系统，具有全色 / 多光谱成像能力，实现高空间分辨率、多谱段对地观测。高分星下点像元分辨率全色 0.81m / 多光谱 3.24m，幅宽 45km；多光谱谱段 4 个，覆盖谱段为：0.45 ~ 0.9μm；地面目标定位精度 50m（1σ）。

"高分二号"卫星投入使用后，与在轨运行的"高分一号"卫星相互配合，进一步完善我国高分专项建设，推动高分辨率卫星数据应用，为土地利用动态监测、矿产资源调查、城乡规划监测评价、交通路网规划、森林资源调查、荒漠化监测等行业和首都圈等区域应用提供服务支撑。

"资源一号"02C 星于 2011 年 12 月成功发射，是我国自主研制的第一颗民用高分辨率遥感业务卫星。它具有高空间分辨率、宽覆盖、快重访等特点，搭载了 2 台 2.36m 高分辨率相机和 1 台 5m/10m 全色多光谱相机，具有 54 km 幅宽，能在 3 ~ 5 天内对全球任一地点重复观测，获取的数据能满足 1：2.5 万 ~ 1：10 万国土资源调查监测要求。"资源一号"02C 卫星推进了国土资源遥感数据的国产化。

"资源三号"卫星是我国第一颗民用高分辨测绘卫星，2012 年 1 月成功发射。立体影像分辨率为 3.6m，覆盖宽度 60km，用于 1：50000 比例尺地图测绘，同时星上安装了一台 2.1m 分辨率相机，用于 1：25000 比例尺地图的修测。"资源三号"扭转了我国民用航天立体测绘业务依赖国外遥感数据的局面，推动了地理信息产业的发展，是我国测绘地理信息装备水平实质性飞跃的重要标志，对维护国家地理信息空间信息安全具有里程碑的意义。

2. 月球轨道器微波探测和巡视器雷达探测

在开展空间微波遥感对地观测技术的同时，我国还开展了微波遥感在空间探测中应用的技术研究。利用"嫦娥一号"和二号卫星微波探测仪的数据，开展了大量的数据分析和研究，构建了"微波月亮"模型，大大丰富了人类对月球的认识，其中在月球两极地区发现的低亮度温度异常区，与国外其他探测的结果进行了交叉验证。

2013 年，我国成功发射嫦娥三号、四号月球探测器，实现在月球表面的软着陆。其中月球巡视探测器"玉兔"搭载一个利用超宽带电磁脉冲进行探测表面的双频段的测月雷达，其科学目标是对月球次表层月壤和月岩进行探测，并试图发现月球早期火山喷发的痕迹。虽然由于"玉兔"的故障，测月雷达没能实现预定的探测任务，但雷达系统本身工作正常，表明我国在这类雷达的空间应用上取得了突破。

3. 系列微波遥感新理论、新方法和新技术的研究出现新突破

（1）地球静止轨道大气微波探测技术。

在地球静止轨道可以实现对重点区域的连续不间断观测，地球静止轨道大气探测对于台风、暴雨等极端天气的预报、监测具有非常重要的意义，相关技术具有迫切的应用需求。微波探测可以穿透云和降雨，获取云层和降雨内部的温度、湿度及液水、冰等宏微观信息，对于提高极端天气的预报水平和灾害天气的预警监测能力可起到关键支持作用。在"863"计划等的支持下，我国开展了静止轨道大气微波探测技术的研究，创造性地提出了阵列旋转实现基线与可视度函数采样覆盖的方案及其成像方法，大大减少了所要求的单元数据，在国际上首次成功研制了地球静止轨道大气微波探测仪（GIMS）全尺寸样机，并开展成像试验，为地球静止轨道微波探测的实现走出重要的一步，也得到了国际同行的广泛认可。

（2）新型主被动低频微波海洋盐度与土壤湿度探测技术。

针对海洋盐度卫星遥感探测需求，我国开展主被动联合探测盐度计的研究。通过借鉴国际上 SMOS 和 Aquarius 两种不同体制海洋盐度微波遥感探测技术的优势和存在的问题，创造性地提出一种主被动公用反射面、被动微波稀疏阵列综合孔径成像和主动微波电扫相结合的新技术，既避免了 SMOS 二维综合孔径单元数目多、成像复杂、图像亮温精度不易实现的困难，又避免了 Aquarius 固定波束观测存在的刈幅和分辨率的不足，为我国自主海洋盐度探测卫星的研发提供了先进技术的准备和支持。目前基于这种新体制的海洋盐度探测卫星已经进入先期攻关阶段。

1）新型星载雷达高度计技术。合成孔径雷达高度计和宽刈幅雷达高度计是新一代卫星雷达高度计技术，经过技术攻关，我国已经突破了其中的关键技术，经过航空飞行试验，验证了系统关键技术和成像处理的关键技术。

2）地球同步轨道合成孔径雷达技术。地球同步轨道合成孔径雷达可以实现对重点区域的连续高分辨率监测，在环境遥感等方面具有重要应用前景。我国在该领域的研究从理论到技术实现的各个环节都开展了深入的研究，取得了重要突破，整体技术水平已经处在国际前列。

3）新的大气、海洋和陆地环境要素微波遥感探测技术。针对气象和海洋预报、全球变化、地球系统科学等行业对大气、海洋和陆地环境要素的探测需求，我国在微波遥感探测遥感新技术方面，包括太赫兹冰云探测仪、新一代大气微波综合探测仪、海面流场风场测量雷达、GNSS-R 在降雨和海洋测量方面的应用等取得了重要的进展。

全球变化和地球系统科学的研究，对空间微波遥感提出了新的技术需求。我国还针对现有观测和研究的问题，提出水循环关键要素综合观测等遥感技术和反演理论与方法的新的发展方向，并开展了相关的关键技术研究。

（五）空间探测最新进展

我国深空探测是从月球探测开始的，这是因为月球是离地球最近的一个星球，又蕴含着丰富的资源和能源，所以从技术性、科学性和经济性等方面讲，在深空探测领域先探测月球是符合科学规律的，国外的深空探测历程也是如此。

我国探月的发展思路是：循序渐进、分步实施、不断跨越。从 2004 年起，我国开始实施月球探测工程，即"嫦娥工程"，到 2020 年前完成。它分为"绕、落、回"三个阶段。

1. 绕月探测工程（探月工程一期）

"嫦娥一号"卫星于 2007 年 10 月 24 日在西昌卫星发射中心成功发射，实现了绕月工程。

2007 年 10 月 24 日，我国发射第一个月球探测器"嫦娥一号"。它运行在距月球表面约 200km 高的圆形极轨道上。探测器上有 8 种科学仪器，其中包括在世界上首次使用的微波探测仪，首次获得了白天和黑夜的全月球微波图像。它累计飞行 494 天，比原计划多117 天。随后在国家"863"计划的资助下，开展了绕月探测工程数据模型与方法以及各类数据的融合反演等方面的研究。

2. 落月探测工程（探月工程二期）

我国落月探测工程计划实施了 3 次飞行任务，分别命名为嫦娥二号（CE2）、三号（CE3）、三号任务，现已完成了嫦娥二号、三号任务。

2010 年 10 月 1 日，"嫦娥二号"绕月探测器升空。它用于试验"嫦娥三号"落月探测器的部分关键技术，降低技术风险。首次获得了 7m 分辨率全月球立体影像；首次从月球轨道出发飞赴日地拉格朗日 2 点进行科学探测；首次对图塔蒂斯小行星进行了近距离交会探测。

2013 年 12 月 2 日，"嫦娥三号"落月探测器升空，14 日成功实施月面软着陆。此次成功落月，使中国成为全世界第三个实现月面软着陆的国家。15 日，其携带的"玉兔号"月球车与"嫦娥三号"着陆器分离，踏上月面。当日，"嫦娥三号"着陆器与玉兔号月球车互相拍照，标志着"嫦娥三号"任务取得圆满成功。

"嫦娥三号"实现了多项创新，例如，在世界落月探测中首次使用了极紫外相机、月基光学望远镜和测月雷达；首次实现了我国航天器在地外天体软着陆；首次实现了我国航天器在地外天体巡视探测；首次实现了对月面探测器的遥操作；首次研制了我国大型深空站，初步建成覆盖行星际的深空测控通信网；首次在月面开展了多种形式的科学探测；首次在我国航天器上采用了放射性同位素热源和两相流体回路技术，实现了探测器在极端温度环境下的月面生存。它使我国空间探测技术取得了跨越式进步，在包括欧洲、日本和印度等在内的世界探月第二集团中处于领先地位，直接获得了丰富的月球数据。

2014年，"嫦娥三号"一直处于任务执行期，开展预定科学探测任务，获取探测数据。截至2015年5月，已在月面度过18个月昼，着陆器目前大部分设备仍在工作，成为在月表工作时间最长的人造航天器。另外中国科学院设立了"嫦娥三号"任务研究专项，组织"嫦娥三号"任务科学家研究团队开展了数据处理和应用的专门研究。

3. 采样返回工程（探月工程三期）

我国月球采样返回工程计划实施3次飞行任务，分别命名为探月工程三期再入返回飞行试验器（简称试验器）、五号、六号任务，现已完成"嫦娥五号"试验器任务。

计划于2017年发射的"嫦娥五号"任务有月面采样、月面上升、月球轨道交会对接、再入返回四大关键技术，其中的再入返回是最难的一项，风险很大。为了突破和掌握以接近第二宇宙速度的高速再入返回关键技术，确保月球样返回任务的精确完成，我国在2014年10月24日发射了"嫦娥五号试验器"，成功将返回试验器送入太空。11月1日，试验器的返回器在内蒙古四子王旗预定区域顺利着陆。这是我国航天器第一次在绕月飞行后再入返回地球，它的成功表明，我国已全面突破和掌握了航天器以接近第二宇宙速度的高速再入返回关键技术，为确保"嫦娥五号"任务顺利实施和探月工程持续推进奠定了坚实基础。

（1）技术先导。

未来，"嫦娥五号"返回器将把月球上的2 kg样品带回地球进行精查。目前，我国对地球大气特性的认识还不充分，对返回器高速返回条件下的气动、热防护、高速返回的导航制导与控制系统的物理模型和数学模型的掌握也不完全，因而风险很大。为此，2014年我国发射了试验器。通过试验器的飞行试验，验证了跳跃式返回再入关键技术，获取了月球探测高速再入返回地球的相关轨道设计、气动、热防护、制导导航与控制等关键技术数据，对此前的研究、分析、设计、制造等工作进行了检验。

（2）两器组合。

试验器由服务舱和返回器两部分组成，返回器安装在服务舱上部。服务舱以"嫦娥二号"绕月探测器平台为基础进行适应性改进设计，具备留轨开展科研试验功能；返回器为新研产品，具备返回着陆功能，与探月三期正式任务中的返回器的状态基本保持一致。

这次飞行试验大幅度提升了我国对高速条件下高空稀薄大气的气动力、气动热、热防护、制导导航与控制等技术机理的认识水平，提高了高速再入、稀薄大气条件下的数学模型、物理模型精度，积累了高速近外层大气飞行的工程经验，带动了新材料的研制和航天装备设计方法的创新。

（3）六个阶段。

试验器采用绕月自由返回轨道，在经过发射段、地月转移段、月球近旁转向段、月地转移段、返回再入段和回收着陆段六个阶段后，在内蒙古四子王旗着陆。这次任务的完成实现了四大技术突破：一是高速的气动力、气动热技术；二是高热量、大热流的热防护技术；三是高精度、高动态的制导导航控制技术；四是长距离、大范围的再入回收测控技术。首次再入返回飞行试验的圆满成功，为全面完成探月工程"绕、落、回"三步走战略目标打下了坚实基础，对我国月球及深空探测乃至航天事业的持续发展具有重大意义。

（4）初步成果。

此次飞行试验获取的数据主要通过外测和内测方式获得，外测就是经过地面测控站测出的数据；内测是飞行器内部载入的一些传感器所测量的数据。从返回器表面来看，一面呈现烧灼，一面基本正常，甚至还残留一些白漆。能够呈现目前的效果，主要是返回器表面采用了7种新材料。这在我国航天史上也是第一次，以前一般都是采用同一种材料。比如，在返回器的迎风面和背风面就采用不同材料。采用新的材料主要是为了减轻比重，降低密度。

在这次飞行试验过程中，主要获取了三方面的数据：安全数据记录器（黑匣子）存储的数据；返回器防热层测量数据；地面测控站对返回器直接测量和接收的数据。目前，获得了以下初步结论：航程、开伞点位置精度和落点位置精度均满足要求；在飞行过程中，力学过载满足要求；实际飞行气动特性符合理论预期；回收系统工作正常，着陆速度符合设计预期；返回器烧蚀形貌符合预期；返回器内部温度符合要求；返回器内部设备工作正常，落地后结构完整；获取了全部飞行数据，内容完整、有效。总体来看，实现了全部飞行目标，全面突破和掌握了高速半弹道跳跃式再入返回技术。

（5）拓展试验。

返回器安全准确着陆在预定着陆后，为了最大限度利用服务舱的能力，对"嫦娥五号"任务相关技术进行在轨试验验证，又用服务舱进一步开展了以下几项拓展试验：在地月拉格朗日2点进行了轨道飞行试验；在倾斜环月轨道进行了近月制动飞行验证；进行了月球轨道交会对接远程导引飞行过程验证；进行了环月圆轨道演化特性和轨道环境探测；进行了服务舱搭载设备在轨试验；等等。

（六）空间材料最新进展

空间材料包括：空间结构材料、功能材料以及结构－功能一体化材料等。空间结构材料主要用于制造飞行器的各种结构部件，结构材料的总体朝着轻质化、高强度、低成本、多功能的趋势发展。复合材料以其综合性能优异的特点在研究和应用领域受到了广泛的关注。

1. 合金材料

（1）铝合金材料。

在众多的铝合金材料中，7000系列Al-Zn合金主要侧重于强度方面，2000系列Al-Cu合金则具有更优的抗损伤性能，Al-Li合金则表现出的高刚度与低密度。Al-Zn合金中合金在全系列铝合金中强度最高，2% 的 Cu 可提高 7000 系列铝锌合金的强度，但其抗腐蚀性能较差。7475 牌号铝合金（Al-Zn-Mg-Cu）是在高强度铝合金 7075 基础上改进制备的，该合金具有高强度和断裂韧性，在空气中和腐蚀性环境中还可抵抗疲劳裂纹产生。含有 Al-Cu 合金（含有 Mg 元素）因材料中含有的 Al2Cu 与 Al2CuMg 共沉淀相而具有高强度、优异的耐损伤性能和防止产生疲劳裂纹的特点，2024 与 2014 牌号的铝合金为此类 Al-Cu-Mg 合金，而用于铝合金作为航空结构材料的应用。

金属锂的密度很小，通过在铝合金中添加锂元素而减少合金整体密度，达到对飞行器减重的目的。另外，通过复合增强相可有效提高金属基复合材料（MMCs）的比强度与比模量。例如，通过纳米技术和复合技术的完美结合，提出微纳仿生叠层 CNTs/Al 基复合材料的复合学术思想和制备技术路线，制备出具有"砖砌"纳米叠层的碳纳米管 / 铝、石墨烯 / 铝等复合材料，实现了 MMCs 强度与韧塑性的优化配置，为高强韧金属复合材料的设计制备和应用提供了理论依据。

（2）钛合金材料。

与其他合金相比，钛合金具有比强度高、线膨胀系数低、耐蚀性强、高温性能好等特点，被广泛用于航天航空领域。国内主要通过对添加其他硬质陶瓷相（如 TiB 等）、加入其他元素和化合物（如 Zr、Si 等）和通过研究不同的退火温度的热处理技术、表面处理工艺对钛合金微观结构以及机械性能的影响，来提高钛合金微观硬度和耐磨性能。

（3）高强镁合金材料。

镁合金作为最轻的金属结构材料，应用于航天器件减重效果将十分显著，应用意义重大。我国在镁合金熔体净化、凝固组织控制、夹杂检测分析、热处理和热机械加工过程中的组织和性能调控等方面突破了多项关键技术，并在合金优化、组织性能表征、强韧化机理等方面开展了深入广泛的研究。并成功研发出 G04 镁合金锻件，其具有优异的综合力学性能，同时相关物理性能也达到了国际先进水平，完全可以满足航天应用需求。

（4）钢材。

航天器机构中使用的钢材料包括结构钢和不锈钢两类，结构钢具有高强度、韧性、抗疲劳性能和加工工艺性。随着技术的发展，对航天器机构上常用的马氏体钢和不锈钢 1Cr18Ni、1Cr17Ni2 等钢材表面进行处理技术，如表面氮化处理、表面薄膜沉积，可进一步提升材料的机械性能。如 1Cr18Ni 当用陶瓷涂层处理后，可明显提高其使用寿命。

2. 复合材料

（1）碳纤维。

"十一五"以来我国的碳纤维研发和产业化取得了突破性进展，基本突破了 T300 级的产品研发，并实现批量生产，较好满足我国复合材料的发展需求；目前正在向 T700 –T800 更高性能级别的产品研发进军。

（2）陶瓷先驱体。

聚碳硅烷是应用较为成熟的陶瓷先驱体，是 SiC 等轻质耐高温陶瓷基复合材料的关键原材料；氧化铝和氧化锆等溶胶是高温隔热瓦的关键材料。

在空天技术迅猛发展的带动下，国内多家单位相继进行了陶瓷先驱体研究，形成了各自的研究特色。突破聚硅烷、聚碳硅烷的关键合成技术，并实现了吨级中试稳定生产。研发了数十种陶瓷先驱体，如含异质元素聚碳硅烷、聚硅氮烷、聚硼氮烷、聚硼硅氮烷、聚碳硼烷和锆基超高温陶瓷先驱体等，涵盖了耐高温、超高温和透波、吸波等结构功能一体化陶瓷体系。形成了较为齐全的陶瓷先驱体研究体系，以聚碳硅烷为代表的部分先驱体已经达到国际一流水平。

以聚碳硅烷为先驱体，进一步发展了C/SiC、SiC/SiC等轻质耐高温陶瓷基复合材料，已应用于空间光机结构和姿轨控发动机等空间技术领域。开发了低膨胀PIP C/SiC复合材料，应用于某型号卫星的镜筒和前镜筒。针对某火箭发动机喷管，突破了C/SiC复合材料喷管制备和精密成型关键技术，性能达到国际先进水平，相比传统高温合金可以减重30% ~ 50%，工作温度提高，在空间运载、深空探测等领域发挥着重要作用。

（3）铝基复合材料。

在空间技术领域，非连续增强铝基复合材料（DRA）作为承力结构、热管理以及精密仪器支架等零件使用，替代传统金属与树脂复合材料。我国现已形成以粉末冶金、搅拌铸造与浸渗法为主的制备技术、塑性变形加工与机加工技术，近年还突破了高质量焊接技术以及MMC的实际应用。随着高分辨、载人航天以及深空探测等专项任务的开展，航天部门对MMC的需求大幅增长。

（4）树脂基复合材料。

碳纤维增强树脂基复合材料技术取得了突破性进展，已基本掌握了复合材料自动铺放制造工艺及装备的关键技术，为先进复合材料制造技术整体水平的提升打下了坚实基础。碳纤维、碳纳米管因具有比强度高、比模量高、热膨胀系数小、密度低等特性而成为近年来树脂基复合材料最重要的增强材料。对碳纤维、碳纳米管增强树脂基复合材料的研究主要集中在对碳材料的进行改性、对树脂基体进行改性和改善碳纤维、碳纳米管和树脂基体的黏接性能等方面。将T800、CCF300等不同碳纤维增强TDE85环氧树脂复合材料后，两者间产生了较强的物理化学作用，纤维与树脂的润湿性良好，T800/TDE85体系的界面剪切强度高达79.7MPa，比T300、CCF300体系分别高达21%和24%。

（5）陶瓷（碳）基复合材料。

超高温陶瓷改性的C/C及C/SiC复合材料一方面保持了C/C和C/SiC的优势，同时超高温陶瓷的添加也进一步提高了材料的抗氧化能力和耐温性，是目前重点发展的一种防热材料。国内在C/C、抗氧化C/C、C/SiC，改性C/C和C/SiC等方面均开展了大量工作，相关产品已应用于航天航空等多个领域。近年来，在复合材料快速制备工艺方面取得重大突破，发明了快速化学气相渗技术，大幅度缩短了C/C、C/SiC复合材料制备周期，降低了制备低成本；在防热复合材料的结构构筑方面，设计出夹层结构等多种结构形式，满足了不同应用环境的需求。

3. 功能材料及结构 - 功能一体化材料

（1）热防护和原子氧防护。

在 C/SiC 复合材料基体上制备了抗氧化热防护 ZrB_2/SiC 涂层，机械性能试验和耐烧蚀试验表明，防护涂层处理后材料的质量损失有了明显的改善，机械强度性能保持能力明显提高。ZrB_2/SiC 防护涂层在 1973K 温度条件下对碳基复合材料有良好的防护作用，相比于未防护材料，通过有效的防护，材料的质量烧蚀速率减小接近 50%。

在碳/碳复合材料表面化学气相沉积 SiC 薄膜，可显著提高碳/碳复合材料的耐原子氧性能。通过溶胶凝胶技术在 kapton 表面涂覆 SiO_2–Al_2O_3 复合薄膜，经原子氧侵蚀试验后，SiO_2–Al_2O_3 复合薄膜形成了 SiO_2 和 Al_2O_3 稳定的界面，并且具有良好的韧性和致密性，呈现出了良好的耐原子氧性能。

（2）填充式 Whipple 空间碎片防护材料。

以国产玄武岩纤维和碳化硅陶瓷纤维替代国外 Nextel 纤维材料，开展了空间碎片防护材料研究。通过制备陶瓷纤维及其纤维编织件，研究陶瓷织物的纤维性能、纤维形态、织物组织结构、纤维组合形式、织物编制工艺等对防护性能的影响，突破了陶瓷纤维织物损伤特性及其防护性能评价技术、陶瓷纤维填充式防护结构方案的优选等关键技术。碳化硅纤维织物为填充层的填充 Whipple 防护结构性能良好，其弹道极限曲线走势和 Nextel 织物的一致，抗超高速撞击性能比美国的 Nextel 织物提高约 20%。

（3）航天催化剂。

近年来，开展了特种氧化铝载体材料研制、活性组分高分散催化剂制备工艺研究和模拟催化剂高空使用条件下的热试性能试车考核，突破了催化活性组分高温气氛下的长效稳定性、承载活性组分载体的物理化学结构稳定性和微量杂质的中毒污染等关键技术，研制成功了 SLQ/SLH 新型冷启动长寿命肼分解催化剂组合，该新研催化剂组合满足某新型卫星的使用需求。

（4）纳米气凝胶高温隔热材料。

开展了长纤维增强纳米气凝胶高温隔热材料的研究工作，以长陶瓷纤维为增强体，控制纤维与气凝胶的界面，确保材料具有良好力学性能；采用溶胶 – 凝胶和超临界干燥工艺，确保材料具有均匀的高孔隙率和低热导率。研制出的纳米气凝胶高温隔热材料比传统隔热保温材料的隔热保温效果提高 3 ~ 10 倍，在空间热防护以及其他工业等多个领域具有广泛的应用前景。

（5）高温透波窗口材料。

透波窗口是飞行器上集承载、防热、透波、抗烧蚀等结构/功能于一体的部件。随着飞行器速度不断提高，对微波窗口材料提出了耐高温、宽频带透波的要求，Si_3N_4 陶瓷是新一代耐高温陶瓷微波材料。近年来，实现了性能调控和大尺寸成型等多项关键技术突破，已经制备出介电常数（2 ~ 6）和力学性能（室温强度 50 ~ 200MPa，1200℃强度保留率 ≥ 85%）的氮化硅天线罩材料，解决了成型和烧结过程中出现的变型开裂等一系列问题，并使之获得实际应用。

（七）空间微重力科学最新进展

微重力科学是研究物质在微重力环境中的运动、变化、现象与规律的知识体系。近两年，我国在微重力科学的发展已经进入载人航天二期工程的尾声，空间微重力科学的发展无论在流体科学、材料科学、空间物理与技术以及生命与生物技术等领域都取得了一定的发展。

1. 生命科学与生物技术

载人航天一、二期工程（921工程）的实施，以及返回式卫星计划与"天宫一号"实验室的发射等，为我国微重力生命科学与生物技术研究提供了空间实验的机会。开展了多种蛋白质结晶实验，获得一批尺寸较大的空间蛋白质晶体；进行了有制药前景的动、植物细胞的空间培养；开展了多项中德合作空间生物学效应研究；开始从基因组、蛋白质组水平上研究生物学问题的尝试等，取得一批有意义的学术成果。

2010年空间科学战略性先导科技专项的启动，一度停滞的"实践十号"（SJ-10）返回式科学实验卫星上的项目被重新复审，并于2012年末正式启动，它为空间生命科学领域的9个项目11个课题提供了空间实验的机会，包括空间辐射效应、重力生物学效应、空间生物技术方面各3项，主要以植物、动物、微生物、细胞等为研究对象，揭示微重力及空间辐射环境影响重要生物学过程的分子机制，并应用于动物早期胚胎发育、干细胞生长、分化、组织三维构建等过程。与此同时，近年来，我国科学家也开始利用中科院落塔开展哺乳动物早期胚胎发育等方面研究，或是在地面实验室采用模拟微重力环境的方法开展研究，如胰岛素微纳晶体颗粒的制备等。

2. 空间材料科学

最近几年我国的空间材料科学研究活动主要是按两个国家专项中所规划的开展：载人空间站空间材料科学发展规划的制定及基于载人空间站规划的方案开始实施，包括在"天宫二号"飞船上开展综合材料实验、空间站高温实验平台研制等；基于空间科学先导项目的"实践十号"微重力科学实验卫星上主要包含8种样品的空间熔体材料科学实验从初样到正样阶段的研制工作。由科技部和中国科学院支持研制及空间科学先导专项关键技术攻关支持的我国第一台静电悬浮装置通过了验收评审。其主要研究内容包括：

（1）"天宫二号"综合材料科学实验项目地面研制。

"天宫二号"实验室进行的空间材料科学实验——综合材料实验项目主要安排了11个课题的科学实验，包括高质量化合物半导体材料的单晶体生长3项、金属合金及其亚稳复合材料3项、功能半导体及铁电晶体2项、深过冷非平衡相变与相选择1项、纳米复合材料及薄膜材料2项。此外，为配合未来空间站上材料科学实验装置研制，安排了与材料实验炉的热特性相关的实验测量；也是第一次研制我国有人参与的空间材料科学实验的装置。

（2）"实践十号"科学实验卫星上的空间材料科学。

"实践十号"科学实验卫星上安排了10个课题的空间材料科学实验，即，化合物半导体4项，金属合金凝固1项，润湿与界面现象研究1项，金属基复合材料的空间生长2项，胶体有序排列及新型材料研究1项，颗粒物质动力学1项。其中化合物半导体中有1项是中日合作课题，最后2项是分别与复杂流体及流体物理相交叉的。

（3）空间科学先导专项预先研究课题。先导专项中微重力材料科学分领域（轻飏计划）支持的2项预先研究课题"空间高温材料科学实验装置关键技术研究"和"材料样品悬浮实验装置关键技术研究"，完成了地面2年期的研究工作，于2015年5月通过了课题的结题验收评审。

3. 基础物理

中国科学院和相关科研单位已经开展空间引力波探测方案研究，并针对星间激光干涉测距、高精度惯性传感等关键技术开展预研究。国内某高校提出空间等效原理实验概念于2009年开始方案论证，并已开展部分关键技术研究，所研发的高精度星载加速度计已经在轨运行。在冷原子干涉仪地面实验研究方面已取得不错进展，预计未来将会有空间冷原子物理项目开始立项执行。

2013年星载原子钟取得技术突破，为达到精度 10^{-16} 的星载原子钟奠定了基础；相关科研单位已经研制了一天稳定度分别为 5×10^{-14} 和 7×10^{-15} 的星载铷原子钟和星载氢原子钟，将用于"北斗"二代全球定位导航系统。

近期完成静电悬浮加速度计在轨测试，开展了微力推进器和无拖曳控制的研究，以及空间稳频激光的预研究。并对于星间激光干涉测距研究也积累了一定的研究经验，干涉仪的位移测量精度可达到 $10^{-12} \mathrm{m/Hz}^{1/2}$。这些空间实验关键技术的研究成果将为下一步进行空间等效原理实验检验、空间引力波探测等空间引力实验打下基础。

4. 科学实验技术

将于2016年发射的"天宫二号"飞船上，目前策划了综合材料实验装置，用于高温材料的微重力实验研究，该装置采用多温区加热的方式，进行样品的多批次实验，有航天员参与材料样品的更换操作设计。

自2013年初，科学院先导专项正式启动了"实践十号"返回式科学实验卫星项目，用于高温材料科学实验的有效载荷——多功能材料合成炉，同样采用多温区加热的方式，在轨将进行一批次样品实验（6个安瓿，8个材料样品，含中日合作样品1个），将尝试在同一个安瓿中放置两个不同样品，并按照不同的温度工艺曲线进行空间实验，相对于我国前期服役过的空间实验装置来说，这项在实验方式上的新尝试，也会为我国以后的空间微重力科学实验技术改进提供新的思路。

我国将建成的空间站实验舱中，包括两个进行高温材料科学实验的机柜，分别是高温材料科学实验柜和静电悬浮无容器实验柜。相比较于我国前期空间材料实验装置最高温度小于1300℃的现状，上述两个实验柜最高温度均高于1600℃，达到世界先进水平；同时，还将规划在轨进行材料实验过程的 X 射线实时观察功能，利用 X 射线在空间进行材料制备过程实时观察技术。

先导预研的轻飑计划二期和三期项目中，均规划了空间实验装置关键技术方面的内容，特别是三期项目指南中，制定了集高温、高分辨率光学实时观察、高精度控制等一体的综合技术研发方向，这是属于国际前沿的发展方向。

（八）空间生命科学最新进展

空间生命科学的范畴较广，包括研究地球生物（包括人类）进入空间后，在空间特殊条件下的生存、变化和适应等问题的基础生物学，研究航天员长期空间飞行的安全与健康的航天医学，探索外太空生命起源问题的宇宙生物学，以及为载人航天提供安全生存的受控生态生命保障系统。

1. 空间基础生物学领域

（1）空间微生物学。

微生物是自然生态系统中的重要成员。微生物在生物链中，既是生产者又是分解者，作为分解者对生态系统乃至整个生物圈的能量流动、物质循环、信息传递都起着不可替代的作用。但在空间微重力状态及狭小的飞行器密闭舱内，微生物生长代谢的变化以及个体间的近距离接触，都会增加航天员感染疾病或航天器材生物性腐蚀的概率，成为航天活动中最忧虑的潜在危害。

我国航天事业的蓬勃发展为空间微生物研究带来了新机遇，而对空间微生物的适应、变异和机理的研究与生命起源及航天医学都有密切关系。解放军总医院刘长庭牵头的"973"项目以病原菌在空间环境下的变异规律为主线，选择临床常见、耐药问题突出和空间站曾检出过的病原菌为研究对象，利用"神舟十号"飞船搭载开展空间实验，设立五个课题进行联合攻关，取得了一系列成果。

（2）空间植物学。

在对 2008 年利用我国的"神舟八号"飞船，首次开展的空间科学实验领域的国际合作项目——中德合作通用生物培养箱的后续研究中，通过解析返回地面样品获得了微重力影响植物蛋白质与基因表达的大量数据，加深了对微重力对高等植物生长发育作用机制的理解。

（3）空间重力生物学。

中国医学科学院、航天员科研训练中心的科学家观察了模拟航天失重大鼠自主活动的改变，发现尾吊 21 天后大鼠昼夜节律逐渐消失。大连海事大学的研究者利用三维回旋仪研究了 miRNAs 调控模拟微重力下线虫运动和行为的变化，确定了 6 种 miRNAs（cel-mir-52，56，81，84，124，230）有可能参与了线虫在微重力下运动和产卵行为变化的调控。西北工业大学科学家采用随机回转仪（RPM）和离心机模拟微重力和超重环境，研究了不同表观重力环境下成骨样细胞的矿化能力。第四军医大学的学者采用尾吊大鼠模型进行 miRNA 差异和细胞学验证研究，发现模拟失重参与成骨细胞分化调控。哈尔滨工业大学的学者以增殖期的哺乳动物细胞为材料，探究了模拟微重力效应对细胞染色体不稳定性的影响机制，发现模拟微重力可以影响人骨肉瘤细胞和成骨细胞纺锤体微管的结构、促进多中心体和多极纺锤体的形成，揭示了模拟微重力通过抑制 DNA 的合成和降低 DNA 修复能力来增强染色体结构不稳定性的机制。中山大学与中国航天员中心、西北工业大学等单位进行合作，揭示了在卧床及在轨飞行等条件下人体睡眠、心率、排尿、排便等生理和行为昼夜节律的变化规律。还通过抛物线飞行及水下实验揭示在超重和失重条件下，人体躯干的运动会显著减少，这一发现对于今后深入研究航天员的运动模式改变、骨肌退化及脊椎疾病等方面可能具有重要意义。

（4）空间辐射生物学。

空间辐射环境的复合性和复杂性，及与其相互作用生物体的自组织性，使得研究和挖掘空间辐射生物学效应机制需要用新概念、新理论和新技术。

北京理工大学研究了重离子辐射引起心肌细胞 SSAO 表达上调及调控机制。结果表明脑局部辐射引起的心脏细胞损伤，使炎症相关因子 IL-6 和 SSAO 表达升高，而 SSAO 具有调节 IL-6 表达的作用。中国航天员中心科学家通过空间辐射剂量监测，观察了空间飞行对人体淋巴细胞染色体畸变、微核率、H2AX 蛋白等各项生物指标的影响。大连海事大学的学者提出了基于雅格否定算子的靶效应模型，通过对不同 LET，及细胞类型下的剂量 - 存活曲线进行拟合，发现了基于雅格否定算子的靶效应模型较经典模型具有较好的拟合度，反映击中与失活之间否定程度的模型参数主要取决于传能线密度，且模型参数值的变化与相对生物学效应变化有一定的相关性。

（5）亚磁生物学。

亚磁场生物学研究，在一定程度上，能够揭示亚磁场及其复合环境对不同生物的影响和机制，有助于认识地磁场和重力场在生命起源和演化活动中的作用和机制。近年来，中科院生物物理研究所的科学家构建了多功能模拟空间亚磁生物培养实验平台，可提供高水平的亚磁环境和可控强度的多种磁场环境，开展不同亚磁场、不同磁场强度稳态和交变磁场中神经细胞的生长发育、不同模式动物（如小鼠、果蝇等）胚胎神经发育和行为分析实验。中科院电工研究所的研究者在亚磁空间环境（小于 500 nT）中培养不同初始状态的趋磁螺菌 AMB-1，测量其生长量、产磁量和铁吸收，利用透射电镜观察细胞及其磁小体的形态在地磁场和亚磁空间下的差异。结果显示，趋磁螺菌 AMB-1 具有适应外磁场的变化，从而调节细菌生长和磁小体形成的能力。

（6）其他研究新进展。

中国科学院力学研究所龙勉研究员作为首席科学家负责的"973"项目"微重力影响细胞生命活动的力学 - 生物学耦合规律研究"，集中了来自中国科学院以及多所大学的空间生命科学研究团队，针对航天员健康和空间生命生态支持系统等重大需求，以重力环境对地球生物演化的作用及其规律，和空间环境对生命体生理稳态的影响规律及其机理等为科学背景，建立地基综合研究平台，在细胞这一生命体基本单元层面研究（微）重力影响生命活动的力学 – 生物学耦合规律，促进形成空间生命科学研究的新概念、新思路和新方法。

2011 年项目执行至今，在 *Nature immunology*、*Nature Communications*、*J. Cell Research* 等国际一流杂志发表论文 140 余篇，其中 SCI/EI 收录论文 120 多篇，包括建立软件平台一项，申请专利近 20 项。

另一项以陈善广研究员为首席科学家的"973"项目"面向长期空间飞行的航天员作业能力变化规律及机制研究"由中国航天员科研训练中心牵头，整合了中国科学院和多所大学的相关研究领域的团队，开展了航天环境下人的基本认知功能与情绪的变化特征及其相互影响；航天复杂任务与应急条件下人的决策特征及其机制；长期空间飞行环境下人的运动、操作能力的变化规律及其与空间骨丢失、肌萎缩的交互作用；近地轨道飞行条件下人的生物节律的变化规律及其对作业能力的影响；长期空间飞行环境下航天员作业能力变化规律的建模与仿真等 5 个方面的研究。项目组围绕"长期空间飞行的特有环境因素对航天员认知、决策能力和运动、操作能力的影响及变化规律和机制"这一关键科学问题，取得了一系列突破性成果。2011 年以来，项目组发表学术论文 400 多篇，申请专利 30 余项。以该"973"项目成果为核心，国际顶级学术期刊 *Science* 杂志在 2014 年首次为中国载人航天领域出版专刊—— *Human Performance in Space*：*Advancing Astronautics Research in China*《人在太空的能力与绩效：中国航天人因工程研究进展》。

2. 空间生命起源领域

（1）有机大分子起源与进化。

生命的化学起源一直是有机大分子的起源与进化研究的重点。厦门大学赵玉芬院士在有机磷与生命起源研究中发现，α – 丙氨酸与磷结合后，可以自组装成多肽，而且可以使核苷转化成核苷酸，但是同分异构体 β – 丙氨酸就无这种活性。因此提出了核酸、蛋白共起源、共进化的系统。他们发现 N– 磷酸化丝氨酸在组氨酸的环境自然生成了丝组二肽，它能在中性条件下切割核酸蛋白及酶。这是世界上发现有功能的最小的酶。他们还研究发现，N– 磷酰化氨基酸与核糖核苷能够相互作用并同时生成小肽和寡聚核苷酸，这一成果在美国国家科学院院刊 *PNAS* 上受到好评。该研究组同时提出，利用 N– 磷酰化氨基酸系统来研究遗传密码子起源，这在国际上是一种创新的思路。厦门大学的科学家还对包括古菌、细菌和真核生物三个生命领域在内的 500 多个现代代表物种的全基因组开展生物信息学分析，统计其中 20 个 α – 氨基酸的使用频率，从而推导出氨基酸的可能出现时序及进化路线。山东科技大学和北京师范大学的研究者则分别以金属辅因子为分子化石及蛋白质结构域的架构出发，追踪蛋白质的起源及功能进化。

（2）生命树之根。

生命树之根（Last Universal Common Ancestor，LUCA）是现存生物的共同祖先和最原始简单的生命体。香港科技大学王子晖在其提出的遗传密码子——氨基酸共进论基础上分析了 60 种生物全基因组序列中的 tRNA 序列及氨基酸 –tRNA 合成酶序列与反密码子的使用，在生命之树上找到了在古菌范畴内最接近甲烷嗜高热菌（M. kandleri）的生命之根的位置。浙江大学的华跃进教授则关注耐辐射球菌（D. radiodurans）超强的辐射抗性与快速修复能力的分子机制研究。

（3）寒武纪大爆发。

寒武纪大爆发是动物进化史上的里程碑，现在生活在地球上的各个动物门类几乎都在早寒武纪相继出现。南京大学陈均远教授等科学家为包括脊椎动物在内的多细胞动物起源和早期演化研究做出了突出贡献。近年来，南京大学陈均远教授、厦门大学的王义权教授等学者已开始了以文昌鱼为模式，研究骨骼、神经及免疫系统的分化、发生起源的分子机制的工作，并尝试建立它们与地球环境之间的关系。

（4）氨基酸及密码子起源的理论研究。

近年来，各种"组学"的快速发展积累了海量的关于生物分子的数据。借助生物信息学方法，可以从这些数据中挖掘出重要的关于生命起源、演化的信息。山东大学的张红雨等从热力学角度解释了第一相氨基酸先产生的必然性，并提出可根据氨基酸相对自由能的大小推测氨基酸在自然界中出现的大致顺序。张红雨等采用半经验量子化学方法 AM1，计算了 20 种氨基酸及其同分异构体共 8000 余种小分子的自由能。结果显示，与其同分异构体相比，20 种标准氨基酸的相对自由能均处于较低水平，其中 G、A、S、P、V、T、L、I、D、E 等简单氨基酸的相对自由能几乎接近最低值。氨基酸的相对自由能越低，表明其稳定性越高，而相对丰度也就越高。因此，这些分子量较小的简单氨基酸的相对丰度要高于其他分子量大、结构较复杂的氨基酸（M、H、F、R、Y、W）。该研究从热力学层面解释了氨基酸和密码子的起源顺序，体现了理论研究的价值。2010 年，厦门大学赵玉芬院士和纪志梁教授的课题组也通过对 549 个来自古菌、细菌和真核物种全基因组水平的氨基酸使用频率分析，提出了新的氨基酸进化时序（L，A，V/E/G，S，I，K，T，R/D，P，N，F，Q，Y，M，H，W，C）及可能的演化过程，该研究也从现有物种的遗传和表型状况方面支持了氨基酸和遗传密码子的共进化假说。

（5）蛋白质起源的理论研究。

尽管氨基酸起源的研究非常成功，考虑到蛋白质的一些性质或组成成分，比如折叠类型、酶的催化位点、辅因子以及部分短肽片段等，是非常保守的，因此可以作为"分子化石"来推测原始蛋白的结构与功能特征。基于酵母蛋白质组中的早起源蛋白及蛋白质折叠类型与结构域之间的幂次关系，张红雨等从一个全新的角度探讨了这一问题，推断出最原始的蛋白质折叠类型为 c.37、c.1 和 c.2，这与 Caetano-Anollés 等的结论完全一致。进而，他们用酶的催化位点作为分子化石推测原始蛋白的功能，也与 Caetano-Anollés 等的观点相吻合。而且还发现大多数原始蛋白在行使功能的过程中需要 ATP、NAD、NADP 等辅因子的参与，这为 Trifonov 教授的观点提供了新的证据。鉴于上述研究的方法基本上是相互独立的，因此可以认为这些研究得出的共同结论是可信的，即最原始的蛋白属于 c.37、c.1、c.2 等折叠类型，而且需要 ATP、NAD、NADP 作为辅因子以完成正常功能。但随之产生了一系列更具挑战性的问题，比如：为什么 c.37、c.1 和 c.2 折叠类型最先产生？为什么这些蛋白需要 ATP、NAD 和 NADP 作为辅因子？

张红雨等在分析小分子配体在蛋白质空间中的分布模式时发现配体与蛋白（结构域、折叠类型层次）之间的映射存在幂次关系，即少数配体可以与多种蛋白结合，而大多数配体只与少数甚至一种蛋白结合。随后，他们证明该现象可以用"优先添加原则"予以解释，据此可以推断配体与原始蛋白的结合顺序及所结合蛋白的折叠类型。该研究也显示ATP、NAD 和 NADP 是最早与蛋白结合的小分子配体，相应的最原始母体蛋白确实属于c.37、c.1 和 c.2 折叠类型。由于该研究得出的配体与蛋白的结合顺序与前述蛋白结构起源顺序基本一致，张红雨等提出了关于原始蛋白起源的小分子诱导模型，即原始蛋白的产生是小分子配体诱导、选择的结果，也就是说，c.37 折叠类型的起源是 ATP 诱导、选择的结果，而 c.1 和 c.2 折叠类型的起源则是 NAD 和 NADP 诱导、选择的结果。该模型目前得到越来越多的实验与理论证据的支持。

（6）蛋白质演化的理论研究。

近 10 年来，美国伊利诺伊大学 Caetano-Anollés 课题组一直致力于用系统发生基因组学方法构建蛋白质结构（包括折叠类型、超家族和家族三个水平）的进化树。2011 年张红雨与 Caetano-Anollés 合作为这些进化树标记了时间刻度，从而使其可以作为分子钟使用，据此可以推断许多生物化学演化的重要事件。他们发现在演化过程中蛋白质的代谢功能最先出现，而蛋白质与 RNA 间的相互作用则出现得较晚。此外，基于蛋白质结构的分子钟，张红雨等还发现氧气最早来源于 30 亿年前的过氧化氢分解（被过氧化氢酶催化）；最早的有氧代谢反应出现于 29 亿年前，功能是合成磷酸吡哆醛；氧气最早参与呼吸代谢是在 28 亿年前；组氨酸和半胱氨酸（络合过渡金属的主要配基）合成分别起源于 32 亿和 35 亿年前，此后蛋白质才开始普遍使用过渡金属作为辅因子（此前主要使用有机辅因子）。关于有氧代谢起源于 29 亿年前的推断得到最近一系列实验和理论研究的支持。

在氧气如何促进生命演化方面，张红雨等采用化学信息学方法比较了有氧代谢与无氧代谢的差别，发现：有氧代谢产物比无氧代谢产物增加了 130 多个骨架，这些新骨架化合物的功能主要与跨膜转运、杀菌、抗氧化等高级生命活动有关。其次，有氧代谢反应大多从代谢网络的边缘开始，而无氧代谢反应大多从代谢网络的核心开始，因此有氧代谢物比无氧代谢物的疏水性更强。化合物疏水性强有利于调控细胞膜的功能，也易于实现跨膜信号传递，因此对建立细胞间的通信十分重要，这在一定程度上解释了有氧代谢对生命演化的促进作用。2012 年，厦门大学纪志梁教授课题组从结构、功能和进化等多个角度，分析了文献报道的 6799 个来自不同物种的多功能酶，发现电荷、亲水性等理化特征在特征描述和发现多功能酶中或起重要的作用。对多功能酶的基因本体论分析发现，多功能酶是古老而保守的一类蛋白质酶，它们主要催化了糖代谢、核酸代谢和氨基酸代谢等最基础的细胞过程。这些发现从特定的角度解析了基础细胞生命的组成。

3. 航天医学领域

（1）重力生理学及航天员健康保障技术。

中国航天员中心针对交会对接组合体驻留期间的航天员健康保障问题，重点从医监医保、失重生理效应防护、航天食品与营养保障、心理保障等方面开展研究，发展航天员健康保障技术。① 针对失重环境中心血管功能障碍、前庭功能紊乱、骨质丢失、肌肉萎缩、免疫功能下降等生理效应，应用系统生物学研究技术和方法，开展广泛的动物学和人体实验，多系统、多层次研究模拟失重的生理学效应机制，初步形成了不同重力环境生理机能的适应与再适应理论，为制定失重生理效应防护措施提供了理论支撑。② 针对交会对接任务飞行时间延长和女性航天员参与的特点，组织了男性 30 天、女性 15 天头低位卧床实验，系统验证了套带、企鹅服、下体负压筒、拉力器、自行车功量计及骨丢失对抗仪等失重生理效应对抗防护措施的有效性，提出了针对不同飞行时程、涵盖多生理系统的失重生理效应综合防护空间应用方案，为交会对接任务提供了重要支撑。③ 通过整合运动心肺功能测试系统、等速肌力测试系统、足底应力测试系统以及肢体运动生物力学测试系统，建立了先进的零重力运动锻炼系统，并通过上身随动和肢体平衡系统、无损力负荷测试传感器、力负荷加载束缚系统，在锻炼过程中为受试者提供近似稳定的重力替代负荷，为我国空间站在轨跑台的设计验证、锻炼方案研制和锻炼中人体的运动生物力学研究提供核心技术平台。

（2）航天基础医学。

在微重力生理效应、响应机制、防护技术方面提出"空间骨丢失的器官相互作用机制"假说；首次识别出长期卧床模拟失重对立位应激反应的三种症型；提出细胞骨架调控力学信号感知、传递和响应的新机制，以及蛋白质硝基化产物是应激损伤监测的特异性标志物的新观点；在辐射损伤修复机制方面获得了组蛋白单甲基化修饰的新发现。2013 年 1 月李英贤团队在 *Nature Medicine* 上发表了题为 "*miR-214 targets ATF4 to inhibit bone formation*" 的文章，标志着我国航天医学基础研究在相关领域达到国际先进水平。

（3）航天环境医学。

开展了噪声、辐射和有害气体，包括人体代谢产生的挥发性组分分析等多项研究，加深了对环境复合效应的理解，获得了空间环境对人体生理功能影响方面更深入的认识，为空间环境的医学防护以及空间站工程的医学要求与评价设计提供了重要支持与技术积累。

（4）航天医学空间实验技术。

在"神舟九号"飞行任务中，首次系统开展了航天医学空间实验，围绕失重生理效应与防护技术、航天员健康状态监测及保障技术、医学及工效学要求与评价技术研究开展 15 项在轨医学实验；在"神舟十号"任务中，增加了航天员在轨施力特性测试实验、航天员味觉和嗅觉变化规律研究以及噪声对航天员的影响研究。

通过地面实验研究与飞行实验验证，创新性集成生理学、细胞学、分子生物学、流体力学、材料学、光学、微电子学等学科前沿技术，攻克了复杂电磁环境下微弱脑电等生理信号拾取和细胞密闭培养环境控制等技术难题,创建了能够在轨开展航天员失重生理效应、重力响应机制研究的空间实验技术体系和装备,以及失重生理效应装置Ⅰ和Ⅱ,已经形成了较成熟的在轨生理学和细胞学技术平台,为空间站工程航天医学实验平台研制奠定了技术基础。北京航空航天大学生物与医学工程学院科研团队,于2013底组织建成"月宫1号",包含了一个植物舱(58m²)和一个综合舱(42m²),并于2014年初开展了3人105天的生物再生式生保系统集成技术研究。通过三层立体栽培,植物种植面积达到69m²,批次培养小麦、生菜、草莓和花生等22种粮食、蔬菜、水果和油料作物,其大气、水和食物达到了较高闭合度。

(九)国家科学先导专项研究项目最新进展

先导专项自启动以来,在各参研参试单位的共同努力下,各项研制工作有序开展并完成了各年度的目标任务,为后续完成"十二五"期间的总体目标和任务奠定了坚实的基础,为我国空间科学的可持续发展进行了科学技术储备(图1)。

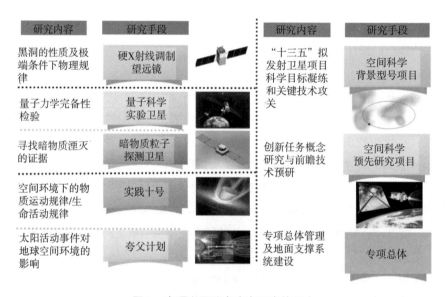

图1 专项主要研究内容及实施平台

硬X射线调制望远镜卫星于2011年3月正式工程立项,进入方案设计阶段,在此阶段主要开展了卫星平台、有效载荷方案设计及关键技术攻关、验证工作;2011年年底通过了方案研制总结暨转初样设计评审,工程转入初样研制阶段,在初样产品研制阶段,完成了卫星平台的研制和有效载荷电性件、结构件、结构热控件、准鉴定件及鉴定件五类产品的研制及试验,其他系统也相应开展研制建设工作,卫星于2013年12月通过了转正样评审,转入正样阶段;目前正在开展正样产品研制与试验。

量子科学实验卫星于2011年完成工程立项综合论证,并于当年年底正式工程立项,转入方案设计阶段；在方案阶段，完成了卫星与载荷方案设计和星地光路对准等三项关系任务成败的重要关键技术攻关，于 2012 年 12 月正式转入初样研制阶段；在初样阶段，卫星系统开展初样产品的研制及各项地面试验工作，运载火箭系统开展试样产品研制生产，发射场和测控系统开展适应性改造工作，地面支撑系统和科学应用系统开展研制建设工作，目前已完成初样研制工作，于 2014 年 12 月转入正样研制阶段。

暗物质粒子探测卫星于 2011 年完成工程立项综合论证，并于当年年底正式工程立项，转入方案设计阶段；在方案阶段，开展了方案设计，完成了有效载荷电性能桌面联试，并在欧洲核子中心（CERN）完成了束流定标试验，在完成"载荷平台一体化结构设计"等六项关键技术攻关后，于 2013 年 4 月卫星转入初样研制阶段；在初样阶段，卫星系统开展了初样产品的研制及各项地面试验工作，其他系统也相应开展研制建设工作，在完成了全部初样研制阶段工作后，卫星于 2014 年 9 月通过了转正样评审，转入正样阶段；目前正在开展正样研制工作。

"实践十号"返回式科学实验卫星于 2011 年开展了深化论证工作，对原有搭载项目进行了重新遴选，完成了星上科学实验及载荷的遴选工作，在六大系统可行性论证和立项综合论证通过后，工程于 2012 年 12 月正式立项，转入方案设计阶段；在方案设计阶段，完成了卫星与载荷方案设计，解决了回收舱热控方案更改等技术难点，于 2013 年 9 月正式转入初样研制阶段；在初样阶段，开展了初样电性件的研制与试验，目前已完成初样阶段工作，于 2014 年 12 月转入正样研制阶段。

空间科学背景型号项目分别于 2011 年、2013 年遴选了两批课题，共计遴选出 4 个大型项目、4 个中小型项目，开展科学目标凝练、探测方案优化和关键技术攻关工作，为"十三五"工程立项作准备。第一批项目于 2014 年 4 月通过了中期评估并取得阶段性成果。目前 8 个项目均处于研究阶段，并在国际空间科学研究所北京分部（ISSI-BJ）平台上开展了国际论证，与会国际专家对各项目的科学意义、探测方案给予了高度评价。

空间科学预先研究项目也分别于 2011 年、2013 年遴选了两批课题，研究周期均为 1 ~ 2 年，两批共计遴选出近百个课题，开展创新性任务概念研究、前瞻技术预研和关键技术攻关及有效载荷验证试验，为"十三五"乃至"十四五"的空间科学发展进行科学和技术储备。

在 2013 年 5 月举行的第九届中欧空间科学合作双边研讨会上，中国科学院和欧洲空间局达成共识，鉴于中国科学院从 2011 年起开始实施空间科学战略性先导科技专项、并将于 2016 年前启动新的科学卫星计划遴选，以及欧洲空间局规划的第二批小型科学卫星任务也将于 2016 年前确定，双方一致同意实施一项中欧联合空间科学卫星任务（简称"联合任务"），开启中欧双方全方位的合作。双方确定，联合任务将在空间天文、太阳物理、空间物理、太阳系探测和空间基础物理领域提出其科学目标，并计划于 2021 年进行发射。中欧科学界将在该任务的整个生命周期内，即包括研究、定义、实施、运行和科学数据利用阶段，联合对其进行定义、实施和数据利用。2014 年 2 月、9 月，中欧联合空间科学卫星任务第一次、第二次研讨会成功在成都和丹麦哥本哈根举行，为今后进一步合作并提出联合任务建议打下了良好基础。

作为"十二五"年计划的备选项目，根据战略规划和发展路线图，通过科学论证，分两批遴选出了磁层－电离层－热层耦合小卫星星座探测计划（MIT）、X射线时变与偏振探测卫星（XTP）、太阳极轨成像探测计划（SPORT）、系外类地行星探测计划（STEP）、先进天基太阳天文台（ASO-S）、爱因斯坦探针（EP）、全球水循环观测卫星（WCOM）等8个空间科学背景型号项目，开展科学目标凝练、探测方案优化和关键技术攻关，为"十三五"科学卫星的工程研制、发射和获得科学成果做准备。

通过加强组织实施管理，提高专项经费使用效益，已经产生了大量成果产出（数据统计截至2014年4月）：空间科学卫星工程硬件产品数百件（台/套）；软件328个；论文287篇，其中国际179篇、国内108篇、SCI收录172篇、EI收录61篇、在 Nature 上发表2篇；会议报告316篇，其中国际会议报告221篇，全国性会议报告95篇；专利申请60项，已获得授权22项；计算机软件著作权登记及授权11项；集成电路布图设计登记4项。

三、空间科学国内外研究进展比较

（一）空间物理学

目前，空间物理学取得了巨大的发展，在揭示宇宙奥秘、发现自然规律方面获得了举世瞩目的科学成就，开辟了新的应用领域，对社会和经济发展产生了重要影响。

1. 空间物理探测

（1）太阳－行星际探测。

2011年2月1日，Hinode卫星拍摄到了太阳表面存在两个冕洞：一个冕洞位于太阳中心偏上位置，而另一个冕洞（极地冕洞）位于图像底部。这两个巨大的冕洞比太阳表面其他区域色彩更暗，这是由于冕洞与邻近活跃区域相比，其温度相对较低。

美国航空航天局（NASA）研制的STEREO（日地关系观测台）卫星于2006年10月25日在佛罗里达州的卡纳维拉尔角空军基地发射。2011年6月1日，STEREO第一次由太阳观测卫星在轨道上拍摄到完整的太阳背面图像，这个角度在地球上是看不见的。同时，通过将呈180°的两颗卫星Stereo-A与STEREO-B的数据进行组合，获得了首张完整的太阳全景照片。

太阳动力学观测台（Solar Dynamics Observatory，SDO）由NASA于2010年2月23日发射，它搭载了3部研究太阳的仪器，能够不间断地对太阳进行观测。2011年3月19日，SDO观测到一次日珥喷发事件。

（2）地球空间探测。

磁层空间探测发展的重要趋势是空间的多点探测。THEMIS（Time History of Events and

Macroscale Interactions during Substorms，亚暴期间事件时序过程及相互作用）是由 NASA、美国加利福尼亚大学洛杉矶分校和加州大学伯克利分校于 2007 年 2 月 17 日联合发射的 5 颗卫星组。2008 年 2 月 26 日，当一个亚暴发生的时候，THEMIS 正好位于地球的背阳侧，第一次观测、证实了磁场重联触发亚暴发生，触发极光。

辐射带风暴探测器（Radiation Belt Storm Probes，RBSP，也称范艾伦探针）于 2012 年 8 月底由美国发射。其主要科学目标是了解辐射带粒子加速的物理机制，以便更好地理解太阳对地球以及近地空间的影响。

（3）地基观测的发展。

国际上在着力发展空间天基探测和研究的同时，也十分注重地基探测。由于对空间环境进行全天时和整体性监测的需求，世界空间环境地面监测正沿着多台站、网络式综合监测的方向迅速发展。

加拿大提出的地球空间监测计划（CGSM），包括了协调观测、数据同化和模式研究等各个方面。美国在众多的卫星探测计划之外，也提出了先进模块化的可移动雷达（AMISR）计划，通过 2007—2012 年和 2013—2016 年两个阶段的研制与发展，为研究迅速变化的高层大气以及观测空间天气事件提供强有力的地面空间环境监测手段。

2. 空间物理研究的重要进展

过去的十年，空间物理在研究太阳活动及其对日地空间环境的影响，以及太阳系与星际空间相互作用等方面取得了重大进展。明确了太阳活动区、耀斑、日冕物质抛射（CME）和行星际介质扰动之间的联系，提出了相对论带电粒子的可能加速机制。了解了行星际条件驱动地磁活动和磁暴现象，确定了磁层–电离层–热层耦合的主要动力学特征。开始了探索太阳对日球最外层空间（日球层与星际空间边界处）的影响。

（1）太阳活动和太阳风起源。

最新的光球层和日冕底部观测给出了日冕加热机制的重要信息，这也是太阳风的最终驱动源。Hinode 卫星上太阳光学望远镜观测到的高分辨率的色球照片完美地展示了其动力学以及扭曲结构。SDO 卫星上大气成像仪得到的窄带 EUV 图像显示，冕环无法如过去认为的那样处于稳定状态。从色球到太阳风的过渡受到日冕磁场的控制。人们在理论模型和观测两方面都已经取得了重要进展。实现了对日冕半真实全球三维 MHD 数值模拟，其空间分辨率足以与当前观测相比较。

（2）太阳能量的爆发性释放。

在耀斑光子能量突然释放方面也取得了重大进展。由 SORCE/TIM 仪器观测到的耀斑第一次表明总的辐射能量与 CME 动能相当。SDO/EVE 仪器发现，耀斑后期 EUV 相对 X 射线峰值有几分钟的延迟。SDO/AIA 和 STEREO/EUVI 上的全球 EUV 观测发现，多个耀斑爆发和 CMEs 中的磁场有着长距离的相互作用。

对于日冕物质抛射和耀斑的产生机制研究也取得了进展。在 $4R_s$（太阳半径）以内，CME 速度曲线与耀斑 HXR 能量释放同步。CME 的磁通量绳模型与大多数观测事件一致。

在日冕图像中已经发现由快速 CME 驱动的激波，这预示着科学家们正在接近 SEP 来源。

（3）太阳风结构和动力学。

最近，人们利用强大的实地观测和其他一些平台的观测对其做了大量研究。短时间尺度的湍流串级及其最终耗散是加热太阳风的可能来源。观测与模型在这方面也取得了重大进展。研究发现，太阳风 H^+ 和 He^{2+} 相对当地磁场的温度各向异性受镜像不稳定性和消防水龙带不稳定性（fire hose instabillity）限制。这些观测缩小了太阳风加热机制的范围。科学家们还发现，在太阳风中相邻的反向磁场重联无处不在，大多数重联点不在日球层电流片中。

（4）太阳高能粒子。

最新的太阳高能粒子（SEP）观测取得了一些令人惊喜的进展。第 23 个太阳活动周期间，地基中子探测器总共记录了 16 个地级事件，研究表明大多数大型 SEP 事件都有一个来自同一活动区的 CME。ACE 卫星在很多 SEP 事件中观测到大量 ^3He 和 Fe，与这一概述一致。STEREO 卫星、ACE 卫星和其他卫星平台，以及即将发射的太阳轨道器 SO 和太阳探针加强号 SPP 等的持续观测将会为这些事件的源区、空间范围和演化提供关键数据。

（5）探索日球层外部边界。

在飞向日球层顶（太阳系在宇宙的外边界）的途中，旅行者（Voyager）号探测器在到达和穿越终止激波（TS）进入日鞘内的过程中获得了一系列突破性发现。IBEX 探测器和 Cassini 探测器的观测结果极大地改变了我们对太阳系与星际介质相互作用的认识，同时也定量确定了一些对日球层边界区域的科学预测。终止激波（TS）处的太阳风不再维持超声速。IBEX 和 Cassini 飞行器观测到的高能中性原子分布图，对来自外日球层的辐射给出了一个没有预测到的"丝带"结构，这一结构明显受当地的星际磁场调制。

（6）磁层全球动力学。

磁层的全球动力学受行星际磁场（IMF）南北向分量变化所控制，驱动着磁层形成对流环路。目前已经对环电流注入离子开展首次成像观测，了解了它的形态和成分。数值模型和全球高能中性原子（ENA）成像显示，在磁暴主相期间，环电流具有不对称性，这暗示其与电离层间的紧密耦合。

（7）磁场重联和波粒相互作用。

人们在理解磁场重联如何发展方面取得了实质性进展，对磁场细节和等离子流的首次定量预测得到实地观测的完美证实，复杂的动力学模拟结果也得到与磁尾磁重联一致的特征。

波粒相互作用已被确定为辐射带粒子能量获取与损失的主要机制。磁暴期间的粒子动力学是局地等离子体不稳定性产生的波对相对论粒子加速和损失微妙平衡的调制结果。

（8）磁层非线性动力学。

磁层与电离层之间的电动力学耦合不再是简单的耗散响应。环电流与电离层的相互作用会严重扭曲内磁层对流，反过来会影响环电流本身，使其峰值偏向晨侧。在太阳风驱动高峰期过去后，源自电离层耦合的昏侧出流仍长期持续。新注入的热的环电流等离子体叠加在高密度等离子体层上会产生局地不稳定性。由此产生的波动会散射辐射带粒子，从而剥蚀辐射带。关于低温高密等离子体有利于高能电子被加速到相对论粒子这一预言，同样得到观测证实。因此，现在认为注入前的动力学过程是确定等离子体层状态与辐射带响应的关键。

对磁层 – 电离层耦合前提条件和有效途径的发现，以及相应动力学过程的确认，为实现在极端条件下对系统行为的定量可预测描述提供了基础。

（9）行星磁层。

过去 10 年，在行星磁层（或类磁层系统方面）的结构、动力学和耦合联系方面取得了长足进步。对所有类地行星的研究都取得了最新进展。人们加深了对火星大气损失的认识，通过高纬无线电波测量识别出金星闪电，并对比地球更强的火星磁层 – 太阳风耦合的磁层动力学过程进行了观测。

在太阳风动压变化对木星极光增亮的观测和理论解释方面取得进展，对木星磁层与其卫星（特别是木卫二）相互作用的理解方面取得了重要进展。Cassini 飞船对土星高度结构的磁层和卫星系统进行了大量观测。观测发现，土卫二南极地区会向外喷出羽状水汽和冰晶。中纬磁层通量管交换引起的磁尾等离子体喷流是土卫二冷等离子体输运的主要机制。太阳风动压变化强烈调制外磁层活动，包括土星千米波辐射和土星环电流中的高能粒子加速。如何解释和证实其在其他系统中的关键作用仍是一个挑战。

（10）太阳活动极小期内活跃的电离层。

最近的太阳极小年出现了一个长时间的低太阳 EUV 通量和相应的加热率。同时，热层密度下降到异常低的水平，比过去 4 个太阳活动周的观测值都低。持续长的低太阳 EUV 和地球低轨道中性原子密度下降，使得 CHAMP 卫星的寿命意外延长。然而即使太阳平静期延长了，美国空军的 C/NOFS 项目和 NASA 的 CINDI 实验以及其他天基和地基设备都发现电离层表现出惊人的动力学过程，例如在晨侧靠近黎明区的复杂密度结构。即使在太阳平静期，也并不意味电离层会表现的温和友善，仍然会以意想不到的方式危害卫星导航和无线电通信。

（11）全球密度结构和反馈。

IMAGE 卫星对等离子体层的 He$^+$ 成像表明内磁层出现相应结构，等离子体会被剪切出等离子体层，并对流到磁层顶。电离层中出现了意料之外的等离子体层结构，这一发现直指磁暴期增强的极光离子出流的关键过程。国际大地测量计划发现了中性成分的局地结构。德国小卫星有效载荷挑战计划（CHAMP）和 NASA/ 德国重力恢复以及气候实验（GRACE）任务发现，地磁平静期极点附近伴随强焦耳加热的局地中性上涌现象。这一结果证实在中性原子密度在很多条件下都会改变，从而影响低轨卫星轨道的衰变率。

（12）对流层驱动。

最近几年，人们意识到对流层的天气和气候能强烈地影响高层大气和电离层。随后，在上面热层的成分和温度中观测到对流层力信号。研究明确表明,地球的电离层 – 热层(IT)系统拥有相当数量的起始于地球表面并传进大气层的大气波动现象,这些波动存在纵向变化、地方时变化、季节性 – 纬度性变化和日变化。目前的估计表明,由低层大气传入的波动所贡献的能量,与由外部太阳 EUV 和 UV 辐射、沉降粒子、电阻加热和磁层驱动的风向磁层 – 电离层输运的能量相当。

(二)空间天文学

当代空间天文学发展的最显著特点是观测手段的迅速发展和全波段研究的开拓。当前国际上空间天文学的发展重点是追求更高的空间、时间和光谱分辨率;追求更大的集光本领和更大的视场,以进行更深更广的宇宙探测;开辟电磁波外新的观测窗口;开展大天区时变和运动天体的观测;发展海量数据处理技术和计算天体物理学。

2011 年,美国国家研究院组织的天文学和天体物理学调研委员会在《2013—2022 年天文学与天体物理学十年规划》里,列出了三个今后十年天文研究的主要领域:①搜寻第一代恒星、星系和黑洞——宇宙的黎明;②发现邻近可居住行星——新的世界;③理解宇宙的基本规律,代表了引领天文学今后十年发展的主要研究方向。美国科学院接着发布了《2013—2022 年太阳和空间物理——技术时代的科学》,对太阳物理提出了战略思考。

1. 星系和宇宙学

最近 20 ~ 30 年,星系和宇宙学取得了令人瞩目的成就:高红移超新星观测、宇宙微波背景观测和宇宙大规模巡天观测发现宇宙在加速膨胀,大规模的红移巡天大大改进了对星系与宇宙结构之间的关系的认识,而随着哈勃深场等极深度星系巡天的开展,星系和黑洞的系统研究已经拓展到宇宙年龄还不到 10 亿年的宇宙早期(红移 Z =10)。今后 5 ~ 10 年内有望取得进展的关键问题包括:暗能量和暗物质的本质;宇宙结构和星系的演化;大质量黑洞及其周围的环境;

2. 恒星与银河系

恒星及银河系的研究是国际天体物理的主要研究活动之一。今后的一段时期,恒星与银河系的研究将主要体现在:①星际介质与恒星形成;②恒星结构与演化;③恒星级致密天体;④银河系的结构与组分。

3. 太阳系和系外行星系统

当今行星科学研究主要集中于两大主题:一是行星的形成与演化,二是类地行星的搜寻。目前,国际行星科学研究发展趋势有如下特征:①行星探测从地面发展到空间。目前国际上正在实施针对木星、火星、矮行星的多个深空探测计划。②宜居类地行星的搜寻是目前系外行星探测的首要目标。开普勒望远镜探测到了 48 个位于宜居区的行星候选体。③比较行星学研究将有新突破。系外行星的不断发现,为"比较行星学"研究提供了更大地研究样本,人们可以通过不同行星的比较研究,更全面了解它们的形成和演化过程。

4. 太阳

空间太阳卫星观测提供了紫外、极紫外、X射线等地面不能观测的图像。美国《2013—2022年太阳和空间物理十年规划》设定的最重要的科学目标，包括确定太阳活动的来源并预报空间环境的变化，确定太阳与太阳系及星际介质的相互作用，发现并定量描述发生在日球乃至整个宇宙的基本过程，这基本代表了我国太阳物理学研究的主要努力方向。基于目前国际太阳物理的研究特点，未来几年该领域的研究将重点关注以下几个方面：①太阳发电机和太阳磁场的起源；②太阳活动的观测和机理研究；③三维辐射磁流体动力学模拟。

5. 基本天文学

20世纪90年代以来，随着众多系列太阳系深空探测计划的不断实施、大量Kuiper天体（1992年）和太阳系外行星（1995年）的相继发现、欧洲空间局（ESA）Gaia空间天体测量卫星的成功发射（2013年）、基础研究和国家战略对时间频率精度需求的日益提高，基本天文学研究领域得到了快速发展。

6. 天体力学

研究的重点集中在：非线性天体力学及轨道稳定性理论，太阳系Kuiper带天体动力学，月球、行星及其卫星历表及运动理论等。

（三）月球与深空探测和探月工程

1. 陨石学研究

随着现代测试技术和研究程度的发展，陨石研究正朝着前太阳物质、灭绝核素、太阳星云的凝聚和分馏、行星的早期演化和冲击变质作用等方向发展。测试方法上，趋于采用离子探针和LA-MC-ICPMS等高精度测试技术和原位分析技术方法。研究对象趋于多元化、小型化，主要是特殊类型陨石研究，特别是火星陨石和月球陨石，由单个陨石研究趋于多陨石对比研究。

近年来，随着第19次和22次南极科学考察的顺利进行，我国共回收了陨石样品近1万块，一跃成为世界上拥有陨石最多的国家之一（仅次于日本和美国），为我国太阳系研究的发展奠定了物质基础。

2. 空间探测成果

随着我国月球探测工程的立项启动，我国在深空探测方面也已迈出了第一步，但毋庸置疑，在深空探测方面与国外相比，我国存在的差距还是明显的。因此，尽快开展空间探测来弥补差距是我国月球与行星科学发展的一项重要内容。

（四）空间遥感技术

微波遥感在未来国际对地观测计划中将继续发挥关键作用，特别是其所能提供的高精度的定量化观测数据，无论在气象和海洋数值预报，还是在全球变化和地球系统科学的研究中，都能够直接在模式中进行应用，为业务应用和科学研究提供关键的基础性支持。另外，在未来的空间探测中，空间微波遥感技术还将继续在宇宙背景辐射、行星表面与大气探测，以及空间环境的探测中发挥重要作用。

最近几年，空间微波遥感及其应用发展主要表现在：

（1）高精度、高质量的空间微波遥感成为气象和海洋数值预报、灾害预警监测的重要数据来源。

从 2005 年发射的 DMSP-16 开始，DMSP 的特殊微波成像探测仪（SSMIS）综合以前三个微波传感器 SSM/I、SSM/T1 和 SSM/T2 的能力，通过圆锥扫描以固定的入射角对大气和地表的微波辐射进行探测，并利用探测数据反演大气和地表信息。2011 年，美国新一代极轨气象卫星 JPSS（联合极轨卫星系统）的先导性 NPP 发射，实现全球 1 日全覆盖。2014 年，美国还发射了其军事气象卫星的第 19 星（DMSP-19）。以后还将进行 JPSS-1 卫星的发射。

欧洲气象卫星组织（EUMETSAT）的 METOP 气象业务系列卫星中，微波遥感是服务数值天气预报的关键有效载荷，包括两个被动微波遥感器——先进微波探测单元（AMSU-A）和微波湿度计（MHS），一个主动微波遥感器——先进微波散射计（ASCAT）。所得探测数据已经成为欧洲中期气象预报中心（ECMWF）的关键同化数据，用于支持高精度的天气预报。

（2）全球变化和地球系统科学研究成为空间微波遥感技术发展的主要驱动力。

全球变化、人类活动的影响和对人类的影响，是当今世界面临的重大挑战，卫星遥感所能够提供对于全球变化敏感因子和指征要素的观测，成为卫星对地观测技术的重要应用需求和技术发展的主要驱动因素之一。微波遥感能够进行大气、海洋、陆地上环境要素的探测，在全球变化和地球系统科学研究的信息获取中发挥着关键作用。

（3）空间探测与空间科学研究引领空间微波遥感技术前沿技术发展。

微波遥感在空间探测中的应用方向主要有：行星与月球表面特征的微波散射、辐射探测与成像；行星大气的微波探测；宇宙背景微波辐射探测；太阳与日地空间环境的微波和无线电探测。

（4）空间微波遥感在未来的对地观测和空间探测任务中发挥关键作用。

在美国、欧洲和日本未来的地球观测和空间探测规划中，微波遥感将继续发挥重要的作用。美国国家科学院 2007 年发布的其第一个针对地球空间科学的任务规划 "*Earth Science and Applications from Space：National Imperatives for the Next Decade and Beyond*" 所提出的建议项目中，微波遥感作为主要或重要探测手段的卫星计划超过一半。在日本的对地观测计划中，利用微波雷达和多频微波辐射计进行土壤湿度、海面温度、海面风场、大气降水等观测 GPM、GCOM-W 和主要用于陆地成像观测的 ALOS 卫星系列中，微波散射计、微波辐射计和合成孔径雷达是主要的观测手段。

在光学遥感方面，我国与国外最先进的技术还有以下差距：

1）空间分辨率低。

美国的 WorldView–3 卫星全色谱段达到了 0.31m 的超高分辨率，同时具备 8 个多光谱波段、8 个短波红外波段和 12 个 CAVIS 波段的高分辨率成像能力。法国的 Pleiades–1 卫星载荷 HiRI 采用长焦距（12.905m）与超分辨率焦平面技术提高空间分辨率，全色分辨率最高可达 0.5m。国内高分二号载荷的空间分辨率为全色 0.81m，多光谱 3.24m。为了提高重点区域的时间分辨率，国外积极发展静止轨道高分辨率载荷技术，法国 Astrium 公司的静止轨道高分辨率（HRGeo）项目，空间分辨率可以达到 3m，国内在研的静止轨道载荷空间分辨率仅为 20m，无法满足高空间分辨率观测需求。

2）光谱分辨率低。

国外海洋和陆地彩色成像仪（OLCI）的可见近红外波段光谱分辨率最高达到 1.25nm，大部分谱段配置带宽 10nm。国内 HY–1A/B 的水色水温扫描仪光谱分辨率仅为 20nm，仅包含 8 个谱段，难以实现对二类水体或海洋精细要素的信息获取；国外大气探测光谱仪光谱分辨率可达 0.1nm，国内在轨载荷光谱分辨率最高为 2nm；国外光谱仪通道数最高可到 2300 以上（AIRS 有 2378 个通道），国内相似载荷通道数尚未突破 1500（IRAS 有 1370 个通道）。另外，国内在光谱分辨率、谱段数、谱段范围上难以满足高光谱城市观测、大气参数观测以及断裂带资源探测等的需求。

3）探测灵敏度低。

载荷探测灵敏度受探测器影响较大，由于我国光学载荷使用的探测器大部分靠进口，受到种种限制，很难获得高等级、高质量的探测器件，造成我们的光学载荷探测灵敏度与国外载荷相机有一定差距。国外海洋观测载荷的信噪比普遍为 1000 以上，国内在研载荷的信噪比约为 800；国外静轨气象卫星 MSG 上配备的 SEVIRI（旋转增强可见光和红外成像仪）红外载荷的 NETD 可达到 0.25K@300K，国内"风云二号"上的 S–VISSR（可见光红外自旋扫描辐射计）的 NETD 为 0.5K@300K。

4）载荷探测精度低。

国外测绘遥感载荷数据的无控定位精度已达到 ≤ ±3m，国内仅为 10 ~ 20m；在辐射精度方面，国外采用多种手段进行载荷光谱辐射复合交叉定标，已实现在轨可见光辐射精度 2%，光谱定标精度 1% 的能力，国内载荷的辐射精度设计值仅为 5%，光谱定标精度 3%，导致较大的辐射能量反演误差，而且，美国和欧洲正在着手建立空间可溯源至 SI 的辐射基准，谱段覆盖 320 ~ 2450nm，国内尚未开展空间辐射基准载荷相关技术的研究工作；在温室气体测量精度方面，国外为 1ppm，国内在研为 4ppm；在测高与测风精度方面，国外已达到 0.3m 测高精度与 3m/s 测风精度，国内在研载荷测高精度为 1m，测风精度 5m/s。

5）国内载荷品质明显落后于国外同类载荷。

在主要性能指标相当的情况下，国内载荷在重量、体积、寿命、数据质量等品质方面同国外先进水平存在明显差距。分辨率同为全色 2.5m/ 多光谱 10m 的法国 ALSat–2 卫星光学载荷重量仅为 18.5kg，体积仅为 34cm×46cm×51cm，国内 SJ–9A 重量为 60kg，体积为

78cm×40cm×45cm。由于载荷成像焦面及电子学系统集成度低，电路体积、质量、功耗为国外的数倍。在载荷寿命方面，国内低轨载荷设计寿命一般为 5 ~ 8 年，国际先进产品寿命大多超过 10 年。

6）载荷功能单一，缺乏复合探测能力。

美国早期的 TIROS、NOAA、Landsat 系列卫星载荷便具备了大气、海洋与陆地等多目标要素的复合探测能力。目前，国外在轨的 MODIS、GOCI 等载荷，在研的 GEO-Oculus、GEO-CAPE 等载荷具备了全球综合观测能力，能够满足植被、冰雪覆盖、陆海灾害、海岸带环境、海洋水色、海表温度、大气温/湿度、大气成分等目标要素的复合探测需求。国内的 FY 系列卫星虽然能够实现海洋水温水色与气象环境的复合探测，但在对多目标要素的探测需求指标分析以及载荷的一体化设计与研制技术等方面还有待增强。

7）天地一体化设计有待加强。

国外无论在高分辨率载荷系统优化设计还是在卫星星座应用方面，均采用天地一体化优化设计。长期以来，我国有效载荷在设计和研制过程中，存在片面追求载荷指标先进性、忽视遥感系统整体应用效果的问题，导致图像质量稳定性、定量化水平满足还不能完全满足应用需求，很多数据还要靠国外卫星提供。

8）新型载荷技术研究不足且缺乏验证。

在压缩感知成像技术、量子成像技术、光学综合孔径技术等新技术方面，国外已经开展了大量的研究，并取得了丰富的研究成果，研制了原理样机，国内相关技术仅开展了理论研究与实验室原理验证，技术成熟度不高。

（五）空间探测

在空间探测领域，美国一直处在领先地位，已探测或正在探测太阳系内的月球、火星、金星、木星、水星、土星、天王星、海王星、冥王星、彗星和小行星等天体；苏联探测了月球、金星、火星和彗星；欧洲已探测了月球、火星、金星和彗星；日本已探测了月球、彗星和小行星；中国已探测了月球、小行星（如图塔蒂斯）；印度已探测了月球和火星。

1. 月球探测器

近两年，只有美国和中国发射了月球探测器。美国发射的月球探测器均为绕月探测器，中国发射的月球探测器为着陆探测器、巡视探测器和试验探测器，所以无法直接比较。从总体上讲，美国的月球探测器更为先进、更具创新性、更加深入。

（1）绕月探测器。

1）探测月球重力。

2011 年 9 月 10 日，美国发射了两个一模一样的绕月探测器——引力恢复与内部实验室 -A、B（GRAIL-A、B，简称圣杯 -A、B），以更精确地测量月球的重力场，以确定月球的内部结构，进一步研究月球的起源和演变；研究小行星撞击历史，为未来任务着陆点的选择提供有关数据。2012 年 3 月 8 日开始，圣杯 -A、B 在绕月轨道进行了 89 天的测绘工作。圣杯 –A、B 于 2012 年年底完成使命，对月球进行了撞击式探测。

2）探测月球大气。

2013 年 9 月 7 日，美国发射了"月球大气和尘埃环境探测器"（LADEE），探测月球大气和尘埃环境。它携带的月球尘埃分析仪用于分析月球尘埃粒子的样品；中性粒子质谱仪用于测量月球大气在不同高度、不同空间环境下的变化情况；紫外光和可见光光谱仪用于了解月球大气的成分；月球激光通信验证装置用于在星际空间传送宽带数据。

上述两个月球探测器是对月球进行深入的专项探测和技术试验，居世界领先地位。

另外，2009 年 6 月 18 日上天的美国"月球勘测轨道器"（LRO）目前仍在轨超期服役。与之相比，中国的"嫦娥二号"绕月探测器在入轨方式、绕月高度、平台性能、载荷水平、探月时间等方面有一定差距；"嫦娥二号"的特点是用途更广，开展了多项拓展试验。

（2）区域巡视探测。

2013 年 12 月 2 日，我国发射了"嫦娥三号"落月探测器，它由着陆器和巡视器（俗称月球车）组成。至今，只有我国和苏联发射过无人月球探测车。我国"玉兔号"月球车与苏联月球车一号、二号（Lunokhod-1、Lunokhod-2）相比有一些共同点，也有不同之处，例如，我国玉兔号月球车小而精，质量为 140kg，而苏联 2 辆月球车质量分别为 756kg、840kg；玉兔号有 6 个轮子，苏联月球车有 8 个轮子。另外，携带苏联月球车一号、二号的月球十七号和二十一号着陆器在落月时是盲降，而我国"嫦娥三号"在落月时增加了悬停和避开障碍等功能，大大减少了落月时的风险。

（3）再入返回试验。

2014 年 10 月 24 日，我国发射了探月工程三期再入返回飞行试验器（简称试验器）。同年 11 月 1 日，该试验器的返回器以半弹道跳跃式再入返回地球，在内蒙古四子王旗预定区域顺利着陆。它表明我国已全面突破和掌握航天器以接近第二宇宙速度的高速再入返回关键技术。

采用半弹道跳跃式高速再入返回地球，具有过载小和落点精度高的优点，但技术复杂，此前只有苏联和美国掌握。但苏联和美国空间探测器返回的航程没我国的长，而着陆场比我国的大。由于我国的人口密度大，适合充当降落区的地方有限，因此对返回器的降落精度也提出更高要求。

"嫦娥五号"试验器的另一个特点是其返回器在完成了再入返回地球任务后，其服务舱又进行了多项拓展试验，明显提高了探测器的使用价值。

2. 水星探测器

由于水星是离太阳最近的一个星球，所以探测它十分困难。至今，只有美国的水手10 号（Mariner 10）和信使号探测器（MESSENGER）探测过水星。2011 年 3 月 17 日，美国信使号探测器进入环水星轨道，成为世界上第 1 个专用水星探测轨道器。它的任务是绕水星轨道飞行 1 个地球年，获得水星三维图像、表面化学特征、内部磁场以及几何结构等数据。2015 年 4 月 30 日，燃料耗尽的信使号与水星表面相撞而殒灭。所以，目前已没有水星探测器在轨工作了。

3. 金星探测器

2010年5月21日，日本发射了其首个金星探测器——"拂晓号"（AKATSUKI）。对金星大气运动、雷电等进行观测，并利用这些成果加深了对全球变暖等地球气候现象的研究，"拂晓号"原计划在同年12月7日进入围绕金星运行的大椭圆轨道，但用于制动的主发动机出现故障，使拂晓号与金星擦肩而过。在2011—2014年，国外没有发射金星探测器。2014年12月，欧洲航天局宣布，由于其"金星快车"（Venus Express）探测器燃料耗尽，无法继续与地球联络。所以，目前已没有金星探测器在轨工作了。

4. 火星探测器

2011—2014年，国外发射了4次火星探测器。

2011年11月9日，俄罗斯发射了载有我国首颗火星探测器——萤火一号的俄罗斯"火卫一－土壤"（Phobos-Soil）探测器。升空后由于"火卫一－土壤"出现故障，于2012年1月15日再入大气层烧毁。

2011年11月26日，美国发射了"火星科学实验室"（MSL）。它所携带的美国第三代火星车好奇号（Curiosity）是迄今世界上最大、最贵、最先进的火星车，在火星探测中首次采用"空中吊车"着陆系统和"多任务放射性同位素电热发生器"核电源等先进技术，装载了很多第一次在火星上使用的先进科学仪器。

2013年11月18日，美国发射了"火星大气与挥发物演变"（Maven）探测器，它于2014年9月21日进入火星轨道。"火星大气与挥发物演变"是世界首个研究火星上层大气的探测器，旨在调查火星上层大气，帮助了解火星大气气体逃逸到太空对火星气候演变所产生的影响。

2013年11月5日，印度发射了其第一个火星探测器——"曼加里安"（Mangalyaan）。它于2014年9月24日顺利进入火星轨道。从而成为继苏联、美国和欧洲之后世界第四个，也是亚洲第一个成功探测火星的国家。其科学目标是：研究火星的气候、地质、起源和演变以及火星上可维持生命的元素。

到2014年年底，在火星轨道上工作的有美国的"火星奥德赛""火星勘测轨道器""火星大气与挥发物演变"，欧洲的"火星快车"，印度的"曼加里安"；在火星表面工作的有美国的机遇号和好奇号火星车。

5. 木星探测器

目前，只有美国发射过2个木星探测器，1个退役，1个正飞往木星。2011年8月5日，美国发射了新一代木星探测器——"朱诺"（Juno），是继美国1989年发射的"伽利略"之后世界第二个专用木星探测器，用于探测木星大气、引力场、磁场以及磁球层，调查木星上是否存在冰岩芯，确定木星上水的含量，并寻找氧气的存在。它将于2016年7月进入木星轨道，预计在木星大椭圆极轨道上的辐射带内工作1年，围绕木星飞行32圈。美国计划于2017年10月结束"朱诺"的探测任务，届时该探测器将离轨，撞向木星表面。

目前，只有美国的"朱诺"在前往木星轨道的途中。

6. 土星探测器

目前，只有美国发射过 1 个与欧洲合作研制的专用土星探测器——"卡西尼"（Cassini），至今还在工作。"卡西尼"于 1997 年 10 月 15 日升空，2004 年 7 月成为世界首个进入土星轨道的探测器。2008 年 7 月，"卡西尼"轨道器的主任务结束，由于运行状况良好，经多次延长飞行任务，美国再次宣布将"卡西尼"轨道器任务延续到 2017 年。

7. 彗星探测器

目前，只有 1 个彗星探测器在工作。2014 年 8 月 6 日，飞行了 10 年多的欧洲"罗塞塔"（Rosetta）彗星探测器进入 67P/ 丘尤穆夫 – 杰拉西门克彗星（简称 67P 彗星）轨道。在经过 2 个月对 67P 彗星表面的绘图，探测其引力、质量、形状和大气等，以及挑选着陆地点后，2014 年 11 月 12 日，"罗塞塔"向 67P 彗星的彗核投放了其所携带的世界第 1 个彗星着陆器"菲莱"（Philae）。"罗塞塔"原定于 2015 年 12 月完成使命，但欧洲航天局 2015 年 6 月 23 日宣布，"罗塞塔"彗星探测项目将延长至 2016 年 9 月底。出于情感上的原因，2016 年年底，"罗塞塔"轨道器将降落到"菲莱"着陆器的旁边，以使它们能"母子团聚"。

8. 小行星探测器

近年，美国和日本都在探测小行星。

2011 年 7 月 15 日，首个采用离子推进技术完成实用型科学探测任务的美国黎明号（Dawn）小行星探测器，顺利进入灶神星小行星轨道，成为世界上首个进入太阳系主要小行星轨道的深空探测器。黎明号于 2012 年 9 月 5 日离开灶神星，开始飞往谷神星，于 2015 年 3 月 6 日抵达曾为太阳系最大的小行星、后被升格为矮行星的谷神星，使黎明号成为世界第一个环绕两颗不同天体运行的无人探测器以及首个矮行星探测器。按计划，黎明号探测器的主任务将于 2016 年 6 月结束，并留在绕谷神星运行的轨道上。

2012 年 12 月 13 日中国嫦娥二号卫星在距地球约 700 万千米远的深空成功飞越 4179 号小行星图塔蒂斯，并获取高质量的光学图像，揭示了该小行星的物理特性、表面特征、内部结构以及可能的起源等新的结果。

2010 年 6 月 13 日，日本"隼鸟号"（Hayabusa）小行星探测器携带着从小行星糸川表面所采集的约 10 毫克样品返回地面，使日本成为世界上首个在月球之外的原始小天体上着陆、取样并携带其样品返回地面技术的国家。

9. 其他探测

2013 年 9 月 13 日，美国旅行者一号（Voyager–1）探测器于 2012 年 8 月 25 日前后成为第一个进入星际空间的人造物体。到 2014 年年底，美国的旅行者一号仍在飞往距地球 190 亿以远的深空，据悉能工作到 2025 年；旅行者二号也在飞往太阳风层边缘。

美国发射的世界第一个冥王星探测器"新视野"（New Horizons），在 2015 年 7 月 14 日美国东部时间 06:49—09:15，以 5 万千米 / 小时的速度从距冥王星 1.25 万千米的高度掠过冥王星，并对冥王星及其卫星系统进行全面的观测，绘制出了冥王星和冥卫一最详细的表面地形图。它避开可能存在碎片环，防范未发现的卫星，并搭载了代表人类的问候资料。2016—2020 年，"新视野"将进入柯伊伯带探测小行星群，时间持续 5 ~ 10 年。

（六）空间材料国内外研究进展比较

在陶瓷先驱体方面，日、美、德、法等国家投入巨资，形成了多个以陶瓷先驱体为特色的研究机构，多家公司开发了一系列的陶瓷先驱体产品，已形成了系列化、商品化的品牌产品。例如，日本 Nippon Carbon 公司开发了 PC 系列的聚碳硅烷。美国代表性的产品有 SMP 系列 SiC 陶瓷先驱体、Ceraset 系列的 SiCN 陶瓷先驱体和 Blackglass 系列的 SiOC 陶瓷先驱体。德国在 SiCN 和 SiBNC 等陶瓷先驱体研究方面技术先进，并开发了 SiBNC 连续陶瓷纤维。总的来说，国外从事陶瓷先驱体研究的机构和进行陶瓷先驱体商品化开发的公司，很多已经形成了较成熟的产学研用技术产业链，并且具有数十种成熟产品，适用于不同的工艺和材料体系，成为波音、洛克希德马丁等公司的原材料供应商。

相比国外，国内陶瓷先驱体的技术水平、创新能力和产品质量都较大差距，主要体现在品牌少，研发与应用脱节，整体上仍处于跟踪仿制阶段，自主创新能力仍待提高。国内大多数先驱体仍处于实验室研究阶段，没有真正实现商品化。

在结构材料研究方面，国外研究机构针对材料的机械加工、机械性能、不同环境条件下性能的稳定性开展了系统的研究工作。特别是针对铝合金、钛合金等轻质金属合金材料，对材料的机械加工、处理过程到不同条件下材料的疲劳性能、耐腐蚀性能均进行了深入的研究。同时，利用表面处理技术，比如激光处理、离子渗氮处理以及表面不同的薄膜沉积技术，全面提升了材料的机械性能以及其他特殊的功能。

在功能材料和结构 – 功能一体化方面，20 世纪 80 年代"阿波罗"号飞船、"礼炮"号空间站、"天空实验室"空间站等均采用典型 Whipple 防护方案。NASA 已将填充式防护结构成功应用于国际空间站。我国的高性能纤维填充式防护结构还处于地面试验阶段，还未在航天器上获得应用。

肼分解催化剂由美国 Shell 公司和 NASA-JPL 于 1964 年率先联合开发，在 NASA、USAF 和商业飞行器的单组元推力室和航天飞机的辅助动力系统上广泛应用。我国于上世纪 60 年代开展肼分解催化剂研究，先后开发了多种型号催化剂，在我国多种型号飞行器上获得广泛应用。

国外纳米孔隔热材料主要由微孔 SiO_2 粉末添加红外遮光剂和增强纤维之后压制而成，成熟的产品有 Microtherm 和 Min-k（明克）隔热材料。国内纳米气凝胶高温隔热隔热材料综合性能水平显著提高，与国外差距越来越小，某些性能甚至已经超过了国外的气凝胶隔热材料。

从 20 世纪 70 年代起，美国开展了高强度耐高温和低瞄准误差的 Si_3N_4 陶瓷天线罩（窗）和高质量 AlON 光学透明陶瓷的研究，已获得实际应用；国内氮化硅天线罩和 AlON 透明陶瓷研究处于起步阶段。

（七）空间微重力

1. 生命科学与生物技术

美国正在制订计划，推动太空探索的生命和物理科学研究。包括减轻空间环境对宇航员健康和性能不良影响的有效对策方案，更深入了解重力对生物系统调节机制的机械作用等。俄罗斯利用在国际空间站上的 3 个俄罗斯实验舱，以及货运飞船和美国的航天飞机开展空间生命科学基础和应用研究。欧空局在 ISS 的 Columbus 实验舱上，设有一个生物学实验室，用于研究微重力和空间辐射对单细胞和多细胞有机体的影响；此外还设有流体科学实验室等，并与 NASA 密切合作。日本 JAXA 用它于 2009 年建成的在 ISS 上的"希望号"实验舱 JEM（又称 Kibo），按计划开展微重力下的医药、生物、生物技术以及通讯等六个方面的实验，它将有助于进一步推动月球和火星探测工程。水生生态系统研究是其优势领域，空间制药是其空间生物技术方面的重点发展方向。意大利则遵循其既定空间战略，向七个方面继续推进。利用 ISS 的生命科学设施继续开展宇航员长期反常效应、生物医学、骨质疏松与肌肉萎缩，心肺功能紊乱和运动控制等方面研究。

2. 空间材料科学

国际上近几年在空间（微重力）材料科学研究方面的主要进展包括晶体生长形态演化、化合物半导体晶体生长等方面。

（1）定向凝固过程中的三维胞状晶形成与演化动力学。

法国和美国学者共同组成的研究团队在 ISS 上使用 DECLIC 装置 DSI 和三维成像技术，对透明的丁二腈 – 莰酮（樟脑）二元模拟合金进行了胞状组织的形成与演化的大量实时观察。

（2）凝固过程中柱状到等轴晶转变（CETSOL）。

2013—2014 年在材料科学实验室凝固淬火炉（MSL-SQF）中开展三元共晶合金的凝固（SETA）和在扩散和磁控对流条件下铸造合金的微结构形成（MICAST）实验，部分实验后的样品已经返回地面，但尚未见公开报道的结果。

多年来，美国学者在 ISS 上对固液混合物（Sn 作为固体相，Pb 作为液体相）的粗化过程进行系列实验，仅 2013—2015 年 2 月，就利用安装在手套箱中的专用实验装置对不同 CSLM-2（6 个样品，含少量枝晶的 Pb-Sn 固液混合物）、CSLM-3（6 个样品）和 CSLM-4（6 个样品）进行了 10 多次的实验。该项目旨在微重力下实验研究并结合计算机相场模拟等方法理解温度和时间是如何控制枝晶的生长，以便找到更有效和更经济的方法生产高质量铸造产品。

（3）胶体晶体生长。

欧洲学者在 ISS 的手套箱中完成了"可选择性光学诊断仪器——胶体"（SODI-Colloid）项目的实验。获得的最主要结果是，在理想的扩散限制聚集的条件下，直接获得了在广泛的颗粒吸引强度范围内胶体颗粒聚集的内部结构。

日本在 ISS 上继重水的结冰（晶）等系列实验之后，从 2013—2014 年进行了"冰晶体 2"–冰晶体的自振荡生长实验，实验重复进行了多次（124 次）。冰晶体在含有抗冻蛋白（AFGP）的过冷（过冷度范围在 0.1～1K）水中自由生长，用新改进的光学观察系统（形成干涉条纹）原位进行观察。研究者认为，该微重力下的实验中冰晶基底面生长速度随时间变化的扰动，是由于 AFGP 分子在生长界面处吸 – 解附过程产生的生长速度自振荡。

（4）二元半导体晶体生长过程中的组分均匀性。

日本在梯度加热炉（GHF）中采用移动液相区方法对 Si0.5Ge0.5 进行了生长工艺的研究，但在所设定生长条件下晶体的成分与期望的还是有明显的偏差，分析认为是空间晶体生长时的温度梯度高于地面的所致。JAXA 最近在 GHF 炉中又完成了多个合金半导体的晶体生长实验，但未见对具体结果的公开报道。

2014 年 7 月俄罗斯发射了一个专门用于生物与材料科学实验的微重力科学实验卫星，22 项科学实验中的 8 项为俄罗斯及德国的微重力材料科学实验项目。

（5）材料的无容器悬浮加工

ESA 的电磁悬浮（EML）加工装置于 2014 年送入 ISS，已经基本完成安装调试工作，于 2015 年的 5 月之后开始用于实验工作。这是 ISS 上第 2 台无容器悬浮加工装置，为空间站上热物理实验室（ThermoLab）的主要设备。EML 用于在微重力环境下实现对液态金属的无容器加工和热物理性质的精确测量，旨在通过理解如何控制金属 / 合金的凝固过程，更好地发展加工模型的性能数据库，这些都将帮助人们实现控制材料的微观组织结构从而实现对性能的调控。第 3 台无容器加工设备是日本的静电悬浮（ESL）加工装置，由于种种原因，其进 ISS 的日期被年复一年向后推迟。日本近几年主要还是在地面开展了包括熔体热物性、界面和深过冷熔体中的晶体生长等方面的工作，韩国最近在静电悬浮的地基研究的熔体表面性质、热力学性质、深过冷与形核等方面做了一些有特色的工作。

3. 基础物理

（1）相对论与引力物理研究。

先锋 10 号和 11 号航天飞船的无线电追踪数据显示了一个固定指向太阳的异常加速度，间接暗示牛顿反平方定律可能破缺，现被称为先锋号异常（Pioneer anomaly）。为了在更高精度上检验牛顿反平方定律，NASA 提出 ISLES（Inverse Square Law Experiment in Space）任务概念，计划使用星载超导加速度计在 100μm 范围内检验牛顿反平方定律，预计实验精度（异常相互作用力的耦合常数）可优于 10ppm，比目前地面实验结果高 3 个数量级以上。LISA–Pathfinder 试验卫星预计于 2015 年发射，将针对无拖曳控制、高精度激光干涉仪等 LISA 关键技术进行验证。虽然 NASA 已经终止对 LISA 项目的支持，欧空局仍计划将空间引力波探测任务（现称为 e-LISA）排入 Cosmic Vision《2015—2025 空间科学任务规划》。

（2）超高精度空间时频研究。

关于精细结构常数的时变测量，Rosenband 等人在地面实验室比对精确的铝离子和汞离子光钟，得到 $\Delta \alpha / \alpha = (-1.6 \pm 2.3) \times 10^{-17}$/ 年。光钟在近几年发展迅速，准确度已到

达 10^{-17}。由于空间实验环境的优势，未来在空间微重力环境运行的光钟预计可以达到 $10^{-18} \sim 10^{-19}$ 的潜在稳定性和准确度。

欧盟后续规划 ACES（Atomic Clock Ensemble in Space），计划在国际空间站 ISS 上安装数个高稳定空间钟进行比对，精密测量钟的时频与引力势中的位置和速度的关系，研究洛伦兹对称破缺和 CPT（电荷－宇称－时间）对称破缺等高精度实验检验。

（3）空间冷原子与低温凝聚态物理研究。

临界现象和相变仍然是空间凝聚态物理的研究热点，而传统低温技术对于研究宏观低温系统仍是不可替代的手段。为了在国际空间站进行长期的低温凝聚态物理实验，喷射推进实验室（JPL）设计了低温微重力物理设施（LTMPF，Low Temperature Microgravity Physics Facility）。利用 LTMPF 可以进行超导振荡器、临界现象、低温有序相变等研究，而这些研究成果将可以在未来的工程系统获得应用。

4. 微重力科学实验技术

（1）空间飞行器技术。

国际空间站是可提供微重力时间最长的、微重力水平最高的飞行器，可提供 6 个专用实验室模块，适应不同的生活和微重力科学研究。国际空间站预计将于 2020 年退役。我国目前尚没有与其相媲美的空间飞行器，我国规划至 2020 年建成自己的空间站，规划了两个空间科学实验舱，舱内规划了空间材料实验、空间流体实验、空间燃烧实验、空间生命实验等多个微重力实验的机柜，届时它可能是世界上唯一在役的可提供长时间微重力效应的空间飞行器。

（2）微重力实验设备技术。

国际空间站上安装了多种类型的微重力科学实验装置。如日本 JAXA 研制的 Saibo 实验机柜就是进行微重力下活细胞生物学研究的专用机柜，美国 NASA 研制的燃烧集成实验柜和流体集成实验柜均在空间站上运行。ESA 的材料科学实验室内的材料科学研究机柜 MSRR-1 可为材料混合、晶体生长、淬火、合金凝固等实验提供条件。MSG（微重力科学实验舱）里的 PFMI（the Pore Formation and Mobility Investigation）设备，它的模块化设计使它适合存在很大不同的实验，既可进行材料科学研究，又可对流体运动进行观察。日本在国际空间站"kibo"的日本实验舱中设计了原位观察微重力下蛋白质晶体生长的实验装置、高温熔体材料实验的梯度炉、用于水结晶机理研究的观察实验装置，近几年来已开展了百余次微重力实验。除空间站外，国际上利用其他的空间飞行器提供的微重力环境，也研制了各种不同型号的实验设备。

（八）空间生命科学

1. 空间基础生物学领域

国际空间站（ISS）由美、俄、欧、日、加等 16 个国家共同建造、运行和使用，空间站共有 13 个舱，重量 400t。1998 年正式建站，于 2010 年完成建造任务转入全面使用阶段。

国际空间站（ISS）的建立和投入使用标志着空间科学实验研究的一次重大突破。ISS 为人类探索诸多学科中的基本问题提供了一个环境特殊的实验室，成为验证在地面无法验证的研究结果的有效测试平台，是人类开展深空探测的一个新的起点。

我国的空间生命科学研究自 1992 年以来也取得了长足的进步。特别是，利用 7 次返回式卫星和 4 次神舟飞船的空间飞行机会，分别进行了包括生物学（基础、生态系统研究）5 项、生物力学 2 项、细胞 / 组织工程（细胞 / 组织 / 胚胎培养、细胞电融合）4 项、生物大分子（蛋白质）分离和结晶 5 项、空间辐射 6 项等 22 项空间飞行实验。发表学术论文近 400 篇，授权发明专利 20 余项、申请发明专利 40 余项。完成研制了 39 套地基模拟装置、23 套空间飞行装置，从而使我国科学家获得了宝贵的空间研究的直接经验，为今后的研究取得了丰富的积累，打下了牢靠的基础。但是，与美、俄、欧、日等航天大国相比，我国有计划地开展有源的空间飞行实验研究时间不长，经费投入有限，机会屈指可数，因此与国际前沿仍有较大差距。

2. 空间生命起源领域

天体生物学围绕生命在宇宙中的产生和演化这个谜，借助于基础科学领域和高科技领域的前沿理论和方法去探索以生命起源为核心的诸多起源问题，因而成为许多学科的前缘领域。

美国制定了详细的天体生物学的研究路线图，现在美国已有 700 名科学家在做有关天体生物学研究所资助的项目，150 个大学开设有关天体生物学的课程。澳大利亚天体生物学中心成立于 2001 年，是 NASA 的天体生物学研究所的协作成员，与欧洲空间署和其他空间科学研究机构有协作关系。澳大利亚天体生物学中心主要关注行星科学、生命的起源和早期演化，现代与古老微生物的比较，并承担相关多领域科学研究的整合，以及中学、大学和公众教育。欧洲天体生物学网络协会于 2001 年春天建立，以协调 17 个欧洲国家的有关天体生物学的活动。欧洲与天体生物学有关的空间发射包括以行星探索为主题的 Aurora 项目（2001）；卡西尼 – 惠更斯发射（1997，欧洲设计了测量泰坦地质流体的探针）；Mars Express（2003，加载 Beagle-2，探测火星水和生命）；Rosetta（2004，探测彗星和星际间物质），COROT 发射计划（2006，太阳系外行星）；达尔文计划（2014，类地行星）和在地球轨道上的有关有机或生物样品的实验。欧洲国家如芬兰、法国、德国、俄国、西班牙、瑞士、瑞典和英国都已经建立了各自的天体生物学研究网络，这些国家同时也是欧洲天体生物学协作网成员，而欧洲协作网是美国 NASA 天体生物学研究所的协作机构。欧共体的空间发射虽不如美国但也有其长远的计划，其达尔文发射计划是用于寻找太阳系以外的行星及其生命存在迹象，将分析类地行星大气中是否存在二氧化碳、水、甲烷和臭氧。

在行星生命探索方面，美国 NASA 已在火星上找到了水存在的证据；欧盟科学家则对彗星、陨石等天体物质进行了深入探测，并发现氨基酸在以上各天体中存在的证据；法国等国则对土卫六泰坦卫星专门发射了探测器，并发现了 CH_4、HCN 等 150 余种分子，对生命起源研究具有极大地推进作用。NASA 对火星进行了探测，获得 H_2O 及其他小分子物质存在于火星的大量信息。印度也于 2014 年成功发射了火星探测器。

国内，许多学者从不同学科角度开展了生命起源相关的一系列研究工作，取得了丰硕的成果。例如，北京大学王文清教授改进了米勒实验。赵玉芬院士从事磷调控下的二肽合成反应和遗传密码子起源研究。内蒙古大学罗辽复教授对遗传密码子起源和手性问题进行理论探索。中科院生物物理所的王孔江课题组进行模拟生命起源中多肽合成研究。吉林大学冯守华院士从事水热环境中小分子进化与手性起源等研究。

3. 航天医学领域

NASA 的人类研究计划（HRP），长期以来所开展的基础研究和先进技术开发，都以确保人进入空间后的健康为目标，结合双子座（Gemini）、阿波罗（Apollo）、国际空间站（ISS）、航天飞机等计划实施，组织开展了骨和钙生理学研究 85 项，心血管生理学研究 166 项，胃肠道生理学研究 11 项，免疫学研究 50 项，肌肉生理学研究 91 项，肺生理学研究 26 项，肾脏、体液和电解质生理学研究 35 项，血液病学研究 14 项。此外，还有临床医学研究 129 项、生物医学对抗措施研究 4 项。这些研究工作，为美国建立起了一套完善的航天员训练和锻炼、饮食与营养管理、健康检查与评价，以及空间病预防、诊断、治疗和药物开发等相关航天医学、药物学与人体科学的科学和技术体系。美国的辐射生物学研究被纳入"航天医学，包括空间环境对人类的影响"研究方向。

欧空局支持进行的空间人体科学基础研究涉及生理学、心理学等方面的研究。参与了由俄罗斯生物医学问题研究所主持的"火星 500"模拟项目，实验内容涉及生理学研究、心理和心理生理学研究、临床及实验室诊断研究、微生物和卫生保健研究和技术操作类实验等。

欧航局在地球上最荒凉、隔绝的地区建有南极肯考迪娅工作站，研究极昼和极夜的环境导致生理节律和睡眠体系的问题，为医学、生理学和心理学领域提供研究机会。

近三年来，随着我国载人航天交会对接任务的成功实施，我国航天医学取得了丰硕的成果，丰富发展了对载人航天发展规律的认识，推动了航天医学的学科发展，理论与技术成果作为载人航天工程的重要技术支撑，确保了载人交会对接任务的突破和圆满完成，并为中国载人空间站工程实施不断进行技术积累。

（九）我国科学先导专项的国际影响

空间科学先导专项自实施以来，得到了包括美国、欧洲等空间科学大国的强烈关注，在国际上已经产生了较大影响，也吸引了欧美与我国在空间科学领域开展深度合作的愿望和兴趣。

2011 年 5 月 20 日，《科学》杂志（Science）进行了专门报道："在中国科学院的创新 2020 战略下……空间科学先导专项将成为中国空间科学发展的转折点。"同年 11 月 15 日，《自然》杂志（Nature）报道："7 月，中国科学院在北京成立了国家空间科学中心，预计其空间科学任务将持续扩展，中国的空间科学将会繁荣发展……" 2012年6月，*Science* 在 *A New Dawn for China's Space Scientists* 一文中，对空间科学先导专项拟发射的硬X射线调制望远镜、暗物质粒子探测卫星等空间科学卫星工程项目，以及空间科学背景型号项目 XTP 研究课题等专项研究内容进行了长篇报道："随着神舟九号的发射，中国的载人航天任务将赢得全世界的目光，即将发射的空间科学卫星任务也将赢得世人的关注"。

除 *Nature* 和 *Science* 等知名科学杂志对空间科学先导专项进行报道以外，团队主要成员还应邀在空间科学领域的各个重要国际会议中做空间科学先导专项的专门报告。西班牙主流媒体等也对空间科学先导专项的进展情况、在空间科学领域的国际合作等进行专门报道，进一步扩大了专项的国际影响。

专项实施以来，美国国家科学院高度关注空间科学先导专项。2011年10月，中美开展空间科学交流，打破了美国政府在此领域对中国多年封锁的局面。2014年5月，首届中美空间科学杰出青年前沿论坛在北京成功举办，来自中美两国空间天文和空间物理领域的青年领军人才针对相关前沿科学问题进行了研讨、交流。

欧洲空间局也非常关注空间科学先导专项的实施。早在2011年，欧空局就表现出了参与到夸父计划研制中的强烈兴趣。目前中欧联合空间科学卫星任务的技术约束及时间框架已基本确定，该项任务将成为首项由中欧科学家全程共同参与策划、形成任务建议、实施并进行科学研究和数据利用的科学卫星任务，不仅将为中欧双方建立和维护强有力的、可持续发展的合作关系开辟道路，同时也将为探索、发展我国空间科学国际合作新模式提供有益的参考。

四、空间科学发展趋势及展望

（一）空间物理学

在未来几年里，我国空间物理学要重点关注日地空间环境，将日地空间天气连锁变化过程的探测和研究作为主攻方向；在太阳活动影响地球空间和人类社会的关键科学问题上，要取得突破性进展；着力提升空间环境的业务服务水平，增强我国航天活动和空间应用的安全保障能力。

根据我国的现状和国际学科发展趋势，未来本学科领域发展布局的主要思路是，立足于中国现状，以美国等主要发达国家作为参照系，突出我国的优势，优化布局、协调发展，建立和完善符合学科发展的体制、机制，以空间物理天基和地基重大探测计划为牵引，加强学科交叉和国际合作，抢占国家空间物理研究的"高地"，为满足国家关于空间天气保障服务的需求奠定科学基础。空间物理学发展的重点方向和优先发展领域是：日冕与日球层物理、磁层物理、电离层物理、中高层大气物理、行星空间物理、空间等离子体物理等。至2030年，空间物理领域对的发展战略总目标是：提升对太阳活动爆发机制和近地空间等离子体动力学的基本物理过程的科学认识，了解日地耦合系统地球空间各个圈层相互作用的变化规律，大幅提升空间天气应用服务的能力，更好地满足国家和社会的需求。

（二）空间天文学

我国的空间天文学研究将在成功实施国家"十一五"空间天文规划，取得空间天文卫星观测零的突破基础上，走可持续发展的道路。其基本思路是：瞄准前沿科学问题，加强优势领域，适当扩大规模；以高能天体物理观测为重点，兼顾空间光学、射电、引力波以及旨在搜索宇宙暗物质的高能粒子探测；在天文卫星的发射数量、主导和实质性参与国际空间天文卫星计划、以及形成完整的空间天文研究体系方面，均有大幅度提升。同时，通过空间天文探测计划的实施，将牵引和带动若干航天和空间关键技术的发展，将满足国家重大战略需求与发展空间天文结合起来。经过约 5 ~ 15 年的快速发展，在 2030 年左右使我国进入空间天文大国的行列。

优先领域及其重点方向的科学目标是，全面理解宇宙的起源以及天体的形成和演化，检验物理学基本规律并试图发现新的物理规律，围绕大尺度的物理规律和深层次的物质结构开展宇宙和天体的起源及其演化的研究。包括黑洞探针计划、天体号脉计划、天体肖像计划、天体光谱、系外行星计划计划、暗物质探测计划、中国引力波探测计划等 7 个重点方向。

在空间太阳物理方面，优先关注的关键科学问题是太阳活动的起源、演化、极其对日地对日地空间环境的作用和影响。主要包括两个方面的发展趋势，一是对小尺度的精细结构进行高时间和高空间分辨率的观测和研究；二是对大尺度活动和长周期演化进行观测和研究。结合我国现有的空间太阳物理研究基础，我国未来几年在空间太阳物理领域的主要方向可以概括成三个探索：对太阳活动微观现象和规律的探索；对太阳活动宏观现象和规律的探索；太阳活动对日地和人类环境影响的探索。实现太阳空间探测计划零的突破；初步形成适应空间太阳物理发展的研究和技术人员队伍；拥有若干处在不同研究阶段的太阳探测卫星计划，形成可持续发展的模式；空间太阳物理的观测和研究跻身国际行列。

（三）月球与深空探测和探月工程

在陨石研究领域，根据我国空间探测发展战略、南极陨石回收的实际情况以及国际陨石研究的热点，期望加强对火星陨石和月球陨石及类地行星的演化、球粒陨石及其早期太阳星云的演化、陨石中冲击相矿物的研究，继续开展南极陨石的分类命名工作。

在空间（深空）探测领域，继续深入开展月球探测工程科学探测数据的研究与应用；加紧开展月球探测三期工程的实施；研究国际深空探测的科学问题和发展趋势，加紧开展火星探测；开展比较行星学的研究；加强陨石学和天体化学领域的人才培养，呼吁高校和研究所重视该领域研究生教育。

（四）空间遥感技术

光学遥感方面探测手段不断丰富，探测要素越来越全面。在探测谱段上，从紫外、可见光到长波红外；在探测谱段上，从全色、多光谱到高光谱发展，从被动成像到激光主动成像发展。由于光谱成像技术既可以实现物体的几何影像识别，又可以实现物体的物化属性探测，在资源调查、环境监测、精准农业等领域具有很高的应用价值，已经成为国内外的研究热点。国外已经将激光技术应用于大气温室气体、大气风场探测。此外，为了突破传统光学成像手段对载荷指标的限制，国外新型载荷技术手段不断涌现，量子成像、太赫兹成像、计算成像等技术发展迅速。

载荷系列化发展，注重继承性与连续性。国外典型的遥感卫星保持系列化发展态势，即注重技术的继承性和衔接性，LandSat、SPOT、NOAA、EOS等卫星系列已形成数十年连续不断的数据积累，数据质量稳定。载荷研制与应用结合紧密，强调天地一体化设计。围绕卫星载荷的应用能力，采用天地一体化设计理念，应用技术与载荷同步设计，确保载荷发射后即具备应用能力，有效推进载荷业务化运行的进程。载荷性能指标不断提高，定量化水平不断提升。国外遥感载荷的空间分辨率、光谱（频率）分辨率、幅宽、灵敏度等，性能指标不断提升。

采用新材料、新技术，载荷品质不断提升。随着采用新材料、新技术的应用，有效载荷在体积、重量、功耗、寿命与可靠性等品质方面不断提升。此外，载荷与平台高精度控制测量技术结合，实现多画幅拼接成像、立体成像，高重访、高精度定位，在单一卫星上实现了多种能力，目前大多数的高分辨率商业卫星和成像侦察卫星都具有这些侦察和测绘功能。

在微波遥感方面，国际微波遥感已经从面向技术突破走向全面的应用。同时，新材料、新器件、新方法的发展和应用也为微波遥感技术及其应用的发展提供了新的机遇和条件。

空间微波遥感技术的发展趋势主要表现为：全球变化和地球系统科学研究提出的新需求，推动空间微波遥感技术的发展；通过多个卫星组网和编队，实现多要素的联合观测，解决单一卫星难于实现的观测需求；新的探测方法和探测技术的发展和应用促进微波遥感探测能力的提高。主要发展方向包括微波辐射计、微波散射计、雷达高度计、成像雷达和其他微波探测技术。

国际空间微波遥感与应用技术发展的经验和发展规律表明，全球变化与地球系统科学、空间探测与空间科学是空间微波遥感技术持续发展的重要驱动力。受国家整体发展水平的制约，我国长期以来重视业务应用需求、忽视科学应用需求，一方面制约了相关领域科学研究的发展；另一方面也制约了空间微波遥感技术本身的创新发展。目前我国空间微波遥感技术的发展已经进入一个需要通过创新驱动发展的新阶段，必须通过重视科学应用需求、促进科学研究应用，来推动和促进空间微波遥感的发展。

（五）空间探测

全球未来空间探测活动的趋势是探测对象多元化、任务方式多样化、探测距离由近及远、观测手段不断扩展和丰富、参与空间探测的国家不断增多、国际合作更加广泛。随着全球空间探测技术的不断发展，人类从太阳系进入更广袤的宇宙空间进行空间探测活动的梦想正在逐步实现。

从发展途径看，各航天国家采取各不相同的发展路径，且具有不同的探测目的和侧重点。美国将更多地在火星探测领域投入，并将火星作为其未来载人深空探索的目的地，非常注重在火星探测领域的持续投入，并将载人火星探测作为深空探索的长远目标，持续推进火星探测和其他行星探测。俄罗斯将借助月球探测技术优势，重筑空间探测能力，更注重发展月球探测，拟采取"三步走"战略（资源勘查和着陆点选择、采样返回、机器人月球基地），未来几年都将实施月球着陆、月球车巡视探测、月球取样返回等多种月球任务，为建造月球基地，开展月球天文观测，进行月球资源利用奠定基础。欧洲将紧跟美国，依托国际合作，着重推进火星探测。日本与俄罗斯类似，并将深化小行星探测，并推进"月女神"后续任务。印度会更加注重空间探测的政治意义，成功发射火星轨道器之后，还将发射月球着陆器和漫游车、金星探测器和新的火星探测器等。我国将按既定的发展战略，继续深入探测月球，拟在2017年左右发射嫦娥五号月球采样返回探测器，完成"嫦娥工程"三步走战略，并将探测火星等其他地外星体。

实现无人自动采样返回的嫦娥五号采样返回器是我国探月工程三期的主任务，由上升器、着陆器、轨道器、返回器四个部分组成，用于完成探月工程的重大跨越——带回月球样品。嫦娥五号在月面取样完成后要封装，要求不能有任何污染；上升器在月面上起飞是我国航天器第一次在地外天体升空；它在月球轨道与轨道器–返回器组合体的交会对接与"神舟"飞船与天宫一号交会对接不同，技术难度大、精度高；最后，嫦娥五号要以接近第二宇宙速度（11.2km/s）的速度，返回到地球上的中国可控范围。诸多攻关技术正在按照时间节点紧张进行。

《2011年中国的航天》白皮书介绍，我国正在开展载人登月前期方案论证，我国著名航天专家已建议在2025年或2030年进行载人登月。

我国首次火星探测任务已完成论证，目标是通过一次任务实现火星环绕探测和巡视探测，获取自主火星探测科学数据，实现深空探测技术的跨越。我国火星探测器计划于2020年前后发射。

从探测水平看，将向以下几个方面发展：不断提高无人深空探测器的自主能力；探测器向小型化、功能集成、低功耗和轻质量的方向发展；星体表面巡视探测移动方式以轮式为主，新型的轮腿结合式也受到日益关注；控制方式以地面遥操作为主，自主控制为辅；深空通信频段由S、X频段逐步向Ka频段发展；电推进、太阳能推进和核能推进等新型先进推进技术是提升深空探测能力的重要方向；深空探测运载火箭向大型化、多级化、功能完善化、控制精确化、在轨工作时间长期化、地面发射快速化等方向发展。

随着空间探索的深入推进，人类将进入向地球以外的其他星球探取资源的时代。未来，空间探测活动与重大空间科学问题的结合将更加紧密，探测手段也将不断扩展和丰富。另外，随着参与空间探测活动的国家不断增多，国际合作将在未来空间探测活动中发挥关键作用。其特点是：科学目标更加明确，探测范围更加广泛，探测方式更加多样，探测技术更加先进，并广泛开展国际合作，进行载人深空探测。

（六）空间材料学

空间材料向着结构–功能一体化的方向发展。

纳米气凝胶高温隔热复合材料作为一种超级隔热材料，在某些领域已经获得了规模化应用。进一步提高其高温隔热效果、耐高温性能，实现材料的可重复使用，以及降低材料的研制成产成本是纳米气凝胶高温隔热材料发展趋势之一。

未来 10～20 年高温透波窗口向着宽频的方向发展，由多孔和致密 Si_3N_4 陶瓷制备的夹层结构具有更好的宽频透波性，是新一代宽频技术的候选材料。

传统的中波红外材料已经很难满足现有技术的发展步伐，AlON 透明陶瓷在光学、力学、介电、密度、抗雨蚀等方面的物理和化学性能优良，大尺寸和复杂形状样品制备是未来发展趋势。

随着航天技术的不断发展，对超高温材料的性能要求也越来越高，世界各大国都对超高温材料的研发十分重视，超高温材料将成为研究热点。

（七）空间微重力学

在微重力基础生物学研究方面，未来 5 年，应增强从基因组、蛋白质组等水平上开展研究的尝试，加强空间生物材料制造技术研究，包括空间制药、纳米生物技术的研究以及细胞三维培养与组织构建等。

在微重力材料科学研究方面，重点发展在空间从事系统深入的空间材料科学实验研究的能力，取得在晶体生长与合金凝固过程中的界面稳定性与形态转变的理解与控制研究突破，获得对重要合金体系深过冷非平衡相变机理的认识及实现对合金熔体热物理性质的测量与研究，发现颗粒物质间的作用、聚集与相变规律，发展合成和制备材料的新的物理化学方法。

在空间基础物理学方面，利用高精度光学干涉仪取代电容传感的等效原理检验空间实验，在超高精度空间时频研究方面，未来发展目标将以长期频率稳定度为 10^{-16} 的星载原子钟网络建构卫星时间，以长期频率稳定度为 10^{-17} 的原子钟网络建构地面授时系统，以频率准确度为 10^{-18} 的光钟作为地面时频基准。预期利用空间冷原子干涉进行惯性传感，能突破现有精密重力测量仪器的测量精度。使用空间冷原子干涉仪进行引力磁效应精密测量实验和精细结构常数精密测量实验是下一阶段可以考虑的重点研究课题。

我国未来空间材料实验技术的发展方向：应围绕着空间站这样的长时间微重力平台为主要着眼点，发展功能多样化、结构集成化和模块化的实验装置，同时重视材料科学实验过程中的物性检测和现象的观察分析，重视航天员进行材料实验过程干预的人机工效技术，还应发展遥科学技术，实现空间材料实验的地面遥现和遥操作等先进实验功能。

（八）空间生命科学

预计未来 5 ~ 10 年，我国空间生命起源研究相关科学或技术领域的科研人员将会找到自己的研究与天体生物学之间的联系，促进天体生物学在中国的建立和发展；探索原始地球上含磷化合物是否是由陨石和彗星携带而来，探测在富氧天体的星际空间中的 PO 和 PO_2 和巨大的密集分子云中的 HCnP 或 HPnN，同时监测磷的氧化物和有机磷化物；以人工核酸作为生物探针，研究生命科学中的重大课题，特别是与生命起源与进化相关的课题；研究在生命进化过程中，五元核糖是否可以立体专一地保持构型，保证遗传信息准确无误地存贮与复制。从细胞重建过程寻找细胞起源的线索，研究细胞重建的模拟，为细胞起源过程提供依据和资料。通过研究细胞重建的模拟，了解怎样从没有细胞一步一步重建成细胞核，进而重建成完整的细胞。通过创造人工条件，实现对细胞质物质中的 DNA 和组蛋白组合成为染色质、染色质相变成为染色体及其可逆性进行模拟。也可以用人工建立的微环境，模拟核膜的消失和重建过程，以了解核膜的起源。

加强生物信息学与分子生物学等检测技术，尤其是基因芯片（Microarray）和新一代测序技术（Next Generation Sequencing，NGS）高通量分析技术相结合，跟踪和分析人类及其他如小鼠等模式物种暴露在失重、微重力和各种空间辐射环境下基因表达谱（或转录组 Transcriptome）和代谢谱（Metabolome）的变化。

研究生命对空间极端环境的适应及星球物种防护。采用 Microarray 和 NGS 技术对空间环境下微生物基因组和转录组的比较分析，了解地球上微生物对空间微重力和高辐射等极端环境适应性。探索一些病原菌（Pathogens）在空间环境下发生毒力增强的底层分子机制。跟踪微生物从地球到太空、在空间、从空间返回地球的基因型及表现型的变化，探索物种在太空及其他星球上的可能生存状况；以及太空物种进入和返回地球的安全评估和防护。

探索地球上生命起源与进化的机制。通过对地球上现有物种基因组和代谢组的比较分析，结合古生物学、地质学等，构建物种的系统发生谱树，推测地球生命起源及进化的发生过程及机制。

随着中国空间站任务的启动，长期载人飞行航天员在轨驻留所面临的医学问题就成为航天医学研究的焦点。针对长期飞行中的生理、心理以及行为能力变化，航天医学研究将建立高度开放的空间平台，吸引国内外科研力量，重点开展长期失重对航天员健康的影响与防护技术、空间辐射对航天员健康的影响与防护技术、航天员行为能力、先进的在轨监测与医学处置技术、传统医学航天应用技术等五个方面的研究，通过探索长期空间环境条件下生理效应、心理特征、人的能力变化规律和机制，发展新型防护技术和先进的在轨医监医保技术，取得具有重要科学价值及应用前景的创新成果。

（九）空间科学先导项目

空间科学先导专项的组织实施标志着我国空间科学事业进入新的发展阶段，将开启我国认识宇宙的新篇章。空间科学先导专项立项实施以来的进展表明，项目可望在恒星与星系的起源和演化、检验量子力学完备性、暗物质的性质、空间环境下的物质运动规律和生命活动规律等方面取得重大科学发现或突破，深化人类对宇宙和自然规律的认识。同时为未来5年乃至更长时间段空间科学的发展做好技术准备、奠定发展基础。

在空间科学背景型号遴选与关键技术攻关方面，在先期任务概念预研的基础上，为后续空间科学卫星计划遴选背景型号预研项目；通过关键技术攻关，降低进入工程研制后的进度风险、技术风险、人才队伍风险和经费投入风险，为顺利工程立项和开展工程研制与发射做好各项准备。

在空间科学预先研究方面，通过部署的空间科学预先研究项目集群，将编制出适应国际发展前沿的空间科学发展战略规划，极大促进空间科学各学科领域创新任务概念的涌现、孵育多项具有创新性的空间科学卫星任务概念，突破空间科学观测／探测所需的科学探测仪器关键技术及空间科学实验关键技术，布局和启动需长期发展的重要关键技术，为空间科学的长期可持续发展奠定科学和技术基础。

空间科学专项的顺利实施，将促成在宇宙的起源与演化、物质运动规律和量子力学完备性等方面实现重大科学发现和突破，同时带动高精度探测、量子通信、新材料加工等多项技术的发展和进步，取得重大原创性科技成果，提升我国的科技创新能力、国家安全保障能力和国际竞争力，为我国的科技事业跨越发展做出重要贡献。

五、结束语

近年来，国际上新的空间规划相继发布，科学合作更加全面广泛，卫星计划任务陆续实施，科学成果与发现不断涌现。经过50年的发展，我国空间科学研究已具备了一定的基础，在学科领域设置、科研队伍培养、基础设施建设等方面取得了长足进展，形成了良好的发展基础。

当今，虽然国际空间科学发展形势发生了一些改变，但探索宇宙奥秘、拓展人类活动的疆域以至开发利用宇宙资源仍将是人类永恒的事业。目前我国空间科学各个领域在已有的发展基础上，正面临新的发展机遇期，抓住机遇、圆满实现已立项科学卫星任务目标，并在此基础上规划中国空间科学的美好未来，需要全国的科学家、工程技术人员和各级管理部门的共同努力。随着我国综合国力的持续增强，随着国家对空间科学的重视和长期稳定支持，我们有理由相信，中国科学家将为人类认识宇宙、探索太空做出应有的重大贡献，中国的空间科学发展将成为人类探索太空的里程碑！

参考文献

［1］ CEOS, ESA. The Earth Observation Handbook［EB/OL］. http：//eohandbook.com，2015.

［2］ Hai Sheng Ji, et al.Observation of Ultrafine Channels of Solar Corona Heating［J］. The Astrophysical Journal Letters，2012，750，L25.

［3］ Hu, S., Y. Lin, J. Zhang, et al. NanoSIMS analyses of apatite and melt inclusions in the GRV 020090 Martian meteorite：Hydrogen isotope evidence for recent past underground hydrothermal activity on Mars. Geochimica et Cosmochimica Acta，2014，140.

［4］ Ilia I. Roussev, et al. Explaining fast ejection of plasma and exotic X-ray emission from the Solar Corona［J］. Nature Physics，2012，8.

［5］ Jiayong Zhong, et al.Modelling loop-top X-ray source and reconnection outflows in solar flares with intense Lasers［J］. Nature Physics，2010，6.

［6］ Lin, Y., A. El Goresy, S. Hu, et al. Underground Organic-Rich Fluids on Mars：Biotic vs Abiotic Processes［J］. Meteoritics and Planetary Science Supplement，2013，76.

［7］ NRC Solar and Space Physics Survey Committee. Solar and Space Physics：Science for a Technological Society［R］. 2012.

［8］ Liu, Y.B., et al. Anti-ablation properties of $MoSi_2$-W multi-layer coating system deposited by atmospheric plasma spray［J］. Materials Research Innovations，2014,18.

［9］ Liu, X c., et al., Behavior of pure and modified carbon/carbon composites in atomic oxygen environment［J］. International Journal of Minerals, Metallurgy, and Materials，2014,21（2）.

［10］ NASA.Science Plan 2014［R］，2014.

［11］ Wang X, Guo B, Li Q, et al. miR-214 targets ATF4 to inhibit bone formation［J］. Nat Med. 2013, 19（1）：93-100.

［12］ WU Ji, SUN Lilin. Strategic Priority Program on Space Science［J］. Chin. J. Space Sci.，2014，34（5）：505-515.

［13］ Xiaolong Dong, Mingsen Lin, Naimeng Lu. Status, Progress and Future of the Oceanographic and Meteorological Satellites of China［C］// 2015 International Geoscience and Remote Sensing Symposium，2015.

［14］ Xu, S., et al. Dependence of atomic oxygen resistance and the tribological properties on microstructures of WS_2 films［J］. Applied Surface Science，2014,298：36-43.

［15］ 东方星. 嫦娥-3实现中国首次落月探测［J］. 国际太空，2013，12：1-8.

［16］ 郭华东. 全球变化科学卫星［M］. 北京：科学出版社，2014.

［17］ 姜景山，金亚秋. 中国微波探月研究［M］. 北京：科学出版社，2011.

［18］ 李莹辉. 航天医学研究现状与趋势［J］. 航天医学与医学工程，2013（6）：421-425.

［19］ 刘建忠，欧阳自远，李春来，等. 中国月球探测进展（2001-2010年）［J］. 矿物岩石地球化学通报，2013，32（5）：544-551.

［20］ 鲁安怀，王鑫，李艳，等. 矿物光电子与地球早期生命起源及演化初探［J］. 中国科学：地球科学，2014，44（6）：1117-1123.

［21］ 国家自然科学基金委，中国科学院. 2011—2020年我国空间科学学科发展战略报告［M］. 北京：科学出版社，2010.

［22］ 国家自然科学基金委员会. 中国空间天气战略计划建议［M］. 北京：中国科学技术出版社，2004.

［23］ 庞之浩. 国外空间探测器发展概览［C］// 第二十五届全国空间探测学术交流会论文集. 呼和浩特：内蒙古科学技术出版社，2011.

［24］商澎. 我国空间科学发展战略——空间生命科学［R］. 2014.

［25］吴季，等. 中国科学院空间科学战略性先导科技专项中期进展报告［R］. 2014.

［26］中国科学技术协会. 2011—2012 空间科学学科发展报告［M］. 北京：中国科学技术出版社，2013.

［27］中国科学院空间科学战略性先导科技专项研究团队. 开启中国认识宇宙的新篇章——中国科学院空间科学战略性先导科技专项及进展［J］. 中国科学院院刊，2014，29（6）.

撰稿人：刘志恒

专题报告

空间物理学发展报告

一、引言

我们居住的地球穿行在具有变化磁场的太阳稀薄外层气体中。来自于太阳的高速带电粒子流（太阳风）不但把地球包裹在其中，而且在星系中形成了一个可达140个天文单位（AU）大小的腔洞。在腔洞边缘，星系介质向腔洞的压力同太阳风等离子体的外向压力相平衡，形成了所谓的日球层顶——我们太阳系家园的边界，我们通常把太阳风控制的区域称为日球层。

空间物理学是伴随人造卫星发射进入空间而迅速发展起来的一门新兴的前沿多学科交叉基础学科。它把日球层作为一个整体复杂系统，主要研究地球空间、日地空间和太阳系空间的物理现象，研究对象包括太阳、行星际空间、地球和行星的大气层、电离层、磁层，以及它们之间的相互耦合作用和因果关系。从根本上讲，空间物理学研究的主要目标就是要了解空间的背景状态、基本过程和变化规律，特别关注的是地球表面二三十千米以上直到太阳大气这一广阔的日地空间环境中的基本物理过程，这是当代自然科学领域最活跃的前沿学科之一。20世纪90年代末是空间物理走向"硬"科学时代的一个新的发展阶段，强调科学与应用的密切结合，并且由此产生了一门专门研究和预报空间环境特别是空间环境中灾害性过程的变化规律，旨在防止或者减轻空间灾害，为人类活动服务的新兴学科——空间天气科学。由于日地空间是人类空间活动的主要区域，由太阳活动引起的空间天气现象对航天、通信、导航和国家安全等构成严重威胁，因此，日地空间中的物理现象与规律，空间天气及其对人类空间活动和生态环境的影响是空间物理探测和研究的中心任务。

本报告将简要介绍国内外空间物理探测与研究发展的现状和趋势，总结近年来我国空间物理研究取得的重要进展，提出空间物理领域的重点发展方向及优先发展领域，以及我国空间物理探测的发展路线图建议。

二、我国空间物理学领域的最新进展

我国第一个空间科学探测计划"地球空间双星探测计划"（简称双星计划）的成功实施，开创了我国空间科学探测的先河。子午工程于 2012 年 10 月完成建设投入运行，迈出了我国地基探测的历史性的一步。夸父计划、磁层 – 电离层 – 热层耦合小卫星星座探测计划（MIT）、太阳极轨望远镜计划（SPORT）、太阳空间望远镜卫星计划等列入了中科院空间科学先导专项、民用航天背景预研项目。近年来，我国的空间物理机理研究开始站在国际前沿，建模与预报能力有了长足的进步，空间物理领域的国际合作也开始实现从跟踪、参与到自主、引领转变的发展新阶段。

（一）空间物理探测

1. 双星计划

双星计划是我国第一次以自主提出的空间探测计划进行国际合作的重大科学探测项目，是国家民用航天"十五"计划中设立的重点科学探测卫星计划，是国家第一次以明确的空间科学问题列入的卫星型号。双星计划包括两颗卫星：近地赤道区卫星（TC–1）和极区卫星（TC–2），运行于目前国际上地球空间探测卫星尚未覆盖的近地磁层活动区。这两颗卫星相互配合，形成了独立的具有创新和特色的地球空间探测计划。双星计划与欧空局的"星簇计划（Cluster）"相配合，构成了人类历史上第一次使用相同或相似的探测器对地球空间进行的"六点"探测，研究地球磁层整体变化规律和爆发事件的机理。双星计划的主要科学任务是通过对地球空间电磁场和带电粒子的探测，获取可靠的科学数据，在研究中取得新的发现和获得突破性的理论研究成果。

（1）双星计划的成果。

1）共获得 480GB 数据，是研究地球空间天气研究的宝贵资源。双星卫星科学数据库的用户网页（http：//www.cddc-dsp.ac.cn/）日均访问量超过 1700 次。

2）双星计划在本领域两个顶级国际核心期刊 *Annales Geophysicae* 和 *J. Geophysical Research* 各出版成果专刊一期。据不完全统计，2004 年 3 月至 2009 年 2 月，发表 SCI 收录论文 104 篇，被引用 107 次，国际会议特邀报告 10 篇，大会报告 46 篇；申请发明专利 15 项，其中 12 项已获授权；申请实用新型专利 8 项，已全部授权；计算机软件著作权登记 46 项。

3）2005 年，双星计划被两院院士评选为"2004 年中国十大科学进展"之一，在科学普及方面产生了重大社会效益。

4）双星计划获得"2010 年度国家科学技术进步奖一等奖"。

5）双星计划和星簇计划的团队获得国际宇航科学院"2010 年度杰出团队成就奖"。

该奖项是国际宇航科学院每年颁布的两个主要科技奖项之一，设立于2000年，第一次颁布是2001年，授予了俄罗斯和平号空间站团队，之后曾分别授予美国航天飞机团队、SOHO空间计划团队、哈勃空间望远镜团队等著名空间项目团队。由此可见，该奖是国际航天领域极高的荣誉，这也是中国第一次获此殊荣。

（2）双星计划的国际影响。

双星计划填补了我国空间探测领域几十年的空白，开辟了空间科学卫星系列的先河，让中国在空间科学领域在国际上有了一席之地，展示了我国的实力和水平，提高了我国与欧空局空间合作层次和开拓合作范围，以及我国在国际空间物理界的地位和作用，让世界了解了中国空间科学的现代水平。

2. 夸父计划

继双星计划取得成功之后，一个全面探测太阳风暴和极光的夸父计划已经形成。夸父计划是由3颗卫星组成的一个空间观测系统：位于地球与太阳连线引力平衡处第一拉格朗日点（即 L_1 点）上的夸父A星和在地球极轨上共轭飞行的夸父 B_1、B_2 星。3颗卫星的联测将完成从太阳大气到近地空间完整的扰动因果链探测，包括：太阳耀斑、日冕物质抛射（CME）、行星际磁云、行星际激波以及它们的地球效应，如磁层亚暴、磁暴以及极光活动。由于国际合作伙伴尚未确定等原因，目前在空间科学先导专项中处于暂缓阶段。

3. 磁层－电离层－热层耦合小卫星星座探测计划（MIT）

磁层－电离层－热层耦合小卫星星座探测计划是国际上首个把磁层－电离层－热层作为一个整体来研究的专项卫星探测计划，具有开创性和挑战性。MIT计划由4颗星构成：2颗电离层/热层星，2颗磁层星。磁层星轨道近地点高度为 $1R_E$（R_E 为地球平均赤道半径），远地点高度为 $6.7\ R_E$，轨道倾角为75°。电离层星的轨道近地点高度为500km，远地点高度为1000km，轨道倾角为90°。

MIT的科学目标是利用小卫星星座系统的探测和研究，解决磁层－电离层－热层耦合系统中能量耦合、电动力学和动力学耦合以及质量耦合等方面尚未解决的若干重大科学问题。重点探测电离层上行粒子流发生和演化对太阳风直接驱动的响应过程，研究来自电离层和热层近地尾向流在磁层空间暴触发过程中的重要作用，了解磁层空间暴引起的电离层和热层全球尺度扰动特征，揭示磁层－电离层－热层系统相互作用的关键途径和变化规律。

MIT计划现已获得国防科工局民用航天预先研究及空间科学战略性先导专项背景型号任务支持。

4. 太阳极轨望远镜计划（SPORT）

SPORT将首次在太阳极轨上，以遥感成像及就位探测相结合的方式，对太阳高纬地区的太阳活动及行星际空间的环境变化进行连续的观测，对太阳和空间物理研究及空间天气预报具有重要意义。

SPORT计划的主要科学目标为：

（1）利用运行在太阳极轨轨道上的行星际日冕物质抛射事件的成像仪，居高临下连续跟踪监测日冕物质抛射事件从太阳表面到地球轨道处的传播和演化。

（2）揭示太阳风暴在日地行星际空间的传播规律，建立行星际空间天气物理模型和预报模型，研究太阳风的加热、加速和在高纬区的超径向膨胀，确定太阳角动量的分布和总输出。

SPORT计划现已获得国防科工局民用航天预先研究及空间科学战略性先导专项背景型号任务支持。

5. 太阳风—磁层相互作用全景成像卫星计划（SMILE）

SMILE将利用创新的X射线和紫外成像仪器，首次对太阳风和地球磁层之间的相互作用进行全球成像，这对人类进一步了解太阳活动对地球等离子体环境和空间天气的影响将具有重要的科学意义和应用价值。在2015年5月底举行的中科院和欧空局第十一届中欧空间科学双边研讨会上，该计划由于其独一无二的探测方式和蕴涵的全新科学突破，从13项"中欧联合空间科学卫星任务"建议中脱颖而出，成为继2003年的双星计划后，又一大型空间探测国际合作项目。SMILE计划是中欧首次在"联合任务"的整个生命周期内，联合对其定义、实施和数据利用，是双方科学家开展全方位深度合作的新里程碑。该计划作为我国科学卫星系列的重要新成员，由中欧双方联合支持实施，其中欧方拟支持5300万欧元，中方支持强度大致相同，计划拟于2021年发射。

6. 地基探测——子午工程

我国一直十分重视日地空间环境的地基监测。从1957年参加国际地球物理年开始，我国逐步在东经120°子午线附近和北纬30°台链上建设监测台站，现已具备相当的监测基础、设备条件和人才队伍。地磁、中高层大气、电离层、磁层、行星际等领域已建空间环境监测台站达数十个，拥有MST雷达、电离层测高仪、数字化地磁仪、激光雷达和非相干散射雷达等多种先进设备，并已建立海南探空火箭发射基地、世界数据中心中国空间环境数据中心、中国地球物理数据中心等。2008年1月，"东半球空间环境地基综合监测子午链"（简称子午工程）作为国家重大科技基础设施项目，已开始建设。子午工程沿东半球120° E子午线附近，利用北起漠河，经北京、武汉，南至海南并延伸到南极中山站，以及东起上海，经武汉、成都，西至拉萨的沿北纬30° N附近共15个观测台站，建成一个以链为主、链网结合的，运用无线电、地磁、光学和探空火箭等多种探测手段，连续监测地球表面20～30km以上到几百千米的中高层大气、电离层和磁层，以及十几个地球半径以外的行星际空间环境中的地磁场、电场，中高层大气的风场、密度、温度和成分，电离层、磁层和行星际空间中的有关参数，联合运作的大型空间环境地基监测系统。子午工程已作为"十一五"国家重大科技基础设施（国家重大科学工程），总投资1.67亿元，建设期3年，2008年1月开始建设，2010年部分设备开始投入使用，"边建设、边运行、边产出"，2012年10月全部建成，进入正式运行期。子午工程将为建立我国以自主观测为基础的近地空间环境模式的"零"的突破提供120° E子午线附近区域的观测数据。

子午工程建成目前世界上跨度最长（南北陆地跨度约 4000km，东西跨度约 3500km）、监测方法和手段最全［采用地磁（电）、无线电、光学、探空火箭等多种综合监测手段］、综合性最高（多学科交叉）的空间环境地基监测子午链，可以开展我国上空空间环境的区域性特征和空间环境全球变化规律的研究，为我国各类用户提供较为完整、连续、可靠的多学科、多空间层次的空间环境地基综合监测数据。

至 2014 年 5 月底，已获取 64 种空间环境参数，超过 661 万个数据文件，近 2.35TB 的监测数据。利用子午工程数据，已经在我国上空空间环境特征研究，以及地球空间各个圈层之间的耦合研究等方面取得了原创性的科研成果。据不完全统计，已发表（包括在国际著名学术刊物 *JGR*、*GRL* 等）学术论文 150 余篇。与此同时，子午工程还为我国航天活动如"天宫一号""神舟八号""神舟九号"的发射，以及交会对接等任务提供了大量的数据支撑服务。

子午工程大幅提升了我国在国际空间科学领域的地位与影响力，美国《空间天气》学术刊物以封面文章形式发表了子午工程综述论文，并称子午工程为"雄心勃勃、影响深远"的项目。2012 年 8 月发布的美国《太阳与空间物理十年发展战略规划》中将以子午工程为基础的国际子午圈计划列为重要的大型国际合作项目。

子午工程二期，三亚先进电离层非相干散射雷达，中高纬地球电离层 SuperDARN 雷达，中国气象局空间天气业务网络系统、专业地基网络系统等目前都在积极推进和实施之中。

7. 国际子午圈计划

以子午工程为基础，中国科学家率先提出了"国际空间天气子午圈计划"，拟通过国际合作，将中国的子午链向北延伸到俄罗斯，向南经过澳大利亚，并和西半球 60° 附近的子午链构成第一个环绕地球一周的空间环境地基监测子午圈。地球每自转一周，就可以对地球空间各个方向，包括向阳面和背阳面的空间环境完成一次比较全面的观测。国际子午圈计划建成后将实现：协调全球空间天气联测及共同研究；向全世界科学界提供可使用的观测数据；支持基于空间天气科学攻关和观测所需的密切协作；推动空间科学和技术的公众教育和科学普及。

国际子午圈计划抓住了只有 120° E+60° W 子午圈是全球陆基观测台站最多的地理特征，以及许多基本的近地空间天气过程沿子午圈发生的物理本质，随地球的自转，比对两个经度相距 180° 的子午链位置上的空间环境变化，再结合空间探测，第一次使得了解空间天气全球结构的时空变化规律成为可能。

正是由于国际子午圈计划是世界空间天气地基综合监测史上从未有过的创新，对引领空间天气地基监测"多台站、链网式、多学科协同综合监测"的发展方向，增强全球监测空间天气的能力具有深远意义，一经提出就得到了相关国际科学组织、国家与地区的积极响应。中国和巴西成立的空间天气联合实验室于 2014 年 8 月正式启动建设。

国际子午圈计划实施的多边行动包括：

（1）拓展中国的子午工程使之实现国际化，以涵盖现有位于东经120°和西经60°的全部子午链，使该子午线的空间环境观测能取得事半功倍、最大的科学产出。

（2）在中国、美国、加拿大、日本、俄罗斯及本地区其他国家或地区现有的地磁子午链之间建立最紧密的合作。通过科学论证和规划，在西伯利亚、东南亚等区域新建若干台站，以弥补全球子午链的部分缺口。

（3）支持各国的电离层、磁层和行星际观测台站间实施密切的协作。

（4）沿东经120°和西经60°子午圈，在欧洲非相干散射雷达网（EISCAT）的框架内建立非相干散射雷达链。

国际子午圈计划还能与正在实施的国际与日同在计划（ILWS）、国际日地系统气候与天气计划（CAWSEC）、国际日球物理年计划（IHY）等一系列国际计划有机衔接，并使我国成为其中的核心贡献国家，例如子午工程南极中山站的高频雷达也将参加国际地球极区高频雷达探测网（SuperDARN）的组网。

国际子午圈计划对于实现子午工程的科学、工程和应用目标具有倍增效应，也是我国为国际空间科学合作做出的重大贡献。利用我国子午工程建立的基础和优势，通过国际子午圈计划来推进国际合作，可以调动国际上的各种资源，发展和建立地域更为广泛的数据获取能力，使我国在空间天气监测和研究领域具备话语权，并逐步掌握主导权，从而推动国际空间研究的发展，促进我国和平利用外层空间，实质提升我国科技创新能力和中国对人类科学发展的贡献度。

（二）空间物理研究

在空间物理基础研究方面，我国科学家取得了一批引起国际同行关注的成果，如太阳大气磁天气过程、太阳风的起源及其加热和加速、行星际扰动传播、磁暴和亚暴的产生机制、磁重联过程、太阳风与磁层的相互作用、电离层的变化性以及区域异常、中高层大气动力学过程的探测与研究、地磁及电离层建模与预报方法、极区光学观测研究等，这些方面的研究都开始站在了国际研究前沿。先后获得了国际国内许多重要奖励，如国家自然科学奖二等奖5项、陈嘉庚地球科学奖1项、何梁何利奖4项等，以及国际空间研究委员会（COSPAR）、欧洲空间局（ESA）、日地物理科学委员会（SCOSTEP）等国际组织颁发的奖项。

"亮点"研究如雨后春笋：首次揭示太阳风形成高度在太阳表面之上20万千米处，是"具有里程碑意义的成果"；太阳风暴的日冕——行星际数值模式成为国际上有影响的模式之一，CME超弹性碰撞研究成为国际权威学术刊物的封面文章；磁重联研究为国际瞩目，如磁"零点"研究于2009年和2010年连续两年被评为欧空局Cluster卫星的五大成果之一，首次直接观察到与磁重联相关的极区电离层等离子体云块的完整演化过程；揭示严重威胁地球同步通信卫星安全的"杀手"电子快速加速的机理，入选欧空局颁发的Cluster卫星5位"杰出科学家奖"之列；太阳风与地球磁层相互作用的模拟研究，使中国成为少数几个具有太阳风－磁层－电离层相互作用全球模拟的国家之一；电离层的地域特色与中高层大气的激光雷达观测研究为国际学术界瞩目；太阳活动研究与预报水平名列国际前茅，已为我国的航天安全保障做出重要贡献等。这些研究已开始产生引领其发展的影响。此外，我国空间物理领域科学家在国际一流学术刊物，如《地球物理研究杂志（JGR）》等，发表的论文数和影响也增长迅速，据统计，我国学者在 JGR（Space Physics）上发表文章约占该领域该期刊的 10%。

与此相联系的空间天气建模与预报也有了长足的进步，互联网和高性能计算的广泛应用为开展大规模的空间天气数值预报建模和预报研究提供了有利条件。2012 年我国"地球空间天气数值预报建模研究项目"获得科技部国家基础研究重点发展计划（"973"计划）的支持，为建立有自主知识产权的我国空间天气数值预报模式奠定了坚实的基础。

空间天气业务和其他气象业务的配合可以实现从太阳到地球表面气象环境的无缝隙业务体系。2002 年 6 月，国务院批准中国气象局成立国家空间天气监测预警中心，标志着我国国家级空间天气业务的开始。12 年来，国家空间天气监测预警中心的业务已经形成规模，在基于风云系列卫星的天基监测能力建设、基于气象台站的网络化地基监测台站建设、参考气象业务规范的预报预警系统建设以及面向用户的应用服务探索与实践等方面取得良好成绩，在国际和国内赢得了广泛的认同和支持。目前国家空间天气监测预警中心是 WMO 计划间空间天气协调组联合主席单位。同时，军口也成立了专门的空间天气业务机构。此外，中国科学院和中国电子科技集团等部门在空间天气方面的应用研究也在快速发展中。

空间物理领域国际合作格局开始形成。通过双星计划-Cluster、中俄火星联合探测计划、中欧联合空间科学卫星任务和国际空间天气子午圈计划的实施和推动，国际合作开始进入围绕重大国家任务开展实质性、战略性合作的发展新阶段。国际空间天气子午圈计划获得了科技部重大国际合作计划的支持，被 2012 年美国《太阳与空间物理十年发展规划》列为重要国际合作项目。我国科学家牵头建议的夸父国际合作卫星计划，被誉为"这是中华民族在空间探测科学领域的创世纪的计划"，美国 Science 杂志专门对夸父计划进行了报道，文中指出"夸父计划将在很高的精度上追踪太阳爆发和地磁暴活动；它将有许多项首创技术，并将使中国在深空探测方面跨入国际领先行列"。这些由中国科学家牵头的地基、天基计划已在组织推动中，必将对科学发展产生重要引领作用。在空间天气业务方面，目前中国科学家正在积极推进"国际空间天气预报前沿计划"的重大国际合作研究项目。

三、空间物理学国内外研究进展比较

目前，空间物理学取得了巨大的发展，在揭示宇宙奥秘、发现自然规律方面获得了举世瞩目的科学成就；并开辟了新的应用领域，对社会和经济发展产生了重要影响。

（一）国际空间物理探测的重要进展

随着航天技术和空间探测技术的发展，空间物理学发展迅速。自20世纪中期的半个世纪以来，人类发射了数百颗航天器用于空间物理探测，空间物理学天基探测的发展大致分为如下3个阶段：①20世纪60年代初到80年代末，发现和专门探测阶段；②20世纪90年代，将日地系统作为一个整体来研究；③21世纪开始，将太阳－太阳系作为一个有机整体来研究，并强调空间物理探测和研究为空间探索保障服务。下面主要回顾一下近年来的国际空间物理探测的最新进展。

1. 太阳—行星际探测

2011年2月1日，Hinode卫星拍摄到了太阳表面存在两个冕洞，该图像中一个冕洞位于太阳中心偏上位置，而另一个冕洞（极地冕洞）清晰地位于图像底部。冕洞是太阳磁场间隙所形成的巨洞，穿过太阳超炽热外大气层（日冕），气体能够通过冕洞向太空逃溢。这两个巨大的冕洞比太阳表面其他区域色彩更暗，这是由于冕洞与邻近活跃区域相比，其温度相对较低。

美国航空航天局（NASA）研制的STEREO（日地关系观测台）卫星于2006年10月25日在佛罗里达州的卡纳维拉尔角空军基地发射。STEREO有两颗子卫星，分别位于地球绕太阳公转的轨道前方和后方，形成对日观测的立体视角，拍摄太阳的三维图像。其主要科学目标：研究日冕抛射事件从太阳到地球的传播与演化，研究能量粒子的加速区域和物理机制，观测太阳风的结构与性质等。其主要科学载荷包括：日地联系日冕与日球探测包，研究日冕物质抛射从太阳表面穿过日冕，直到行星际空间的演化过程；波动探测仪（SWAVES），研究太阳爆发事件对地球的射电干扰；原位粒子与磁场探测仪（IMPACT），研究高能粒子和行星际磁场的空间分布；等离子体和超热离子构件（PLASTIC），主要任务是研究质子、α粒子和重离子的特性。

2011年6月1日，STEREO拍摄到完整的太阳背面的图像，这也是第一次由太阳观测卫星在轨道上拍摄到太阳另一面的情景，这个角度在地球上是看不见的。同时，通过将呈180°的两颗卫星STEREO-A与STEREO-B的数据进行组合，获得了首张完整的太阳的全景照片。

太阳动力学观测台（Solar Dynamics Observatory，SDO）由NASA于2010年2月23日使用宇宙神5运载火箭发射，本项目为是NASA的"与星球共存计划，Living With a Star（LWS）"的第一个步骤，旨在理解太阳，以及它对太阳系的生命有何影响。SDO运行在36000km的地球同步轨道，运行寿命为5年，搭载了3部研究太阳的仪器，能够不间断地对太阳进行观测。其主要科学目标：利用多个谱段同时观测太阳大气的小时空尺度，了解太阳对地球和近地空间的影响。与以往的观测相比，SDO将能更详细地观测太阳，打破长期以来阻碍太阳物理学发展的时间、尺度和清晰度方面的障碍。SDO的主要载荷包括：日震磁场成像仪、大气成像包（包括4个望远镜，10个滤光器）以及极紫外变化实验仪。

2011 年 3 月 19 日，SDO 观测到的一次日珥喷发事件。

2. 地球空间探测

磁层空间探测发展的重要趋势是空间的多点探测。THEMIS（Time History of Events and Macroscale Interactions during Substorms，亚暴期间事件时序过程及相互作用）是由 NASA、美国加利福尼亚大学洛杉矶分校和加州大学伯克利分校于 2007 年 2 月 17 日联合发射的 5 颗卫星组。其主要科学目标：利用分布在不同空间区域的 5 个相同飞船确定磁层亚暴的起始和宏观演化，解决亚暴的时空发展过程。其主要科学载荷包括：电场探测仪、磁力仪、静电分析仪、固态望远镜（25kev–6 Mev）。

2008 年 2 月 26 日，当一个亚暴发生的时候，THEMIS 正好位于地球的背阳侧，可以观测到磁尾重联，同时地基观测台站观测到了北美上空的极光增亮和电流。这些观测结果第一次证实了磁场重联触发亚暴发生，触发极光。

广角中性原子成像双星（Two Wide–Angle Imaging Neutral–Atom Spectrometers，TWINS）由美国分别于 2006 年、2008 年发射，其主要科学目标为利用两个能量中性原子成像卫星对地球磁层进行立体成像观测，建立磁层不同区域的全球对流图像及其相互关系。主要科学载荷包括中性原子成像仪（1 ~ 100keV，4 × 4 角分辨率，1m 时间分辨率）。

中性成分与带电粒子耦合探测卫星（Coupled Ion Neutral Dynamic Investigation，CINDI）由 NASA 于 2008 年 4 月 16 日发射。该计划主要科学目标：了解中性成分和带电粒子相互作用对电离层 – 热层行为的控制作用。主要科学载荷包括：中性风探测仪、离子速度探测仪。

辐射带风暴探测器（Radiation Belt Storm Probes，RBSP；也称范艾伦探针）于 2012 年 8 月底由美国 NASA 发射，属于 LWS 系列计划。其主要科学目标是了解辐射带粒子加速的物理机制，以便更好地理解太阳对地球以及近地空间的影响，具体的科学目标有：研究内磁层辐射带和环电流区域中相对论粒子的加速、传输和损失过程，研究和激波相关的辐射带的形成和耗散，定量研究粒子的绝热和非绝热加速过程，研究辐射带高能粒子的"种子"或粒子源的变化，研究环电流的变化以及它对高能粒子的影响，还包括辐射带粒子的数据同化和模型研究等。主要科学载荷有：粒子和热等离子体探测仪、电磁场探测仪、电场和波动探测仪、辐射带探测器离子成分探测仪、相对论质子能谱仪。

3. 地基观测

国际上在着力发展空间天基探测和研究的同时，也十分注重地基探测。事实上，在大型国际合作计划"国际与日同在计划"和"日地系统空间气候和天气计划"中，地基观测是非常重要的组成部分。正是由于具有"5C"（连续、方便、可控、可信和便宜）的优越性，地基观测是空间环境监测的基础，也是空间探测计划的重要补充。由于对空间环境进行全天时和整体性监测的需求，世界空间环境地面监测正沿着多台站、网络式综合监测的方向迅速发展。

加拿大提出的地球空间监测计划（CGSM），包括了协调观测、数据同化和模式研究等各个方面。计划从 2003 年开始，在加拿大全国范围内建设无线电观测设备（8 个先进数字电离层探测台、相对电离层吸收仪）、磁场观测设备（各种地磁仪 48 台）和光学观测设备（10 台 CCD 全天成像仪、沿子午线布置多通道扫描光度计 4 台），并利用国际两极雷达探测网的 3 ~ 4 台高频电离层雷达设备等地基观测系统，对空间环境进行综合监测。

作为世界最先进的空间环境监测国家，美国在众多的卫星探测计划之外，也提出了先进模块化的可移动雷达（AMISR）计划，通过 2007—2012 年和 2013—2016 年两个阶段的研制与发展，为研究迅速变化的高层大气以及观测空间天气事件提供了强有力的地面空间环境监测手段。

（二）国际空间物理研究的重要进展

过去的 10 年，空间物理在研究太阳活动及其对日地空间环境的影响，以及太阳系与星际空间相互作用等方面取得了重大进展。明确了太阳活动区、耀斑、日冕物质抛射（CME）和行星际介质扰动之间的联系，提出了相对论带电粒子的可能加速机制。了解了行星际条件驱动地磁活动和磁暴现象，确定了磁层 – 电离层 – 热层耦合的主要动力学特征。开始探索太阳对日球最外层空间（日球层与星际空间边界处）的影响。基于物理的数值模拟工作同步得到了迅速发展，为理解日地空间、日球层空间各种物理现象提供了有效途径，有助于深入了解相关领域的基本物理过程，并具备初步的空间天气的预测和预报能力。

1. 太阳活动和太阳风起源

人们对太阳磁场结构有了突飞猛进的理解。Hinode 卫星上的 0.5 m 口径望远镜与其 1m 级孔径的地面望远镜，以及最近 1.6 m 新太阳望远镜（NST）的观测数据，都极大提高了观测的空间分辨率。研究人员已经清楚了解黑子半影暗条、本影亮点和微小磁结构的基本物理过程。

最新的光球层和日冕底部观测给出了日冕加热机制的重要信息，这也是太阳风的最终驱动源。Hinode 卫星上太阳光学望远镜观测到的高分辨率的色球照片完美地展示了其动力学以及扭曲结构。人们发现了一种新型"针状体"结构（径向喷射等离子体流），它很可能是物质和能量向日冕传输的关键。SDO 卫星上大气成像仪得到的窄带 EUV 图像发现冕环无法如过去认为的那样处于稳定状态。此外，在太阳风中也观测到类似平静冕环中的信号。

从色球到太阳风的过渡受到日冕磁场的控制。然而，Hinode 卫星与 SDO 卫星只能观测光球的表面磁场，无法确定日冕磁场。在过去 10 年中，两项技术填补了这一数据空白：第一次观测到了全色球矢量场，第一次由地面观测太阳边缘图像得到了日冕磁图。进一步发展日冕磁场观测技术对于理解太阳风起源和太阳活动驱动源及其对地球空间环境的影响有着至关重要的作用。

人们在理论模型和观测两方面都已经取得了重要进展。实现了对日冕半真实全球三维

MHD 数值模拟，其空间分辨率足以与当前观测相比较。然而，色球建模仍然是当前的重大挑战，因为在这一区域，经典的能量传输理论已经不适用，动力学上的空间尺度还没有得到解决。三维 MHD 数值模拟尚无法处理所有米粒和超米粒尺度的物理问题。

2. 太阳能量的爆发性释放

耀斑和日冕物质抛射是威胁载人航天的太阳高能粒子（SEP）的主要来源。对于磁场能量在耀斑事件中是如何爆发性释放这一问题，人们已经取得突破性进展。RHESSI 卫星的硬 X 射线（HXR）光谱成像观测表明被加速的电子一般占所释放磁能的 50%，这暗示能量释放（或电子加速）与磁场重联相关。在大耀斑事件中，HXR 对 30 MeV 级别的离子成像表明，这些辐射起源于与磁环相连的足点（foot point）区域，而不是一个开阔区域，这暗示离子加速也与磁场重联相关。大于 1 MeV 的离子能量与大于 20 keV 的电子能量表现相当。因此，理解耀斑过程中磁能向离子能量的高效转换是一个巨大挑战。

在耀斑光子能量突然释放方面也取得了重大进展。由 SORCE/TIM 仪器观测到的耀斑第一次表明总的辐射能量与 CME 动能相当。SDO/EVE 仪器发现耀斑后期 EUV 相对 X 射线峰值有几分钟的延迟。SDO/AIA 和 STEREO/EUVI 上的全球 EUV 观测发现多个耀斑爆发和 CMEs 中的磁场有着长距离的相互作用。

对于日冕物质抛射和耀斑的产生机制也取得了进展。在 4 R_s（太阳半径）以内，CME 速度曲线与耀斑 HXR 能量释放同步。CME 的磁通量绳模型与大多数观测事件一致。此外，在日冕图像中已经发现由快速 CME 驱动的激波，这预示着科学家们正在接近 SEP 来源。实现 SEP 能谱和输运变化的预测是一个更大的挑战。

3. 太阳风结构和动力学

在太阳风结构和动力学方面已经取得重大进展，它是理解太阳对地球空间环境影响的关键。Ulysses 飞船和 ACE 卫星得到的太阳风轮廓图表明，低速和高速太阳风分别源自太阳低纬和高纬区域。快速、低速和瞬态太阳风现在可以通过离子成分信号（Fe 电荷态，Fe/O，O^{7+}/O^{6+}）来区分，因此太阳风流的源区可以直接从实地观测中直接识别。日冕物质抛射与太阳风流相互作用，导致流体的动力学相互作用和多种方式的粒子加速过程。太阳风微观结构大致与日冕结构相关。最近，人们利用强大的实地观测和其他一些平台的观测对其做了大量研究。短时间尺度的湍流串级及其最终耗散是加热太阳风的可能来源。观测与模型在这方面也取得了重大进展。研究发现太阳风 H^+ 和 He^{2+} 相对当地磁场的温度各向异性受镜像不稳定性和消防水龙带不稳定性（fire hose instabillity）限制。这些观测缩小了太阳风加热机制的范围。研究还发现，在太阳风中相邻的反向磁场重联无处不在，但是很少涉及日球层重联点附近的粒子加速，在耀斑过程中高能粒子的产生效率非常惊人。出乎意料的是，大多数重联点不在日球层电流片中。这些观测也突出强调了在太阳附近观测的重要性，它有助于增进理解波–波湍流和重联物理在驱动太阳风动力学中的作用。

4. 太阳高能粒子

最新的太阳高能粒子（SEP）观测取得了一些令人惊喜的进展。第 23 个太阳活动周期间，地基中子探测器总共记录了 16 个地级事件，研究表明大多数大型 SEP 事件都有一个来自同一个活动区的 CME。这表明最强 SEP 事件可能涉及一个或多个耀斑的粒子加速，产生的中能粒子可以通过 CME 驱动的激波加速到很高的能量。ACE 卫星在很多 SEP 事件中观测到大量 ^3He 和 Fe，与这一概述一致。STEREO 卫星、ACE 卫星和其他卫星平台，以及即将发射的太阳轨道器 SO 和太阳探针加强号 SPP 的持续观测将会为这些事件的源区、空间范围和演化提供关键数据。SEP 的加速和向地球空间环境输运的复杂动力学也有望得到解决。

5. 探索日球层外部边界

在飞向日球层顶（太阳系在宇宙的外边界）的途中，旅行者（Voyager）号飞船在到达和穿越终止激波（TS）进入日鞘内的过程中获得了一系列突破性发现。IBEX 飞船和 Cassini 飞船的观测结果极大地改变了我们对太阳系与星际介质相互作用的认识，同时也定量确定了一些对日球层边界区域的科学预测。终止激波（TS）处的太阳风不再维持超声速。长期以来，终止激波被认为是反常宇宙线（ACR）的加速源，但是旅行者号飞船在穿越 TS 途中并未获得任何证据。同时，与先前理论预测一致的是，大多数的超声速流能量没有加热背景太阳风，而很可能进入超热气流（无法从旅行者号测量）。最新的观测表明可能存在一个意想不到的过渡区，向外的太阳风流动在这个区域中停滞。

IBEX 卫星和 Cassini 卫星观测到的高能中性原子分布图，对来自外日球层的辐射给出了一个没有预测到的"丝带"结构，这一结构明显受当地的星际磁场调制。丝带演化的最短时间尺度是 6 个月，这证实日球与星际的相互作用是高度动态的。星际磁场在外日球层形成中的作用比新数据之前预测的要更强。这些观测的模型表明，当地的星际磁场为当地的星云提供了大部分的压力。从旅行者号、IBEX 卫星和 Cassini 卫星得到的意料之外的结果证实，我们对于恒星及其与相应环境间的相互作用知之甚少。

6. 磁层全球动力学

磁层的全球动力学受行星际磁场（IMF）南北向分量变化所控制，驱动着磁层形成对流环路。IMF 和太阳风动压的变化会产生磁暴现象，导致极光并驱动大量其他全球响应。迄今为止，磁层内非可视等离子体密度的全球成像被用来表征磁层对易变的太阳风的大尺度响应。等离子体层是随着地球转动的低温高密等离子体区域，它可以通过极紫外成像来识别。观测表明，强磁暴可以剥离等离子体层的外面部分，并对流出日侧磁层顶，同时向内对流引起电离层的密度增强。

磁暴期间，磁层的赤道环电流会增强，并使得地面磁场出现扰动。了解它的动力学过程是提高地球空间对磁暴响应预测能力的关键。目前已经对环电流注入离子开展首次成像观测，了解了它的形态和成分。数值模型和全球高能中性原子（ENA）成像显示，在磁暴主相期间，环电流具有不对称性，这暗示其与电离层间的紧密耦合。

7. 磁场重联和波粒相互作用

人们在理解磁场重联如何发展方面取得了实质性进展，对磁场细节和等离子流的首次定量预测得到实地观测的完美证实，复杂的动力学模拟结果也得到了与磁尾磁重联一致的特征。

在磁场重联发生的小尺度结构内，离子和电子由于质量不同而解耦，从而大大加快了重联的速率。离子相对电子在更大的区域内消磁，这与通常 MHD 描述的使粒子加速离开 X 线的受力分析是不同的。在扩散区附近的卫星之间观测获得了令人惊奇的发现，磁场重联可以把电子加速到几百电子伏，为随后进一步在内磁层加速形成电子辐射带提供大量的电子源。最新的三维数值模拟显示，新增的第三维有利于等离子体不稳定性增长，可能破坏耗散区，使得重联出现高度振荡。在观测上，不同区域的重联似乎表现不同。在磁尾和磁鞘中的磁重联存在多点重联，重联具有间歇性和振荡性。而在日侧磁层顶和太阳风中，重联具有长时间的稳定性和很大的空间范围。磁尾磁重联产生狭窄的高速喷流。多点卫星观测表明这种重联产生的高速喷流会触发磁层亚暴，并驱动磁尾对流。

波－粒相互作用已被确定为辐射带粒子能量获取与损失的主要机制。等离子体理论、包含 WPI 过程的全球数值模拟以及波的观测都证实，高能和低能等离子体的混合体驱动着环电流和辐射带中的不稳定性。辐射带电子的观测证实，局地 WPI 加速可能会控制着径向输运扩散加速。利用波的观测数据而进行的统计分析被用来量化充能率和散射率，其结果已被加入辐射带和环电流的时变模型中。磁暴期间的粒子动力学是局地等离子体不稳定性产生的波对相对论粒子加速和损失微妙平衡的调制结果。

8. 磁层非线性动力学

人们对磁层作为一个统一的耦合系统在磁暴期间的响应认识有了极大改善。成像观测和全球模拟起了核心作用，它们提供相关的定量背景信息可以整合多个单点观测数据，从而仅仅由局地观测就能得到相应的全球行为。这些进展与连续的太阳风和 IMF 观测、大量的天基和地基实地观测，以及遥感网络观测耦合，进而发现全球响应的特征。人们认识到，有多个非线性动态联系，只有把它们集成在一个全球系统上才能揭示磁层－电离层耦合的结果。

磁层与电离层之间的电动力学耦合不再是简单的耗散响应。环电流与电离层的相互作用会严重扭曲内磁层对流，反过来会影响环电流本身，使其峰值偏向晨侧。在太阳风驱动高峰期过去后，源自电离层耦合的昏侧出流仍长期持续。这些研究结果打破了人们原来认为的内磁层被外磁层很好地保护并处于平静状态。

目前，人们认为磁暴期间环电流的加速与注入取决于磁暴前太阳风对磁层的装载效果。卫星观测与数值模拟均表明在北向行星际磁场时，太阳风等离子体进入磁层的效率仍然出奇的高。当南向 IMF 来临，这些等离子体反过来成为磁暴时环电流演化的重要组成部分。作为反馈，等离子体层决定环电流是否注入，诸如粒子能量的增加与损失情况，这完全颠覆了过去几十年对等离子体层静态被动响应的认识。新注入的热的环电流等离子体叠加在高密度等离子体层上会产生局地不稳定性，由此产生的波动会散射辐射带粒子，从而剥蚀辐射带。关于低温高密等离子体有利于高能电子被加速到相对论粒子这一预言，同样得到观测证实。因此，现在认为注入前的动力学过程是确定等离子体层状态与辐射带响应的关键。

电离层也是磁层等离子体的一个重要来源。对于电离层离子出流的研究已经取得重要进展。人们已经大致了解电离层离子在何种条件下会进入磁层。太阳风密度和压强的增加会增强电离层离子出流，但是最大离子出流率与进入电离层的电磁能流紧密相关。太阳风能流可以导致强烈的电离层离子出流这一结果，支持了出流需要多步过程（包括波和电磁力对局地加热）的理论预言。同样也证实了电离层出流会极大地影响磁层动力学过程。太阳风和出流等离子体共同形成多成分的等离子体片，会影响磁场重联的动力学过程。多流数值模型结果确认了电离层出流在周期性亚暴（或称为锯齿事件）中起着主要作用。

对磁层－电离层耦合前提条件和有效途径的发现，以及相应动力学过程的确认，为实现在极端条件下对系统行为的定量可预测描述提供了基础。

9. 行星磁层

在行星磁层（或类磁层系统方面）的结构、动力学和耦合联系方面也取得了长足进步。对所有类地行星的研究都取得了最新进展。人们加深了对火星大气损失的认识，通过高纬无线电波测量识别出金星闪电，并对比地球更强的火星磁层—太阳风耦合的磁层动力学过程进行了观测。

在太阳风动压变化对木星极光增亮的观测和理论解释方面取得进展，对木星磁层与其卫星（特别是木卫二）相互作用的理解取得了重要进展。ENA 成像证实，来自木卫二大量的环面中性气体对木星磁层有着显著影响。在向阳面，木卫二通过通量管交换过程向外输运等离子体，而在夜侧则通过离心不稳定性和等离子体团喷流向外输运等离子体。大量高能离子喷流在木星尾部昏侧约 200 倍木星半径处得到加速。

Cassini 飞船对土星高度结构的磁层和卫星系统的大量观测是近十年来最主要的亮点。土卫二南极地区会向外喷出羽状水汽和冰晶。观测发现，中纬磁层通量管交换引起的磁尾等离子体喷流是土卫二冷等离子体输运的主要机制。

太阳风动压变化强烈调制外磁层活动，包括土星千米波辐射和土星环电流中的高能粒子加速。如何解释和证实其在其他系统中的关键作用仍是一个挑战。

10. 太阳活动极小期内活跃的电离层

太阳活动、太阳风、太阳 EUV 辐射和地球磁场的缓慢变化都是影响地球空间环境长期变化的重要因素。最近的太阳极小年出现了一个长时间的低太阳 EUV 通量和相应的加热率。同时，热层密度下降到异常低的水平，比过去四个太阳活动周的观测值都低。目前还没有模型可以预测和重现这种密度观测，有人认为这很可能是很多因素的综合效应，如较低水平的太阳和地球活动、温室气体浓度增加而降温，还可能是额外的化学或动力学变化从大气底部向外输运。持续长的低太阳 EUV 和地球低轨道中性原子密度下降使得 CHAMP 卫星的寿命意外延长。然而即使太阳平静期延长了，美国空军的 C/NOFS 项目和 NASA 的 CINDI 实验以及其他天基和地基设备都发现电离层表现出惊人的动力学过程，例如在晨侧靠近黎明区的复杂密度结构。即使在太阳平静期，也并不意味电离层会表现的温和友善，仍然会以意想不到的方式危害卫星导航和无线电通信。

11. 全球密度结构和反馈

电离层密度的全球 GPS 图像第一次展示了磁暴起始时，大尺度高密度羽状等离子体从中纬极光卵扩展现象。在此次事件期间，IMAGE 卫星对等离子体层的 He$^+$ 离子成像表明内磁层出现相应结构，等离子体会被剪切出等离子体层，并对流到磁层顶。电离层中出现了意料之外的等离子体层结构，这一发现直指磁暴期增强的极光离子出流的关键过程。

国际大地测量计划发现了中性成分的局地结构。德国小卫星有效载荷挑战计划（CHAMP）和 NASA/ 德国重力恢复以及气候实验（GRACE）任务发现了地磁平静期极点附近伴随强焦耳加热的局地中性上涌现象。这一结果证中性原子密度在很多条件下都会改变，从而影响低轨卫星轨道的衰变率。

12. 对流层驱动

最近几年，最激动人心的进展之一是人们意识到对流层的天气和气候能强烈地影响高层大气和电离层。2000—2003 年 NASA IMAGE 卫星和 TIMED 卫星的紫外成像为我们提供了对赤道电离层的新认识，即密度在纵向有很大的变化，其峰值处在热带雨林之上。在同一时期，NCAR 开发出具有新能力的大气模型，结果显示雷暴释放的对流层热驱动的大气潮汐可以很好地传播到 100km 的高度，对电离层 – 热层（IT）系统有潜在影响。电离层结构季节性的大尺度变化也被发现，这与热带气候条件下的季节性变化相匹配。自从 2006 年发射，COSMIC 卫星就观测到很多由底部驱动的电离层特征：潮汐对电离层电子总含量（TEC）和 F 层的影响；电离层和等离子体层中的波信号；固定地理（威德尔海）的电离层异常，可能归因于对流层风暴 F 层的复杂结构。这些结果已经开始在大量的数值模拟中进行尝试（例如整个大气界气候模型，或 WACCM），主要集中在，理解大气波和源自对流层的潮汐波如何从中低纬大气层传播，并在大气环流模式考虑平流层下部边界的驱动，采用镜像对流层输入或者在边界处（约 100km）输入合适波。随后，对流层力信号在上面热层的成分和温度中观测到。

这些结果和其他的观测及模型研究明确表明，地球的电离层 – 热层系统拥有相当数量的起始于地球表面并传进大气层的大气波动现象，这些波动存在纵向变化、地方时变化、季节性 – 纬度性变化和日变化。目前估计，由低层大气传入的波动所贡献的能量，与由外部太阳 EUV 和 UV 辐射、沉降粒子、电阻加热和磁层驱动的风向磁层 – 电离层输运的能量相当。

13. 热层气候变化

自从进入空间时代以来，卫星轨道衰减的记录清晰表明热层密度在以每 10 年几个百分点的速度下降。20 世纪 80 年代有人预测，这种变化主要是由于大气中二氧化碳的增加所引。虽然二氧化碳在低层大气中捕获红外热，但在高层大气中却表现出辐射冷却的效果。因此，热层冷却毫无疑问是人类活动对高层大气的影响结果。大量工作都集中于了解大气变化对热层和电离层的影响，以及识别可以用来帮助监测和澄清气候变化起源和机制的热层信号。

（三）国内外进展对比分析

我国空间物理的探测和研究在最近10年取得了长足进步，但与上述国际空间物理探测和研究取得的成就相比，还有相当的差距，存在的主要问题和不足有：

（1）协同创新机制亟待完善。由于历史原因，我国空间物理和空间环境的监测、研究与预报等科研分布在多个部门的科研院所校，主管部门也分散在各部委局，主要表现为：多部门齐抓分管、多头推进；计划与投入相互之间缺乏有机衔接；整体布局不够全面，还有许多关键环节尚未能及时部署。鉴于此，亟须组织开展国家层面的发展战略研究和统筹部署实施，以实现天基、地基观测系统合理配置和协调发展，实现数据、研究成果和预报的共享服务，从而更好、更快、更有效地为我国航天、通信、导航以及国家空间安全等领域的国家利益服务。

（2）整体经费投入明显不足。我国空间物理和空间环境领域在"十一五"期间投入约为15亿元人民币，仅为美国同期同类投入（不少于26亿美元）的8%，由此造成我国在专业人员培养和任务组织实施等方面受到限制，远不能满足我国空间环境自主保障能力的建设发展需求。

（3）自主保障能力尚未形成。天基数据绝大部分来源于西方国家，我国尚没有太阳和行星际探测卫星，地基监测数据尚不完备；我国应对空间灾害性天气的能力有限。除了双星计划之外，我国还没有太阳活动、行星际太阳风暴、地球电离层和中高层大气的监测卫星，至今尚无类似美国和欧洲实施的专门的空间物理和空间环境系列卫星计划。"子午工程"虽然迈出了我国地基空间环境监测的第一步，但还没有形成完全覆盖我国国土广大区域的地基监测网。更谈不上形成监测日地系统整体变化的天、地一体化的综合监测体系。

（4）自主创新能力有待提高。由于缺乏稳定支持和系统部署（探测计划缺乏、有效载荷水平不高等），影响了我国空间物理领域早日跻身国际先进行列和主导地位的确立；整体创新能力与国家对空间环境保障服务的需求还有较大的差距。

四、空间物理学发展趋势

（一）本学科领域发展新的战略需求

1. 空间物理学是当代自然科学最富挑战性的国际前沿领域

从根本上讲，空间物理学研究的主要任务是要了解太阳系的空间状态、基本过程和变化规律。宇宙空间是一个地面无法模拟的特殊实验室，不断涌现出自然科学领域数百年来的经典理论所无法解决的新问题，是有待探索、开垦的重大基础科学前沿。日地之间的空间环境涉及诸多物理性质不同的空间区域，如中性成分（中高层大气）、电离成分为主（电离层）、接近完全离化和无碰撞的等离子体（磁层和行星际），以及宏观与微观多种非线性过程和激变过程，如日冕物质抛射（CME）的传播、激波传播、磁场重联、电离与复合、电离成分与中性成分的耦合、重力波、潮汐波、行星波、上下层大气间的动力耦合等，这些都是当代难度很大的基本科学问题。研究日地系统所特有的高真空、高电导率、高温、强辐射、微重力环境，研究其中的各种宏观与微观交织的非线性耗散，以及具有不同物理性质的空间层次间的耦合过程，了解灾害性空间天气变化规律，获取原创性科学发现，已成为当代自然科学最富挑战的国际前沿课题之一。无论从实施的国际日地物理计划（ISTP）、日地能量计划（STEP）还是正在实施的与星同在计划（Living With a Star）及国际与星同在计划、日地系统空间气候与天气计划（Climate and Weather of the Sun–Earth System）等，空间天气研究都是多学科交叉、协同攻关、夺取重大原创性新成就的重大科学前沿领域。

我国科工委发布的《"十一五"空间科学规划》中，将空间物理和太阳系探测作为重点发展的三大领域之一；2006年，在《国家中长期科学与技术发展规划纲要》中，将"太阳活动对地球环境和灾害的影响及其预报"列为基础研究的科学前沿问题之一。

2. 国家对空间物理学强烈的需求

如地球对流层天气一样，空间环境也常常出现一些突发的、灾害性的空间天气变化，有时会使卫星运行、通信、导航和电力系统遭到破坏，影响天基和地基技术系统的正常运行和可靠性，危及人类的健康和生命，进而导致多方面的社会经济损失，甚至威胁到国家安全。据统计，航天故障率40%来自空间天气的影响。

进入21世纪，中国面临建设自立于世界强国之林的历史重任，发展高科技，实现国防现代化是根本保证。在这种背景下，中国同世界发达国家一样，对空间天气研究产生了十分紧迫的战略需求。载人航天和探月工程是《国家中长期科学与技术发展规划纲要》的重大专项。在"十三五"期间，预计将有超过百颗卫星发射，载人航天要实现交会对接，发射小型的空间实验室，嫦娥工程实施"绕、落、回"三步走的第三步。然而，卫星故障常有发生，据统计，其中又有约40%来自空间天气。已有"风云一号"气象卫星、"亚太2号"通信卫星所遭遇的失败以及地球"双星"计划中姿控失效，"嫦娥一号"卫星发生单粒子锁定等。重大的灾害性空间天气常给航天器造成严重损伤，甚至使其提前坠落：如1998年4—5月，美国"银河4号"通信卫星失效，造成美国80%通信寻呼业务的中断；2000年7月14日，灾害性空间天气使日本的宇宙和天体物理先进卫星ASCA（Advanced Satellite for Cosmology and Astrophysics）卫星失去控制，损失很大。全球卫星通信、导航定位系统发展迅速，我国也必须发展自己的各类天基技术系统。在"十三五"期间，我国应用卫星、载人航天、嫦娥工程等航天活动日益频繁，航天安全形势更加严峻，空间天气保障需求也更为迫切。

总之，日地空间乃至整个太阳系，是人类开展科学探索、揭示自然规律的重要区域，同时也是人类空间活动最主要的区域。空间物理学是世界各国争相研究的热点学科，也是各国科技实力展示的舞台，更是引领世界科技发展的驱动力。由于伴随人类社会发展的诸多领域，如航天、通信、导航等高科技领域和国家安全的强烈需求，空间物理学进入21世纪之后，正迅速发展成国际科技活动的热点之一。

3. 空间物理学科在未来几年中新的战略需求

2006年，国家颁布了《国家中长期科学与技术发展规划纲要（2006—2020）》将"太阳活动对地球环境和灾害的影响及其预报"列为基础研究的科学前沿问题之一，载人航天和探月工程被确定为国家重大专项，这赋予了空间物理学探测和研究新的责任。

在未来几年里，为了落实国家发展规划，空间物理学要重点关注日地空间环境，将日地空间天气连锁变化过程的探测和研究作为主攻方向；在太阳活动影响地球空间和人类社会的关键科学问题上，要取得突破性进展；着力提升空间环境的业务服务水平，增强我国航天活动和空间应用的安全保障能力。

根据我国的现状和国际学科发展趋势，未来本学科领域发展布局的主要思路是，立足于中国现状，以美国等主要发达国家作为参照系，突出我国的优势，优化布局，协调发展，建立和完善符合学科发展的体制、机制，以空间物理天基和地基重大探测计划为牵引，加强学科交叉和国际合作，抢占国家空间物理研究的"高地"，为满足国家关于空间天气保障服务的需求奠定科学基础。

（二）空间物理学发展的重点方向和优先发展领域

1. 重点发展方向

（1）日冕与日球层物理。

未来几年，我国日冕物理学的重点研究方向包括高速-低速太阳风的起源和加速、加热机制，日冕磁场的数值重建技术，太阳风暴在日冕和日球层的传播与演化，太阳风与星际介质的相互作用，太阳高能粒子加速和射电爆发的物理机制，以及基于多波段观测数据的日冕磁场和太阳爆发过程的关键物理参数的诊断技术等。

（2）磁层物理。

未来几年，我国磁层物理的重点研究方向包括太阳风扰动与磁层相互作用，磁层顶磁重联及其对磁层空间暴的驱动作用，磁层亚暴的触发和能量释放过程，磁层粒子暴高能粒子的加速、输运和消失过程，行星际扰动对磁暴的驱动过程，极区空间天气与太阳风/磁层/电离层耦合，以及磁层区域和全球模式研究等。

（3）电离层物理。

未来几年，我国电离层物理将系统研究电离层变化特性，聚焦电离层与大气层和磁层的相互耦合过程，深化理解电离成分与中性成分的相互作用过程，认识太阳活动能量在电离层中的传输与耗散过程。发展有效探测技术，开展数值模式和同化算法研究，为电离层预报积累模式和方法。

（4）中高层大气物理。

未来几年，我国中高层大气物理着重开展中高层大气参数的探测与诊断新原理新方法，中层顶与低热层（MLT）区域的大气波动过程及其效应，大气波动对中高层大气能量动量收支和环流影响，中高层大气对电离层 – 热层背景大气的影响等研究。

（5）行星空间物理。

未来几年，我国行星空间物理主要利用我国的"嫦娥工程"和自主火星探测任务，开展太阳风与火星、月球的相互作用研究。

（6）空间等离子体物理。

未来几年，我国空间等离子体物理主要开展磁场重联、无碰撞激波、无碰撞与碰撞过渡区的基本物理过程、粒子加速、波动和波粒相互作用研究。

2. 空间物理学的优先领域

由空间物理基础研究与应用需求相结合产生的新兴学科——空间天气在国际上方兴未艾，已呈现蓬勃发展之势。在进入太空时代的国际大背景下，日地空间环境与空间天气领域是地球科学部"十二五"优先发展领域，通过十多年的发展，我国在该领域已取得了长足的进步和一系列重要的进展，在国际的竞争中崭露头角。在未来 5 ~ 10 年，日地空间环境与空间天气领域仍然是本学科领域的优先领域。

（1）科学目标。

以日地系统不同空间层次的空间天气过程研究为基础，形成空间天气连锁过程的整体性理论框架，取得有重大影响的原创性进展；建立日地系统空间天气事件的因果链模式和发展以物理预报为基础的集成预报方法，为航天安全等领域做贡献；实现与数理、信息、材料、环境和生命科学等的多学科交叉，开拓空间天气对人类活动影响的机理研究，为应用和管理部门的决策提供科学依据；发展空间天气探测新概念和新方法，提出空间天气系列卫星的新概念方案，开拓空间天气研究新局面。鼓励与国家重大科学计划相关的空间天气基础研究，鼓励利用国内外最新天基、地基观测数据进行相关的数据分析、理论与数值模拟研究。

（2）关键科学问题。

1）太阳剧烈活动的产生机理及太阳扰动在行星际空间中的传播与演化。

关键课题有：日冕物质抛射、耀斑，及其对太阳高能粒子加速的过程；太阳风的起源与形成机理和过程；太阳源表面结构及太阳风的三维结构，以及各种间断面对行星际扰动传播的影响；太阳高能粒子事件、磁云及行星际磁场南向分量、行星际激波及高速流共转作用区的形成与演化等。

2）地球空间暴的多时空尺度物理过程。

关键课题有：不同行星际扰动与磁层的相互作用及地球空间不同的响应特征；太阳风 – 磁层 – 电离层耦合；磁暴、磁层亚暴、磁层粒子暴、电离层暴、热层暴的机理与模型；中层大气对太阳扰动的响应的辐射、光化学和动力学过程；日地空间灾害环境和空间天气链锁变化的各层次及集合预报模型等。

3）日地链锁变化中的基本等离子体物理过程。

关键课题有：无碰撞磁重联、带电粒子加速、无碰撞激波及空间等离子体不稳定性与反常输运、波粒子相互作用过程、等离子体湍流串级耗散、电离成分与中性成分的相互作用等。

4）空间天气对人类活动的影响。

关键课题有：空间灾变天气对信息、材料、微电子器件的损伤，以及对空间生命和人体健康影响的机理；太阳活动对气候与生态环境的影响及人为活动对空间环境的影响；国防安全与航天活动的保障研究。

5）空间天气建模。

关键课题有：①区域耦合和关键区域建模。太阳耀斑/日冕物质抛射/行星际扰动传播、太阳风/磁层相互作用、磁层/电离层/中高层大气以及中高层大气/地球对流层四个耦合区域的建模，以及辐射带、极区、电离层闪烁高发区、太阳风源区等关键区域的建模、日地系统各空间区域的预报指标等。②集成建模。其一，空间天气物理集成模式，构建空间天气因果链综合模式的理论框架，发展有物理联系的成组（成套）模型，发展基于物理规律的第一代空间天气集成模式。其二，空间天气应用集成模式，以天基和地基观测资料为驱动，建立关键空间天气要素的预报和警报模式，建立为航天活动、地面技术系统和人类活动安全提供实际预报的空间天气预报应用集成模式，并开展预报试验。

6）空间天气探测新方法、新原理、新手段。

关键课题有：太阳多波段测量方法和技术，行星际扰动、磁层、电离层和中高层大气的成像和遥感技术，小卫星星座技术以及空间探测的新技术、新方法。

（三）空间物理学发展战略

在未来几年里，空间物理领域充分参考和借鉴美国十年发展规划，合理布局、科学前瞻、长远谋划、分步实施，针对我国现状，空间物理探测与研究聚焦日地空间（亮线），在太阳系空间物理探测方面特色突出（亮点）。

1. 发展目标

至 2030 年，空间物理领域对的发展战略总目标是：提升对太阳活动爆发机制和近地空间等离子体动力学的基本物理过程的科学认识，了解日地耦合系统地球空间各个圈层相互作用的变化规律，大幅提升空间天气应用服务的能力，更好地满足国家和社会的需求。

2020 年、2025 年、2030 年阶段目标：

（1）探测方面：2020 年前初步建立天地一体化的空间环境监测综合系统。在天基监测方面，大力推进空间物理天基监测卫星系列，针对太阳活动、太阳风、磁层、电离层、中高层大气、空间环境效应等重要内容，着手发展空间天气监测小卫星，争取 2020 年前完成 1～2 颗空间物理/空间天气卫星的工程立项和实施，并充分利用现有各种应用卫星搭载，实现对从太阳到近地空间主要区域的空间环境天基监测。2020 年前在我国自主火星探测任务中提出有鲜明创新特色的空间物理探测项目。在地基监测方面，以子午工程为骨干网向南北、东西扩展，2025 年前完成我国境内空间环境地基网络化监测系统的建设。

（2）研究方面：2025 年前在地球空间不同空间层次之间的耦合和空间天气事件的传播过程的研究方面取得突破进展。2030 年前在行星际太阳风的三维传播和加速加热机制方面取得突破进展，建立起日地系统空间天气整体变化过程的理论体系，为拓展人类在非连续介质新的知识空间做出中国人的杰出贡献。

（3）建模方面：2025 年前建立基于物理的从太阳到地球的空间天气数值预报模式，空间天气事件的精确预报能力达到国际先进水平；2030 年前建立比较完善的自主的辐射带、电离层、中高层大气等动态空间环境模型，满足我国航天、通信与导航和空间安全活动的需求。

（4）应用方面：2025 年前掌握空间天气对国家重大基础设施的影响机制，获得对空间天气致灾机理的系统认识；2030 年前突破空间天气灾害的减缓与规避关键技术难题，为我国经济社会和空间攻防的空间天气保障提供科学支撑。

2. 拟解决的关键科学问题

2030 年前空间物理领域将聚焦日地系统连锁变化过程的研究，建立自主创新的空间天气整体变化的科学认知体系，显著提升我国应对空间天气灾害的能力。涉及的重大科学问题主要包括：

（1）驱动空间灾害性天气事件的太阳风暴是如何形成的？它又是如何通过日地行星际空间传输到地球的？

（2）太阳风暴引起地球空间磁层、电离层和中高层大气各圈层发生什么样的变化？控制这些变化的基本物理过程是什么？

（3）如何把太阳和地球作为一个相互联系的有机系统来建立描述和预报空间天气变化的模式？

（4）恶劣的空间天气变化给航天、通信、导航、国民经济和国家太空安全等活动造成灾害的机理是什么？如何评估和防护？

3. 实施途径

(1) 建立国家层面的学科协调发展的体制。

目前，我国空间物理学的探测、研究到应用服务各个方面，多头管理，缺乏国家层面的统一规划和发展战略。建议明确主管部门，制定统一权威的发展规划和实施计划，统筹探测、研究和应用服务的协调发展。

(2) 建设天地一体化的空间环境综合监测体系。

建立我国空间物理学探测方面的系列卫星计划，作为国家大型科技平台建设的主要组成部分，纳入国家科技发展的整体规划。地基探测以子午工程为基础，建设空间环境地基综合观测网（子午工程Ⅱ期）（图 1）。

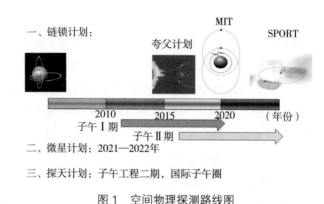

图 1　空间物理探测路线图

1）天基。①链锁计划：针对日地整体联系中的关键耦合环境的大型星座探测计划。继双星计划之后，"十三五"期间争取推动夸父计划和磁层－电离层－热层耦合探测的卫星计划（MIT探测计划）工程立项。②微星计划：针对空间天气关键要素和区域的空间天气小（微、钠）卫星形成空间天气探测小卫星系列。③借船计划：利用气象、海洋、北斗等应用卫星搭载的机会。

2）地基。探天计划：针对我国上空空间环境精细结构、特征及其变化规律的地基探测计划。"十三五"期间，利用多种观测手段，在子午工程为骨干的地基监测链的基础上，向经、纬向延拓，对我国重点区域加密观测，充实完善沿东经100°E和北纬40°N的两条观测链，与子午工程的东经120°E和北纬30°N观测链共同构成覆盖我国区域上空的空间环境地基综合监测（子午工程二期）。

（3）部署1个重大科学研究专项计划。

聚焦日地系统空间天气整体变化及其影响，组织重大研究计划，将最充分利用2012年建成的子午工程，已成功实施的地球"双星"计划和计划中的夸父计划，MIT计划，地震电磁探测卫星等天基、地基观测，最有效地把有限人力、物力、财力和时间聚焦在空间天气科学前沿，形成优势兵力对关键科学问题的集中攻关，取得有重要国际影响的自主原创新成果，为提升我国空间天气科学研究水平在未来10年跨越进入国际先进水平做出核心贡献。

（4）建设数字化近地空间保障平台。

以天地一天化的空间环境综合监测体系为基础，构建我国高空大气和近地空间的无缝隙监测体系，建立我国近地空间的精确、可靠、时变、可快速更新的中高层大气、电离层以及电磁环境等的数字化模式，实现"零"的突破。

（5）建设高水平的基础研究和应用服务的队伍。

造就有国际影响的将帅人才10～20名，建设5～10支站在国际前沿的创新研究群体，培养15～30名国家杰出青年基金获得者，100名以上的学科带头人和一批高水平的基础研究和应用服务的优秀队伍。加强对有潜力的年轻人才的倾斜支持力度，营造"十年磨一剑"的科研氛围，制定更加注重质量的评价体系，鼓励培养高水平人才。

（6）开展高层次的国际合作交流。

国际合作重点支持有重大科学意义的国际重大探测和研究计划，积极开展以我为主的国际科技合作交流计划，建设海外科研基地，吸引海外高水平科研人员长期来华工作和年轻科研人员来华做博士后研究。

—— 参考文献 ——

［1］ NRC Solar and Space Physics Survey Committee. Solar and Space Physics: Science for a Technological Societ［R］. 2012.

［2］ 中国空间科学学会. 2011—2012 空间科学学科发展报告［M］. 北京：中国科学技术出版社，2012.

［3］ 国家自然科学基金委，中国科学院. 2011—2020 年我国空间科学学科发展战略报告［M］. 北京：科学出版社，2010.

［4］ 国家自然科学基金委员会. 中国空间天气战略计划建议［M］. 北京：中国科学技术出版社，2004.

撰稿人：王　赤

空间天文学发展报告

一、引言

空间天文学是利用空间平台，在空间进行天体观测和研究天体的形态、结构、组成、运动、物理状态、演化规律的学科。利用各种空间观测技术所获得的观测数据开展有关天文研究，以及研究为实现这些观测所采用的空间探测技术。空间天文的基本任务是：克服地球大气对地面天文观测的影响，从空间进行观测，研究宇宙整体以及包括太阳在内的各种天体的起源和演化，探索大尺度和宇宙极端条件下的物理规律。因此，该领域的研究是利用空间平台（包括卫星、飞船、月基和高空气球）开展对天文对象的观测和研究。通俗地讲，就是围绕天文卫星的有关工作。主要研究内容覆盖当代天体物理学的主要方面：恒星形成与演化、星系和宇宙学、太阳物理、粒子天体物理、高能天体物理，以及与天文紧密相关的基本物理重大问题如暗物质、暗能量和引力波等。空间天文学是利用空间平台，在空间进行天体观测和研究天体的形态、结构、组成、运动、物理状态、演化规律的学科。

根据观测波段和探测技术，空间天文学可分成许多分支，如空间射电天文学、空间亚毫米波天文学、空间红外天文学、空间光学天文学、空间紫外天文学、空间 X 射线天文学、伽马射线天文学、空间粒子探测、空间引力波探测等。按照学科划分可以分成：行星、太阳、恒星、星系和宇宙等。

中国已经成为世界上的航天和空间技术大国。但是中国的空间科学尤其是空间天文刚刚起步，不仅全面和远远落后于美、欧、俄、日，而且也落后于新兴的空间技术国家，甚至和印度、巴西、韩国、加拿大都有很大差距。尽管如此，通过多年的努力，我国空间天文界已经具备了在空间天文各领域开展系统研究的能力。我国学者从 20 世纪 90 年代开始就长期使用几乎所有国际空间天文卫星的数据，做出了很多重要的成果，在个别研究方向上已经进入了国际前沿。但是由于我国尚未实施过独立的空间天文和太阳卫星项目，尚不能形成有效的力量在某一个领域在国际上起主导作用。

二、空间物理最新研究进展

目前，我国有一支由超过 2000 名固定职位人员和 1500 名左右流动人员（博士后、博士生、硕士生）组成的天文研究队伍，这些人员主要分布在中国科学院国家天文台（包括总部、云南天文台、南京天文光学技术研究所、新疆天文台、长春人造卫星观测站）、紫金山天文台、上海天文台、高能物理研究所、国家授时中心、南京大学、北京大学、中国科学技术大学、北京师范大学、厦门大学、上海交通大学、清华大学等单位，经过多年的科研实践、人才培养和国际合作研究，形成了一批在国内外有影响的学术带头人和优秀创新研究群体。与国际空间天文队伍相比，队伍的体量与美国有很大的差距，与日本、德国、英国等发达国家有一定的差距。如果以国家的人口作为参考，我国的人均数远远低于发达国家的水平。

天文学科领域在 2009—2013 年共计产出研究论文 59513 篇，从 2009 年的 11114 篇增长到 2013 年的 12352 篇，5 年累计论文量增幅 11.14%，年均论文量增幅 2.13%。中国在这一期间发表 3274 篇第一作者论文，占国际论文总数的 5.5%，世界排名第四位。按照 IAU 会员数作为参考，中国天文学家的人均论文产出好于世界平均水平。中国也是天文论文数量增长最快的国家，在这五年的论文量累计增幅 44.68%，年均增幅 7.67%，远高于世界平均水平。中国的论文产出已经超过日本，成为亚洲国家中在天文学科领域论文数量第一位的国家。

在过去的 5 年里，空间天文观测技术和研究方法取得了长足的进步，硬 X 射线调制望远镜和暗物质粒子探测卫星都已经转入正样阶段，多个背景型号项目在关键技术攻关方面进展很大，为"十三五"我国空间天文的发展提供了强有力的支撑。

（一）太阳物理

近年来，我国空间太阳物理研究取得了很大的进展和成果，在国际上具有一定的地位，无论在观测和理论研究方面都有自己的特色。例如，近 10 年来，中国学者在 *Solar Physics* 杂志上发表论文的比例超过 10%，与英国相当，仅次于美国。我国太阳物理的研究队伍体量仅占整个天文学的 12%，但是近 5 年内贡献了 19% 的引用位于前 10% 的论文。这些数据说明，我国太阳物理研究对我国空间天文学的发展做出了比较重要的贡献。但是，与发达国家相比，论文的总体影响力仍有不小的差距。我国学者由向量磁场观测最早给出光球磁重联存在的证据，提出了三维磁场外推的边界元方法并由此首次得出耀斑的磁绳结构。我国学者最早建议网络内磁场的内禀弱性质，在宁静区小尺度磁场、冕洞磁场结构与演化和黑子精细结构等方面取得了原创性的成果。我国学者在 CME 爆发的大尺度源区、磁绳灾变模型、CME爆发的数值模拟、日冕螺度积累和CME的发生、磁重联电流片的观测特征、磁绳的观测特征和形成机制等方面做了一系列有深度的研究工作，在国际上有较大的影响。在日冕磁场方面，紫金山天文台已经开始利用等离子体理论和射电辐射观测来反演日冕局部磁场。我国学者对日冕波动现象的研究在国际上占有一席之地。南京大学自2002年便开始了针对日冕EIT波的数值模拟和观测研究，所提出的模型也得到了国际上同行的广泛认可。我国学者通过光谱观测，结合半经验模型和动力学模型的计算，对耀斑大气的加热机制、白光耀斑的起源进行诊断，形成了很有特色的一个研究领域。紫金山天文台的精细结构望远镜近年来在揭示脉冲相耀斑环收缩等动力学特征方面获得了有意义的观测结果。紫金山天文台是国内最早开展耀斑高能辐射研究的团组之一。最近几年的重要工作包括：率先提出了耀斑高能电子的低端截止能量较预期值高、发现射电和EUV波段的耀斑环在脉冲相具有收缩现象等。

近几年空间太阳领域取得的代表性成果有：

国家天文台汪景琇院士，通过分析空间和地面太阳观测数据，系统地提出了太阳向量磁场分析研究方法、概念和表征量，定量描述太阳活动区磁能积累的物理过程；首次给出太阳低层大气磁重联存在的证据，提出两阶段磁重联太阳耀斑唯像模型；提出太阳网络内磁场是内禀弱磁场，对太阳总磁通量有重要贡献。该成果获得2009年国家自然科学奖二等奖。

云南天文台"太阳活动和CME理论研究"创新团组首席科学家林隽研究员和特聘研究员Ilia Roussev教授通力合作，分析最新空间卫星数据，对日冕物质抛射（CME）和相应的X射线爆发进行了深入、细致的研究，取得了突破性进展。采用最先进的数值模拟方法研究日冕物质抛射的起始和早期演化过程，给出了处于学科前沿的计算机模拟最新结果。它表现在对日冕中的双极型（或S型）等离子团结构的解释上，完全被空间卫星上的X射线观测结果所证实。该模型不仅可给出快速CME磁结构自洽演化的细节，还可直接计算X射线流量的增强，与现有的其他模型相比是一个实质性突破。这项研究以封面论文的形式发表在2012年9月23日 *Nature Physics* 上，受到国内外广泛关注。

紫金山天文台的太阳物理研究人员和美国同行合作，利用最新落成的大口径太阳望远镜（大熊湖天文台1.6m口径的NST）和我国自行研制的10830Å窄带滤光器，首次得到了太阳在该波段的高分辨率图像（色球），发现了超精细（约100km）的磁流管结构，这些结构扎根在米粒组织之间，被证认为高温物质和能量外流的通道。结合空间卫星观测数据分析，研究成果解释了加热日冕的能量究竟来自光球的何处。其可能物理过程是：光球米粒不断的对流运动，通过挤压形成米粒间小尺度强磁场，小尺度强磁场中的活动产生了高温物质和能量的外流。这一发现对解决"日冕加热问题"（太阳的外层大气具有反常的温度分布，其底层温度仅数千度，而高层日冕则高达百万度。这一现象的能量来源被美国《科学》杂志列为天体物理学八大问题之一）具有巨大的推进作用。

国家天文台赵刚研究团组与合作者利用上海光机所高功率激光物理联合实验室的神光

Ⅱ号装置，巧妙地构造了激光等离子体磁重联拓扑结构。观测到了与太阳耀斑中环顶X射线源极为相似的实验结果。仔细分析实验室重联区尺度特征，发现激光等离子体磁重联区存在两个耗散区，其中离子耗散区的尺度与理论模拟一致，而电子耗散区尺度的实验结果要大于传统的理论值，这为理论探索磁重联电子耗散区尺度提出了挑战。这项工作成果发表在 *Nature Physics* 并受到广泛的关注，被认为有望开辟实验室天体物理研究的新领域。

2015 年，南京大学天文与空间科学学院丁明德教授课题组在三维磁重联的研究中取得重要进展。该项工作利用太阳动力学天文台（SDO）和日地关系卫星（STEREO）在极紫外波段的多视角观测，成功捕捉到 2012 年 1 月 27 日一次太阳爆发对应的磁重联过程，并重构出三维的磁场演化图像。该图像清晰地显示出两组非共面的、具有相反极性的磁力线相互靠近，形成磁分割线或者准分割线，进而产生磁重联的过程。磁重联快速释放能量，加热等离子体，产生耀斑；同时，磁重联增加磁绳的环向分量，使其不稳定从而触发日冕物质抛射。观测也清楚地展示出与磁重联相关的等离子体加热、入流、出流等过程。该研究展示了三维磁重联的直接观测证据，揭示了其在太阳爆发过程中的作用，为太阳爆发理论模型提供重要的观测依据。相关研究论文 "*Extreme Ultraviolet Imaging of Three-dimensional Magnetic Reconnection in a Solar Eruption*" 于 2015 年 6 月 26 日在《自然通讯》（*Nature Communications*）杂志上在线发表。

（二）非太阳领域

我国在非太阳领域形成了以空间高能天文为主并兼顾可见光、紫外和射电等波段的多波段空间天文探测，以及空间反物质、空间宇宙线、空间暗物质和激光天文动力学等研究方向的格局，基本上包括了国际空间天文的主要研究方向，如黑洞等致密天体物理、超新星遗迹、γ 射线暴、星系、星系团、宇宙学、太阳活动以及暗物质的探索等重要的天体物理前沿。我国天文界具有使用国外各波段空间天文卫星观测数据的经验，部分学术带头人曾经是国外主要空间天文项目的骨干成员，回国后带动了国内空间天文研究的快速发展。空间天文研究的一个重要特色是全球数据共享和长期利用。我国学者从 20 世纪 90 年代开始就长期使用几乎所有国际空间天文卫星的数据，做出了很多重要的成果，在个别研究方向上已经进入了国际前沿。另外，在使用这些数据的同时，积累了数据获取、整理、管理、分析和使用的经验，这对于优化我国未来空间天文卫星的设计和运行具有重要作用。但是由于我国尚未实施过独立的空间天文和太阳卫星项目，尚不能形成有效的力量在某一个领域在国际上起主导作用。

空间科学先导专项是 2011 年 1 月中国科学院首批启动的战略性先导科技专项之一。"十二五"期间，空间科学先导专项部署了 7 个研究项目。其中，空间天文项目有硬 X 射线调制望远镜 HXMT 和暗物质粒子探测卫星。暗物质粒子探测卫星于 2015 年年底发射。它将进行宇宙线、伽马射线探测并进行暗物质粒子的探测研究。HXMT 包括软 X 射线望远镜、中能 X 射线望远镜和高能 X 射线望远镜，计划于 2016 年发射升空，预期寿命 4 年，主要进行宽波段 X 射线巡天工作。中欧合作伽马射线暴偏振测量仪器（POLAR），计划搭载"天宫二号"于 2016 年发射运行，将是国际上首个高灵敏度专用测量伽马暴伽马射线偏振的科学仪器。中法合作空间高能天文小卫星空间变源监视器卫星（SVOM），已经被批准正式立项，计划 2021 年左右上天，其主要科学目标是研究 γ 暴的多波段辐射性质。

（三）近几年该领域取得的代表性成果

1. 宇宙正、负电子射线总能谱超出的发现及宇宙负电子射线能谱超出的预测

紫金山天文台常进团组提出了利用高能量分辨探测器来探测高能电子和伽马射线的新方法，创新了高能电子数据分析方法。采用该方法利用国际设备进行宇宙高能电子探测并获得了突破性成果。发现"高能正、负电子流量与宇宙线模型预言相比存在超出"这一现象。Fermi 以及 AMS-02 等的后续观测证实了正、负电子总能谱超出的存在，尽管超出的形状、大小有所区别。正、负电子总能谱超出可能来自于天体物理辐射源例如脉冲星，也可能来自于暗物质粒子的湮灭或衰变，因此引发了广泛的关注。"宇宙电子射线总能谱中超出的发现"被授予 2012 年度国家自然科学奖二等奖。2013 年 3 月紫金山天文台的研究团队提出初级电子宇宙射线的能谱本身可能存在变硬（超出）并在正电子占所有电子的比例数据中呈现显著的观测效应。2013 年 4 月以来 AMS-02 的高精度电子宇宙射线数据证实了该预言。

2. X 射线极亮天体的首次成功的动力学质量测量

在宇宙中除了最为常见的恒星级质量黑洞（即小于 100 倍太阳质量）之外，还有一种就是超大质量黑洞，其质量为太阳质量的 100 万倍以上。是否存在介于它们之间的所谓中等质量的黑洞尚无定论，但是之前人们普遍认为 2200 万光年之外 M101 旋涡星系中的 X 射线极亮天体 ULX-1 是中等质量黑洞的最佳候选体之一。国家天文台刘继峰团队利用美国双子座 8 m 望远镜对 M101 ULX-1 进行了 10 次光谱观测，确认中心天体是一个恒星级黑洞。这是对 X 射线极亮天体的第一次、也是唯一一例成功的动力学质量测量。此工作证明，一些 X 射线极亮天体，从某些 X 射线特性来判定似乎为中等质量黑洞，但实质上并不是中等质量黑洞，这一发现可能会促成对现有超大质量黑洞形成理论的重新认识。这项研究发表在 2013 年 11 月 28 号的《自然》杂志上，被 Gemini 天文台评为 2013 年科学亮点的第一个，入选 2013 年中国科学家代表性成果之一。

3. 宇宙原初气体可能无法有效地形成新恒星

南京大学施勇等人利用美国斯皮策红外卫星对两颗距离地球比较近的"化石"星系（Sextans A 和 ESO146-G14）进行了观测研究，通过数据分析，发现这些星系中恒星形成的效率比类银河系中的效率低至少 10 倍，该结果暗示了 130 亿年前宇宙原初气体可能无法有效地形成新恒星。此外，他们还发现理论模型所依赖的物理机制跟观测结果给出的是截然相反的。理论模型解释在低金属丰度下，原子氢无法高效结合形成分子氢（恒星形成

的原材料），从而导致了低金属丰度下恒星形成的低效率。然而研究团队发现，即使在这样的低金属丰度下，分子氢仍旧是大量存在的，因此是分子氢气体，而不是原子气体，无法有效地形成新恒星。该成果于 2014 年 10 月 16 日在线发表于《自然》杂志上。

4. 中等年龄的大质量星团可能依旧是由单星族构成的

北京大学科维理天文与天体物理研究所的李程远与中外天文学家合作利用哈勃太空望远镜对银河系周边大麦哲伦云星系中的 NGC1651 星团进行了观测研究，他们发现：尽管和其他星团一样，它的主序转折区域看起来似乎存在很大的年龄弥散（约 4.5 亿年），它的亚巨星支却十分狭窄，这标志着它根本没有任何年龄弥散：如果星团是由年龄连续分布的星族组成，这些恒星应该同时分布在一个展宽的亚巨星支上，令人惊讶的是，分析这些亚巨星分支的宽度表明，它们的年龄弥散最多不会超过 8000 万年。该结果表明中等年龄的大质量星团可能依旧是由单星族构成的。该成果发表在 2014 年 11 月《自然》杂志。

5. 发现遥远宇宙中发光本领最大的类星体

北京大学教授吴学兵领导的、中国科学院云南天文台助理研究员易卫敏（主要负责云南天文台 2.4m 望远镜的观测）等参加的国际合作团队发现遥远宇宙中发光本领最大的类星体。该类星体距离地球 128 亿光年（红移为 6.3），形成于宇宙诞生后的 10 亿年之内，其光度是太阳光度的 430 万亿倍，比其他高红移类星体的光度都大，比目前已知的距离最远的类星体（离地球 130 亿光年）还大 7 倍。随后该团队利用国外多台 6 ~ 8m 级望远镜获得了该类星体更高质量的光学和红外光谱，根据红外光谱估计出该类星体中心的黑洞质量约为 120 亿个太阳质量，比其他高红移类星体的黑洞质量都大。因此，新发现的这个类星体是目前已知的高红移类星体中光度最高、黑洞质量最大的类星体，对宇宙早期的星系形成、星系与其中心黑洞的共同演化等研究提出了新挑战。文章发表在 2015 年 2 月 26 日出版的《自然》杂志上。

6. "嫦娥二号"卫星在再拓展试验中首次实现了我国对小行星的飞越探测

2012 年 12 月 13 日 16 时 30 分，"嫦娥二号"卫星在距地球约 700 万千米远的深空成功飞越 4179 号小行星图塔蒂斯并获取高质量的光学图像，揭示了该小行星的物理特性、表面特征、内部结构以及可能的起源等新的结果。论文发表在 *Scientific Reports*。2013 年 12 月 13 日，在探测任务取得成功一周年之际，自然网站（www.nature.com）作为首页头条推介此文，被《自然》中文版推荐为研究亮点。

7. 中国的相关理论研究也取得了一些重要进展

以伽马暴为例，南京大学戴子高团组发现了 X 射线耀发的新统计规律，北京大学张冰教授团组利用磁场衰减模型解释了伽马暴的瞬时辐射能谱，这两项工作皆发表于 *Nature Physics*。紫金山天文台的伽马暴团队通过对短时标伽马暴的研究，估算出中子星的最大引力质量约为 2.3 倍太阳质量，并指出 X 射线余辉数据中已存现引力波辐射的初步迹象。

此外，紫金山天文台领衔的一个国际合作组通过分析伽马暴 GRB 060614（这是一颗发现于 2006 年持续约 100 秒的长暴，红移为 0.125，是距离我们最近的伽马暴之一）VLT，

HST 原始观测数据，发现暴后几天内 VLT 的 V（仿视），R（红光）和 I（红外）各波段的辐射高度一致地以同一幂率指数衰减，这与标准火球模型预言的伽马暴正向激波的同步辐射余辉一致。但在 13.6 天时的 HST 观测中发现 I 波段（F814W）流量明显超出这一幂率衰减的成分，而在同时的 V 波段（F606W）中却没有对应的超出。更重要的是：HST V/I 波段色差显著的比 1.7 天时的 VLT 的 V/I 波段色差大 1 个星等。这些结果无法在标准火球余辉模型框架内得到合理的解释。充分表明在 13.6 天左右的数据中包含一个额外、显著的"能谱很软"的近红外辐射成分。该项工作具有 3 方面的意义：① 确定了 GRB 060614 的中子星并合起源模型，本质上属于短暴，澄清了困惑伽马暴研究界长达 9 年的"长短暴"起源谜题；② 该近红外超出的拟合需要一个"中子星 – 恒星级质量黑洞"的双星系统的合并，这是该类尚未得以确认的双星系统存在的间接证据；③ 这是首次在"长短暴"中发现 Li–Paczynski macronova/kilonova，表明经典"短暴"与所谓的"长短暴"都是快中子俘获过程的重要场所，为揭示宇宙中（超）重元素的起源提供了新线索。从某种意义上说这样的"长短暴"是黄金、白银等贵重金属的"制造厂"。

三、空间天文学国内外研究进展比较

当代空间天文学发展的最显著特点是观测手段的迅速发展和全波段研究的开拓。十多年来一系列大型空间先进观测设备相继投入使用，包括口径 2.4m 的哈勃空间望远镜，高灵敏和高空间分辨率的空间紫外、红外、X 射线和 γ 射线望远镜，地面和空间长基线射电望远镜等。这些设备的使用使各波段的空间分辨率和探测能力都有量级的提高，从而使各波段的观测资料第一次得到匹配，开创了天文学全波段研究的崭新纪元。在探测分析手段和能力方面，当前国际上空间天文学的发展重点是：追求更高的空间、时间和光谱分辨率；追求更大的集光本领和更大的视场，以进行更深更广的宇宙探测；实现全波段的探测和研究；开辟电磁波外新的观测窗口；大天区时变和运动天体的观测；海量数据处理和计算天体物理学的发展。

2011 年，美国国家研究院组织的天文学和天体物理学调研委员会在《天文学与天体物理学十年规划》学科发展报告里，列出了三个今后十年天文研究的主要领域：①搜寻第一代恒星、星系和黑洞——宇宙的黎明；②发现邻近可居住行星——新的世界；③理解宇宙的基本规律，代表了引领天文学今后十年发展的主要研究方向。美国科学院接着发布了《2013—2022 年太阳和空间物理——技术时代的科学》的学科发展报告，对太阳物理提出了战略思考。

下面就空间天文学就各研究领域的发展状况进行分析。

（一）星系和宇宙学

20 世纪末到 21 世纪初，哈勃空间望远镜的深场观测、凯克（Keck）等 10m 级光学红外望镜和斯皮策（Spitzer）红外望远镜，以及其他多波段地面及空间望远镜（从伽马波段到射电波段）的使用，将星系演化的研究追溯到宇宙年龄仅为当前年龄 1/10 的宇宙早期；经过几十年的努力，人们已经找到了大质量黑洞存在于我们银河系以及几十个临邻近星系中心的可靠证据，并发现了黑洞与星系核球的质量和速度弥散之间存在密切关系。在此基础上人们推测，在几乎每一个大星系中心可能都存在一个（超）大质量黑洞，并且与星系在形成和演化上可能存在着某种关联。当今的研究趋势是将大质量黑洞和星系的活动纳入到冷暗物质主导的星系形成理论框架中去研究，丰富活动星系核统一模型的建立和发展，探索星系与黑洞的共同形成和演化。最近 20～30 年时间里，星系和宇宙学取得了令人瞩目的成就：高红移超新星观测、宇宙微波背景观测和宇宙大规模巡天观测发现宇宙在加速膨胀，大规模的红移巡天大大改进了对星系与宇宙结构之间的关系的认识，而随着 Hubble 深场等极深度星系巡天的开展，星系和黑洞的系统研究已经拓展到宇宙年龄还不到 10 亿年的宇宙早期（红移 $z=10$）。如美国《天文学与天体物理学十年规划》学科发展报告指出，搜寻第一代恒星、星系和黑洞——宇宙的黎明和理解宇宙的基本规律将是今后 10 年空间天文研究的三个最重要领域的两个。今后 5～10 年内有望取得进展的关键问题包括：暗能量和暗物质的本质；宇宙结构和星系的演化；大质量黑洞及其周围的环境。

（二）恒星与银河系

恒星及银河系的研究是国际天体物理的主要研究活动之一。据统计，国际上前 5 年该领域的论文数量占天文学论文总数的比例为 35.8%。今后的一段时期，恒星与银河系的研究将主要体现在：①星际介质与恒星形成；②恒星结构与演化；③恒星级致密天体；④银河系的结构与组分。

（三）太阳系和系外行星系统

行星科学研究发展水平是与空间测量技术方法的进步紧密相连和相互促进的。当今行星科学研究主要集中于两大主题：一是行星的形成与演化，二是类地行星的搜寻。目前，国际行星科学研究发展趋势有如下特征：

（1）行星探测从地面发展到空间。太阳系内行星的新发现将主要依赖于深空探测；太阳系外行星的深入开展将基于地面大设备与空间望远镜的联合使用。目前国际上正在实施针对木星、火星、矮行星的多个深空探测计划，如 NASA 的 JUNO、MAVEN、NEW HORIZONS 等；同时也有多个系外行星探测卫星项目在实施中，如 NASA 的 TESS 和 ESA 的 CHEOPS，均计划于 2017 年发射；此外 ESA 的 PLATO 也将于 2024 年发射。

（2）宜居类地行星的搜寻是目前系外行星探测的首要目标。Kepler 探测到了 48 个位于宜居区的行星候选体，但由于其对应的主星较暗，不适宜视向速度方法的证认；利用视向速度方法搜寻到的几个位于宜居区的行星，例如 HD 40307g，与母恒星的距离接近一个天文单位，可能存在液态水，但还没有被完全认可或者经过其他独立方法证实。

（3）比较行星学研究将有新突破。系外行星的不断发现，为"比较行星学"研究提供了更大的研究样本，人们可以通过不同行星的比较研究，更全面了解它们形成和演化过程。

（四）太阳

空间太阳卫星观测提供了紫外、极紫外、X 射线等地面不能观测的图像。20 世纪 90 年代以来，空间卫星探测占据了太阳观测的主导地位，Yohkoh、Ulysses、SOHO、TRACE、RHESSI、Hinode、STEREO、SDO、IRIS 等太阳探测卫星相继发射，开始了多波段、全时域、高分辨率和高精度探测的时代，取得了一系列重要科学发现。未来几年，还将发射 Solar Orbiter、Solar Probe 等卫星。美国《2013—2022 年太阳和空间物理十年规划》设定的最重要的科学目标，包括确定太阳活动的来源并预报空间环境的变化，确定太阳与太阳系及星际介质的相互作用，发现并定量描述发生在日球乃至整个宇宙的基本过程，基本代表了我国太阳物理学研究的主要努力方向。基于目前国际太阳物理的研究特点，未来几年该领域的研究将重点关注以下几个方面。

（1）太阳发电机和太阳磁场的起源。通过发电机理论预测太阳活动周，理解调制活动周强度的主要因素，对最近出现的太阳活动周异常行为取得部分规律性认识。研究太阳表面磁场的精细结构，诊断小尺度磁元，探究是否存在量子化的基本磁元或元磁流管，研究它们的分布、结构、集体行为和动力学，以及对日冕加热的贡献。

（2）太阳活动的观测和机理研究。详细诊断太阳爆发过程的磁流体动力学特征、辐射特征和物理机制，探讨与此相关的能量储存、初发、电流片形成和磁重联触发等关键科学问题。

（3）三维辐射磁流体动力学模拟。由于对太阳活动的观测越来越精细，这就要求对太阳基本物理过程的研究方法也要考虑尽可能多的物理因素。三维辐射磁流体力学模拟在黑子形成、冕环形成等方面已取得了重要进展，未来在耀斑和日冕物质抛射、暗条的形成和爆发等领域可望成为研究热点。

（五）基本天文学

20 世纪 90 年代以来，随着众多系列太阳系深空探测计划的不断实施、大量 Kuiper 天体（1992 年）和太阳系外行星（1995 年）的相继发现、欧洲空间局（ESA）Gaia 空间天体测量卫星的成功发射（2013 年）、基础研究和国家战略对时间频率精度需求的日益提高，基本天文学研究领域得到了快速发展。近年来，银河系结构高精度 VLBI 天体测量技术的发展、Hipparcos 星表的发表、Gaia 空间天体测量卫星成功发射和新参考系的引入、时间尺度的完善和 CCD 技术的应用，使天体测量进入一个新时代（天测，含相对论天体测量与天文地球动力学）。随着 Gaia 卫星的发射，微角秒天文参考系将是未来若干年内天体测量重要研究方向，它直接涉及参考系应用规范等实用天文学问题。天文参考系的改进必定带来参考系理论及其与之相应的理论和方法上的重大变化，同时对参考系的应用规范也会产生一系列重大变革。Gaia 空间卫星观测从参考系概念上将再次突破现有的一系列方法。目前国际上正在讨论的 ICRF3 准备引入一些新的概念，如银河系光行差问题等。在 Gaia 参考系建立的过程中和建立之后，将有很多重大问题需要解决，包括 Gaia 天球参考系问题、Gaia 恒星参考架、Gaia 天球参考系和 VLBI 参考系的关系及其各自的作用、未来天球参考系和地球参考系之间的新关系等，这些问题都将可能引起一系列参考系理论的新变革，包括岁差章动理论和相关天文常数的变化等。当前天体测量学研究的重点集中在：天文参考系理论研究，微角秒精度多波段参考架的建立和参考架连接，天体测量精确资料和新技术（如长焦距望远镜 CCD 观测、红外多波段天体测量巡天、激光测距辅助测角观测等）在天文学研究中的应用，特别在大行星及其卫星的探测、大尺度银河系空间结构、运动学和动力学及演化等方面研究的应用。

（六）天体力学

研究的重点集中在：非线性天体力学及轨道稳定性理论，太阳系 Kuiper 带天体动力学，月球、行星及其卫星历表及运动理论等。

四、本学科发展趋势及展望

我国空间天文将在成功实施国家"十一五"空间天文规划，取得空间天文卫星观测零的突破基础上，走可持续发展的道路。其基本思路是：瞄准前沿科学问题，加强优势领域，适当扩大规模；以高能天体物理观测为重点，兼顾空间光学、射电、引力波、以及旨在搜索宇宙暗物质的高能粒子探测；在天文卫星的发射数量、主导和实质性参与国际空间天文卫星计划、形成完整的空间天文研究体系方面，均有大幅度提升。同时，通过空间天文探测计划的实施，将牵引和带动若干航天和空间关键技术的发展，将满足国家重大战略需求与发展空间天文结合起来。经过约 5 ~ 15 年的快速发展，在 2030 年左右使我国进入空间天文大国的行列。因此确定下面优先领域及其重点方向（计划）。

优先领域：围绕大尺度的物理规律和深层次的物质结构开展宇宙和天体的起源及其演化的研究。其科学目标是全面理解宇宙的起源以及天体的形成和演化，检验物理学基本规律并试图发现新的物理规律，为人类认识宇宙及其规律做出历史性的重要贡献。该优先领域包括以下七个重点方向（计划）：

黑洞探针计划：通过观测宇宙中的各种黑洞等致密天体以及伽马射线暴，研究宇宙天体的高能过程和黑洞物理，以黑洞等极端天体作为恒星和星系演化的探针，理解宇宙极端物理过程和规律。

天体号脉计划：对天体的各种波段的电磁波和非电磁波辐射进行高测光精度和高定时精度的探测，理解各种天体的内部结构和各种剧烈活动过程。

天体肖像计划：获得太阳系外的恒星、行星、白矮星、中子星、黑洞等天体的直接照片，对理解宇宙的构成等科学问题起关键作用。

天体光谱计划：对天体的各种波段（主要频段：光学、射电和 X 射线）的光谱进行高分辨的测量，理解各种天体的化学组成、密度和温度，以及确定天体的距离（视向速度）、大小、质量、密度和运动速度，研究它们不同层次和位置的物理过程和结构模型。

系外行星计划：通过天体测量手段，研究太阳系外类地行星的质量、轨道、存在数量及整体分布情况；通过直接成像观测进一步精确测定其轨道、质量等参数；进一步通过测量其可见光及红外波段大气光谱，研究类地行星的大气环境、表面特征、有效温度，深入理解系外类地行星系统的演化及本质，寻找宇宙中是否存在其他生命的线索。通过对类地行星进行直接成像观测和光谱分析，搜寻系外生命活动释放在行星大气中的微量气体及其组成。解答宇宙中是否存在其他生命这一基本科学问题。

暗物质探测计划：利用空间平台，探测各种理论模型预言的暗物质湮灭的产物。

中国引力波探测计划：探测引力波，除了和 eLISA 重叠波段的波源外，对较轻中等质量黑洞有更灵敏的探测能力。

由于我们国家在空间科学上的投入还比较有限，难以全面支撑空间天文领域齐头并进式发展，此外，空间天文各分支发展进度不一，科学发现只有第一没有第二，重复的发现是没有科学意义的。因此，应按照"有所为，有所不为，重点突破，以点带面，适当照顾各学科领域平衡发展的原则"来规划未来空间天文科学计划与任务，找准具有创新意义的切入点，把我国有限的经费投入投放到最需要的地方，以较少的投入换取较大的科学回报。根据空间天文科学发展的战略需求，空间天文中长期规划工作组确定了我国空间天文优先领域和重点研究方向，并以此制定了我国空间天文路线图。计划在 2015—2020 年完成并能够使用的空间天文的观测设备主要有 HXMT、SVOM、POLAR 等，它们覆盖了从射电到伽马射线的主要观测波段。这几台设备以空间高能天文作为突破点，围绕"黑洞探针"的主题，有望在黑洞巡天、黑洞物理、伽马射线暴、极端条件天体物理等研究领域取得突破性研究成果。与"黑洞探针"同时，DAMPE 在 2015 年发射，通过在空间高分辨、宽波段观测高能电子和伽马射线寻找和研究暗物质粒子，间接测定其质量、湮灭截面或者衰变寿命等重要的物理参量，并限定暗物质粒子的空间分布，将在暗物质研究这一前沿科学领域取得重大突破。

另外，通过这些设备的建设和运行，还将初步建立基于近地轨道卫星的空间天文卫星观测体系和地面科学运行支持体系。目前正在预研、申请立项并预计能在 2020 年左右完成的设备有："天体号脉"计划的 XTP、EP 等项目，"天体肖像"计划的 SMVLBI、"系外行星"计划的 STEP 等项目，以及空间站的"大规模多色成像与无缝光谱巡天"（已立项，目前在方案阶段）和 HERD（方案阶段，立项未定）等项目，这些设备的圆满完成将标志着我国的空间天文观测设备在整体上进入国际先进行列。

我国空间站空间天文分系统规划了世界上最大规模和最高性能的空间多色高精度测光

与光谱巡天，在能力上比国外同期计划强大，有突出的优势；规划了具有国际竞争力的高能宇宙辐射和暗物质探测、太赫兹高灵敏度观测、X射线紫外全天监视、X射线偏振与全天监视、温热气体巡天探测、红外光谱巡天等以巡天为主的先进项目，适合空间站特点。这些项目如果能够实施，将在宇宙加速膨胀、暗能量本质、暗物质属性、宇宙膨胀与结构变化、宇宙和天体形成与演化、结构的等级成团和星系形成、高红移星系、活动星系核与黑洞、近场星系与银河系、广义相对论和引力理论检验等最重要的天体物理学、宇宙学和物理科学领域获得前沿成果和革命性发现。规划的脉冲星导航试验兼具重要的高能天体物理研究和应用战略意义。

在空间太阳物理方面，主要包括两个方面的发展趋势，一是对小尺度的精细结构进行高时间和高空间分辨率的观测和研究，二是对大尺度活动和长周期演化进行观测和研究，结合我国现有的空间太阳物理研究基础，我国未来几年空间太阳物理领域的主要方向可以概括成三个探索：对太阳活动微观现象和规律的探索；对太阳活动宏观现象和规律的探索；太阳活动对日地和人类环境影响的探索。未来几年空间太阳物理的研究重点将围绕上述三个探索，着重开展太阳探测卫星概念性研究、太阳探测卫星载荷关键技术研究、太阳探测卫星计划总体集成研究、利用现有卫星数据开展的与太阳卫星计划相关的基础研究、围绕太阳探测卫星数据分析平台的研究等。其发展目标为：实现太阳空间探测计划零的突破；初步形成适应空间太阳物理发展的研究和技术人员队伍；拥有若干处在不同研究阶段的太阳探测卫星计划，形成可持续发展的模式；空间太阳物理的观测和研究跻身国际行列。

本优先领域的关键科学问题是太阳活动的起源、演化、极其对日地对日地空间环境的作用和影响，具体包括如下核心科学问题：① 理解太阳内部的结构和动力学、太阳磁场的产生与演化、太阳活动周期和太阳活动的起源、日冕的结构和动力学特征；② 理解太阳活动过程中能量的积累、释放及释放机制、能量的转化及传播过程；③理解日球结构、磁场和物质（等离子体）在太阳系中的分布、太阳大气和星际介质的相互作用；④ 理解地球和其他太阳系对象的空间环境，和它们对内部和外部影响的动力学响应；⑤ 理解在太阳和空间等离子体中各种观测现象之间相互作用的基本物理原理；⑥ 理解和定量描述太阳活动对行星际介质、地球磁层动力学过程、人类活动环境、以及各类生产设施如通信系统、航空航天系统、电力系统、交通运输系统等的作用模式；⑦ 建立太阳活动的定量模型，准确预测预报太阳活动。

主要发展目标包括如下三个项目：

（1）空间太阳望远镜（SST）计划：科学目标主要是研究太阳磁场，将获得0.1 ~ 0.15角秒的前所未有的高空间分辨率，而且还要获得高精度磁场结构，从而实现对太阳磁元精确观测，将取得太阳物理研究的重大突破，并为空间天气预报提供重要的物理依据和预报方法；我国未来几年空间太阳物理的研究围绕开展太阳探测卫星概念性研究、太阳探测卫星载荷关键技术研究、太阳探测卫星计划总体集成研究、利用现有卫星数据开展的与太阳卫星计划相关的基础研究、围绕太阳探测卫星数据分析平台的研究等。其发展目标为：实现太阳空间探测计划零的突破；初步形成适应空间太阳物理发展的研究和技术人员队伍；拥有若干处在不同研究阶段的太阳探测卫星计划，形成可持续发展的模式；空间太阳物理的观测和研究跻身国际行列。

（2）先进天基太阳天文台（ASO-S）：2013年年底ASO-S获得中科院空间科学先导专项背景型号立项。ASO-S的科学目标是：同时观测太阳全日面矢量磁场、耀斑非热辐射成像以及日冕物质抛射的近日面传播，研究磁场、耀斑、日冕物质抛射三者之间的关系，为此设置了三个载荷。ASO-S目前正处在背景型号研究阶段，预期两年内将参与工程立项竞争，如果一切顺利，ASO-S将可能是我国第一颗太阳探测卫星，意义重大。

（3）大面积太阳伽马射线谱仪（LASGA）是继921-2空间天文分系统之后，第二个上天的专门针对太阳的观测载荷。如果说921-2空间天文分系统的重点是实现空间探测的能力，那么LASGA则是追求国际最前沿的科学目标。通过LASGA项目的实施，我国高能辐射探测技术将进入世界前列。该项目将在国际上首次实现太阳高能辐射的高灵敏度（$1600cm^2$）、高能量分辨率（2.8@662keV）、宽能段范围（30keV ~ 2500MeV）探测，以及开展对银心35GeV超的低能端探测。具体科学目标是：高灵敏度观测太阳高能爆发事件，研究耀斑加速电子和加速质子的关系以及耀斑的频率分布；通过高能量分辨伽马射线能谱观测，研究耀斑加速质子的能谱、机制及随时间的变化；观测揭示太阳高能辐射特征与灾害性空间天气事件的关系，研究高能辐射预警灾害性空间天气事件的方法；观测宇宙伽马射线暴、软伽马射线重复暴及银心伽马射线，研究其爆发机制及银心GeV超与暗物质的关系等重大科学问题。目前该项目已经被列入我国空间站指南，有望在2020年前发射上天。

— 参考文献 —

［1］ Ilia I. Roussev, et al., Explaining fast ejections of plasma and exotic X-ray emission from the solar corona［J］. Nature Physics, 2012, 8.

［2］ Hai Sheng Ji, et al. Observation of Ultrafine Channels of Solar Corona Heating［J］. Astrophysical Journal Letters, 2012, 750（1）.

［3］ Jiayong Zhong, et al., Modelling loop-top X-ray source and reconnection outflows in solar flares with intense lasers［J］. Nature Physics, 2010, 6（12）.

［4］ Lei Feng, et al. AMS-02 positron excess: New bounds on dark matter models and hint for primary electron spectrum hardening［J］. Physics Letter B, 2013, 728（1）.

［5］ Liu, J.F., et al. Puzzling accretion onto a black hole in the ultraluminous Xray source M101 ULX1［J］. Nature, 2013, 503（7477）.

［6］ Yong Shi, et al., Inefficient star formation in extremely metal poor galaxies［J］. Nature, 2014, 514（7522）.

［7］ Chengyuan Li, Richard de Grijs, Licai Deng. The exclusion of a significant range of ages in a massive star cluster［J］.

Nature, 2014, 516（7531）.

［8］ Xue Bing Wu, et al., An ultraluminous quasar with a twelve-billion-solar-mass black hole at redshift 6.30［J］. Nature, 2015, 518（7540）.

［9］ 天文学：与一个近地小行星的近距离接触［EB/OL］. http://www.natureasia.com/zh-cn/research/highlight/8969/.

［10］ F. Y. Wang, Z. G. Dai. Self-organized criticality in X-ray flares of gamma-ray-burst afterglows［J］. Nature Physics, 2013, 9（8）.

［11］ Bing Zhang. Fast-cooling synchrotron radiation in a decaying magnetic field and γ-ray burst emission mechanism［J］. Nature Physics, 10, 351, 2014.

［12］ YizhongFan, XuefengWu, DamingWei. Signature of gravitational wave radiation in afterglows of short gamma-ray bursts?［J］. PHYSICAL REVIEW D, 2013, 88（6）.

［13］ Bin Yang, et al., A possible macronova in the late afterglow of the long‑short burst GRB 060614［J］. Nature Communications, 2015, 6.

撰稿人：常　进

月球与行星科学发展报告

一、引言

  月球与行星科学是研究太阳系各天体的地形地貌与地质构造、物质组成与化学成分、天体起源与演化规律的一门科学。月球与行星科学作为空间科学的重要组成部分，以太阳系起源和演化、地外生命及其相关物质、太空资源开发和利用为主要研究内容，在空间科学和航天探测发展中占有重要的地位。

  月球与行星科学的研究方式主要有两种，一种是通过对陨石的研究来获取有关太阳系起源和演化方面的知识，另一种就是通过空间探测，发射人造地球卫星和各种行星探测器，获得了有关地球和太阳系其他天体许多的地质构造、化学特征与物理特征等的知识，成为月球与行星科学发展重要的研究手段。

  月球与行星科学的发展一方面依赖于陨石学研究的科学成果，另一方面依赖于空间探测的发展。我国月球与行星科学领域经过50年的发展已经取得了长足的进步，随着19次、22次以及30次南极科学考察的顺利进行，我们共回收了陨石样品11000余块，使得我国一跃成为世界上拥有陨石最多的国家之一（仅少于日本和美国），为我国月球与行星科学的发展奠定了物质基础。另一方面，随着我国人造卫星和载人航天事业的发展壮大，我国在地球以及近地空间的探测也取得了丰硕的成果，特别地，随着我国月球探测工程的顺利实施，在深空探测方面已经迈出了实质性的一步，已获得有关月球形貌、地质构造、月球成分、月壤特征以及月表空间环境等方面的大量的实际探测数据，同样为将月球科学的研究起到关键的作用，为我国月球与行星科学的发展起到了积极的推动作用。

二、我国月球与行星科学领域近年的研究进展

如前所述，月球与行星科学的发展一方面依赖于陨石学研究的科学成果，另一方面依赖于空间探测的发展。本报告也从上述两个方面来论述我国该学科的发展现状。

（一）陨石学研究

陨石是来自地球之外的小行星和行星的样品，是太阳系演化历史的见证者，是非常珍贵的科学资源。陨石学研究不但探索和揭示太阳系的起源和成因、形成和演化历史，而且为深空探测科学目标的确立和探测数据的解译提供了服务。陨石学主要研究方向包括：不同类型陨石物质成分特征及其成因、太阳系外物质与恒星演化的物理化学过程、灭绝核素与太阳系早期演化的同位素定年、太阳星云的形成和演化、金属-硅酸盐的熔融分异与行星核幔的形成、冲击变质与高压矿物学以及陨石和宇宙尘样品的收集等。2014年度，我国陨石学研究开展的工作主要有如下方面：①陨石收集，其中包括南极陨石和沙漠陨石收集；②南极陨石库建设与管理；③各类陨石岩石矿物学特征及成因研究；④前太阳颗粒的寻找与研究；⑤陨石同位素研究；⑥陨石冲击变质作用研究。

1. 陨石收集

（1）南极陨石收集：2013—2014年中国第30次南极科学考察队在格罗夫山地区开展了第六次综合考察，其中陨石搜集是其中核心任务之一。该项目开展了布莱克、梅尔沃德和梅森峰等附近蓝冰区的踏勘工作。对阵风悬崖中段蓝冰区、阵风悬崖中北段碎石带、萨哈罗夫岭碎石带等区域开展详细的陨石搜寻。共发现陨石样品583块，其中阵风悬崖北段497块、阵风悬崖中段82块、哈丁山及萨哈罗夫岭4块。获得陨石富集规律信息：①格罗夫山所有蓝冰区和碎石带都可能发现陨石样品，但富集程度有差异；②从阵风悬崖随着冰流从上到下流动（即由东南到西北），陨石富集程度逐渐降低；③阵风悬崖下方蓝冰区和碎石带陨石富集程度高，其中阵风悬崖北段中段下方蓝冰区和碎石带最为富集。

（2）沙漠陨石收集：从2004年前后我国民间就开始在新疆沙漠戈壁地区开展寻找沙漠陨石，但是一直没有取得很好的成效。到2010年，民间在新疆哈密地区发现了一定数量的陨石样品。为了了解我国沙漠陨石的分布和富集特征，2012年10月和2013年5月，桂林理工大学、中国科学院地质与地球物理研究所、中国科学院地球化学研究所、中国科学院广州地球化学研究所、湖南科技大学等单位联合在哈密戈壁地区开展了二次寻找陨石的踏勘和考察搜寻活动，并取得了良好成绩：①二次分别收集4块和46块；②陨石类型有L5、H5、L冲击熔融型等；③发现了3个沙漠陨石富集区。至今，根据国际陨石命名委员会网站信息，我国沙漠陨石富集区已达8个，即哈密、库木塔格、Loulan Yizhi、Xingdi、Argan、Alaer、Lop Nur等。

2. 陨石库建设及陨石分类研究

（1）陨石库的建设与管理。

自第 16 次南极科学考察队起，南极陨石由中国极地研究中心保管，样品主要保存在低温冰芯库中。2006—2008 年，南极陨石样品库建设列入国家科技部的"南北极生物和地质标本资源标准化管理与共享试点项目"。该项目有四方面建设任务：南极陨石样品的整理和数据化、现代的陨石样品库的建设、陨石样品管理和陨石研究的协调和组织、陨石共享网络平台建设。在项目的支持下，项目陨石样品分类和数字化整理 2350 块陨石，其中 2006 年、2007 年、2008 年分别完成 600 块、800 块、950 块的陨石样品。目前，陨石库日常管理工作由中国极地研究中心负责。南极陨石样品共享平台的网址是 http：//birds. chinare.org.cn/ yunshiku/。该网上平台以陨石样品信息为基础，包含有共享平台的有关管理规定、样品申请的程序、建设成果等内容。

（2）陨石分类研究。

陨石分类是一项长期的基础性工作，是开展深入研究的必要条件。本年度，中国极地研究中心和桂林理工大学共同开展 150 块格罗夫山陨石的分类工作和陨石样品信息整理工作。

3. 火星陨石氢同位素研究——火星地下水的证据

火星是深空探测的热点。人类不懈地探索火星，最主要的动力是期盼发现地球以外的生命，其基本逻辑是，火星表面的许多地形地貌特征，指示曾经有过水流，因而具有支持和孕育生命的基本条件。除了地形地貌特征之外，在火星上还探测到硫酸盐和碳酸盐等可能从水体中沉淀形成的蒸发盐类矿物，以及黏土等次生矿物。这些发现都进一步证明火星上确实存在过液态水。为了寻找火星陨石中是否存在火星水的证据，中国科学院地质与地球物理研究所胡森博士和林杨挺研究员等人借助纳米离子探针，对 GRV 020090 火星陨石中的岩浆包裹体和磷灰石的水含量和 H 同位素组成进行分析。研究发现，该样品岩浆包裹体的水含量和 H 同位素具有非常好的对数相关性，指示火星大气水交换的结果，从而推断火星大气的 H 同位素组成为 $6034 \pm 72‰$，与好奇号最新的探测结果一致。此外，这些岩浆包裹体的水含量和 D/H 比值非常不均匀，二者都从中央向外逐渐升高。很显然，这些水是由外部通过扩散进入冷却后的岩浆包裹体。因此，这是火星大气水而不是岩浆水。这是首次发现火星存在大气降水的同位素证据。

4. 碳质球粒陨石中寻找前太阳颗粒

陨石中的前太阳物质（presolar material）是在太阳系形成之前，由各种恒星演化至晚期喷出物凝聚形成微米至次微米大小的尘埃颗粒，是人类唯一能获得的其他恒星样品（又称太阳系外物质）。前太阳颗粒携带了恒星核合成的信息，是恒星核合成理论的重要实验制约。中国科学院地质与地球物理研究所赵旭晁和林杨挺与美国华盛顿大学空间科学实验室的合作者利用纳米离子探针和俄歇纳米探针对南极格罗夫山 CR 型碳质球粒陨石 GRV 021710 开展了前太阳物质的系统调查和研究。研究结果表明，GRV 021710 陨石是迄今最富集前太阳颗粒的原始球粒陨石之一，含有大量的前太阳富氧颗粒（236±40 ppm，硅酸盐和氧化物）和富碳颗粒（189±18 ppm，SiC 和石墨）。其研究发现：① GRV 021710 中超新星成因的前太阳富氧颗粒的相对丰度约是其他陨石的 2 倍，表明超新星成因物质在原始太阳星云中存在不均匀分布现象；②首次发现了超新星成因的 SiO_2 颗粒，为超新星喷出物中存在 SiO_2 提供了直接证据；③纳米离子探针的硫同位素扫描虽然未能找到前太阳硫化物颗粒，但给出其丰度上限为 ~ 2 ppm；④与其他原始的 3 型碳质球粒陨石相比，GRV 021710 中前太阳硅酸盐颗粒更加富集 Mg 元素，且具有较高的前太阳硅酸盐 / 氧化物比值，结合岩相学特征以及前太阳颗粒的高丰度值，可以判定该陨石样品未经历或仅经历了极低程度的后期蚀变历史。

5. 其他陨石研究成果

在上述研究成果外，陨石研究还有其他成果，例如：各种类型陨石岩石矿物学特征及其成因认识，这些陨石以普通球粒陨石为主，另外还有火星陨石、月球陨石、顽火辉石球粒陨石、中铁陨石、碳质球粒陨石等；陨石同位素研究有 Mg-Al 同位素、Re-Os 同位素等；还有陨石冲击变质现象研究。

（二）深空探测

我国开展深空探测的历史不是很长，月球探测工程的启动和实施开创了我国深空探测的历史。按照我国月球探测工程的总体规划，月球探测工程计划分三阶段实施：

2004—2007 年，为"绕"的阶段，主要目标是发射"嫦娥一号"探测卫星，获取月球表面三维影像，分析月球表面元素含量和物质类型的成分，探测月壤特性，探测地月环境。

2008—2014 年，为"落"的阶段，主要目标是实现月球表面软着陆与月球巡视探测，进行月表形貌与地质构造调查、月表物质成分和资源勘察、月球内部结构研究和日—地—月空间环境探测与月基天文观测。

2015—2020 年前，为"回"的阶段，主要目标是实现无人月球采样返回。

在"十五"期间主要完成了绕月探测卫星的预研并于 2004 年正式立项，2007 年 10 月 24 日月球探测工程一期"嫦娥一号"卫星成功发射，成为我国航天事业的第三个里程碑，同时这也是我国首次进入行星际开始科学探测。2010 年 10 月 1 日，"嫦娥二号"绕月探测器升空。它用于试验"嫦娥三号"落月探测器的部分关键技术，降低技术风险。它首次获得了 7m 分辨率全月球立体影像；首次从月球轨道出发飞赴日地拉格朗日 2 点进行科学探测；首次对图塔蒂斯小行星进行了近距离交会探测。2013 年 12 月 2 日"嫦娥三号"探测器顺利升空，并在重返月球的浪潮中成为第一个软着陆于月球的探测器，实现了我国"绕、落、回"三步走战略的第二步。2014 年 10 月 24 日发射一个"嫦娥五号"试验器，成功将返回试验器送入太空。11 月 1 日，试验器的返回器在内蒙古四子王旗预定区域顺利着陆。这是我国航天器第一次在绕月飞行后再入返回地球，它的成功表明，我国已全面突破和掌握航天器以接近第二宇宙速度的高速再入返回关键技术，为确保"嫦娥五号"任务顺利实施和探月工程持续推进奠定了坚实基础。而三期工程预计于 2017 年前后实现首次无人采样返回。

1. 月球探测

月球是距离地球最近的天体，是人类开展深空探测的首选目标，是研究地球、地－月系和太阳系的起源与演化的重要对象，具有可供人类开发和利用的各种独特资源，也是人类向外层空间发展的理想基地和前哨站。月球同时是研究空间天文学、空间物理学、月球科学、地球与行星科学和材料科学的理想研究场所。

月球探测工程是当今世界高新科技中极具挑战性的领域之一。实施月球探测工程，对于提高我国的科技自主创新能力，促进我国航天技术的跨越式发展，带动相关高新技术的进步，进而推动我国的社会经济发展，具有十分重要的意义。

2000 年 11 月 22 日，国务院新闻办公室发表了《中国的航天》白皮书，明确提出了我国开展深空探测的发展目标。我国在应用卫星和载人航天技术领域已经取得重大突破，深空探测刚刚起步。从科学和技术两方面来看，月球探测是深空探测活动的第一步，我国作为一个世界大国和主要航天国家，理应在这一领域占有一席之地，有所作为。

综合分析国际月球探测的发展历程以及近年来主要航天国家和组织提出的 21 世纪初月球探测战略目标和实施计划，结合我国的科学技术水平、综合国力和国家整体发展战略，经过多年论证，在 2003 年 9 月上报专委会的《我国月球探测工程总体思路》报告中，正式提出了我国的月球探测工程发展思路，根据循序渐进、分步实施、不断跨越，保持一定的连续性、继承性和前瞻性的原则，将其分为一期、二期、三期三个发展阶段，简称"绕、落、回"。一期工程的主要目标是实现绕月探测；二期工程是实现月球软着陆探测和自动巡视勘察；三期工程是实现自动采样返回。其中，绕月探测是对月球进行全球性、综合性和整体性的认识；月球软着陆探测、巡视勘察与采样返回，则是对重点区域进行精细深入的研究。

（1）绕月探测工程（探月工程一期）。

经过 2004 立项年，2005 攻关年和 2006 决战年和 2007 决胜年等阶段的研制和生产，"嫦娥一号"（Chaqng'E-1，缩写 CE-1）卫星于 2007 年 10 月 24 日在西昌卫星发射中心成功发射。

考虑到我国的科学技术水平、综合国力和国家整体发展规划，结合国际月球探测的主要特点，我国绕月探测工程确定了 4 项科学目标，并遴选了 8 台有效载荷配合完成科学探测任务。其中第一项科学目标是获取月球表面三维影像，为了实现该目标的科学探测任务，在"嫦娥一号"卫星上搭载了两台有效载荷即：CCD 立体相机和激光高度计。第二项科学目标是分析月球表面元素含量和物质类型的分布特点，为实现上述科学探测任务，搭载了 3 台有效载荷，即 γ 射线谱仪、X 射线谱仪和干涉成像光谱仪。第三项科学目标是探测月壤特性，为完成该项科学探测任务，搭载了微波探测仪开展科学探测。第四项科学目标是探测地月空间环境，搭载了 2 台有效载荷，即太阳高能粒子探测器和太阳风离子探测器来完成科学探测任务。

从 2007 年 11 月 20 日 CCD 立体相机开机探测并传回图像数据起，到 11 月 28 日伽马射线谱仪开机止，"嫦娥一号"卫星上搭载的 8 台有效载荷全部成功开机探测并获得了有效探测数据。这些珍贵的探测数据通过绕月探测工程地面应用系统的密云 50m 天线以及昆明 40m 天线数据接收站成功接收，并在地面应用系统成功进行了处理，顺利生成了 0 级、1 级和 2 级标准数据产品和 3 级应用数据产品。按照绕月探测工程的数据发布政策，这些数据将提供给全国乃至全世界的科学家开展月球科学和相关领域的科学研究工作。

特别地，在国家"863"计划的资助下，开展了绕月探测工程数据模型与方法以及各类数据的融合反演等方面的研究。

绕月探测工程是我国的首次月球探测工程，不仅圆满完成了预定的工程目标和科学目标，而且取得了很多具有原创性的科学研究成果，为人类的月球探测和月球科学研究做出了贡献。主要包括：

1）通过卫星为期一年的在轨业务运行，为实现四项科学探测任务而搭载的 8 台有效载荷都获得了大量的探测数据，获得的原始数据量达 1.39TB，经过各种校正所生成的 0、1、2、3 级数据产品近 4TB，取得了丰硕的成果，填补了我国在深空探测领域的空白。

2）针对获取月球表面三维立体图像的科学目标，CCD 立体相机获取了 1098 轨图像数据，实现了对月面的全覆盖，并选取其中的 589 轨图像数据进行了月球影像图的制作，于 2008 年 11 月 12 日公开发布了各种投影方式的全月球影像图，其在数据覆盖范围、数据质量和月表地形特征与细节反映上都明显优于国际上已有的月球图像，是当前国际上数据覆盖最全、质量最好的全月球影像图。

激光高度计获得了 900 余万个有效高程数据，并制作了全月分辨率为 3km 左右的全月球数字高程图（DEM），在分辨率和地形细节的反映上明显优于美国已发布的探测成果，与日本"月亮女神号"在 2009 年刚发布的全月数字高程模型图水平相当。

目前有关月球三维数字地形图制作方法与技术都已突破，可以在 2009 年 10 月内完成比例尺 1∶250 万、等高距小于 500m、覆盖 N90°～S90°的月球三维数字地形图。并获得在数据覆盖范围、数据制作方法、数据质量和月表地形特征与细节反映上都明显超越前人的、国际上数据覆盖最全、质量最好的全月球三维数字地图，为月球探测和科学研究的深入开展做出了中国人独特的贡献。

3）利用被动微波遥感技术开展月壤特性探测与厚度反演是国际上首次开展的探测项目，是中国月球探测的主要特色。已获得了覆盖全月球的亮度温度数据，亮温数据表明，亮度温度不仅与物质成分有密切的关系，而且与地形地貌的变化关系密切。根据月表亮度温度的处理结果，可以根据理论模型进一步反演月壤的厚度，可以完成科学目标所规定的任务。

4）在"嫦娥一号"运行的一年当中，高能粒子探测器和太阳风离子探测器连续开机，在其所处轨道上首次对月球空间环境进行了长时间不间断的监测，由于卫星经历了太阳直照区、地球磁鞘区和磁尾区以及月球背面屏蔽区等不同区域，取得了月球空间环境大量的第一手资料。通过数据的分析，可以知晓卫星绕月所经历的空间区域、空间事件以及影响飞行器工作的空间环境因素，充分实现了对月球空间环境监测的科学目标。由于距月球表面 200～100km 高度月球轨道上还没有空间环境数据的连续观测。"嫦娥一号"是第一次获得将这些区域内的空间环境数据，为更深入地认识太阳风和无大气弱磁化天体相互作用的细节做出了重要的贡献。

5）有关物质成分探测科学目标的三台有效载荷工作顺利有效，原计划获取 14 种元素的含量与分布。由于有效探测时间不足，且 2007—2008 年适逢太阳活动的低谷年，有些元素（O、Ca、Na、Mn、Cr 和 REE）不可能获得全月球的有效数据，可以实现 U、Th、K、Mg、Al、Si、Fe、Ti 等 8 类元素的含量和分布。可以完成月面主要岩石类型分布的圈定。在月质 – 构造图件的制作中可以利用我国的多源探测数据获得更为精细的构造专题图件，能够完成科学目标所规定的任务。

总之，作为我国第一个月球探测器，"嫦娥一号"卫星在四项科学探测任务中都获得了大量的探测数据，在月球基础科学、数据处理和反演方法等各个方面都取得了丰硕的成果，超额完成了全月球影像图、全月球数字高程模型图和月球三维数字地图的研制任务，完成了月壤特性探测与月球厚度反演、地月空间环境以及物质成分的探测的任务，实现了"有限目标、突出重点、有所创新、形成特色"的总体目标，为后续月球探测工程任务的实施奠定了坚实的基础。

（2）探月工程二期。

探月工程二期共包括三发任务，其中第一发为"嫦娥二号"（CE-2）（任务，是探月工程二期的先导星，已于 2010 年 10 月 1 日顺利升空，于 2011 年 4 月 1 日顺利完成工程任务，获得了 11TB 的 0、1、2 级数据。CE-2 任务的科学目标充分继承了 CE-1 卫星科学目标，在此基础上进一步凝练提高，为二期工程目标服务。第二发任务是探月工程二期的主任务，命名为"嫦娥三号"任务。其于 2013 年 12 月 2 日凌晨按计划发射升空，并于北京时间 12 月 14 日 21 时 11 分成功实施月面软着陆。此次成功落月，使中国成为全世界第三个实现月面软着陆的国家。2014 年，"嫦娥三号"一直处于任务执行期，开展预定科学探测任务，获取探测数据。另外，中国科学院设立了"嫦娥三号"任务研究专项项目，组织了科学家研究团队，开展了数据处理和应用的专门研究。第三发称为"嫦娥四号"任务，是"嫦娥三号"任务的备份星，目前有关部门正在组织论证，重新遴选科学目标和实施方案。探月工程二期也取得了丰硕的探测和研究成果。其中：

1）"嫦娥二号"。

与"嫦娥一号"卫星相比，"嫦娥二号"任务最大的变化一是轨道高度由 200km 降为 100km；二是 CCD 立体相机的月面像元分辨率由 120m 提高到 7m；三是伽马射线谱仪更换了探测晶体，把一号的 CsI 晶体更换为 LaBr 晶体，能量分辨率由 9% 提高到 5% 左右。

CCD 立体相机是 CE-2 卫星的主要有效载荷，它采用时间延时积分电荷耦合元件（简称 TDI CCD），以线阵推扫成像方式，沿卫星飞行方向获取前视和后视两个视角的影像数据。在 100km 轨道上，月球标准椭球面上的空间分辨率约为 7m，成像幅宽约为 43km；在 15km 轨道上，空间分辨率约为 1.5m，幅宽约为 9.2km。

2）嫦娥三号。

2013 年 12 月 2 日 1 时 30 分，"嫦娥三号"探测器从西昌卫星发射中心成功发射，并于 12 月 14 日 21 时 11 分成功着陆在月球雨海北部，标志着我国首次实现了在地外天体的软着陆。随后，"嫦娥三号"着陆器和巡视器（"玉兔号"）成功分离，各自开展月面探测工作，着陆器和巡视器上的有效载荷陆续开机探测并获取科学探测数据。

通过对"嫦娥三号"8 台有效载荷获取的科学探测数据进行处理和研究分析，目前已经获得了大量的数据产品和科学成果，为我国的月球和深空探测提供了重要的研究数据，主要包括：① 首次获取了探测器在月球软着陆过程的连续图像数据；② 获得了着陆区域精细地形图像数据；③ 首次获得在月球上拍摄地球的图像数据；④ 巡视器全景相机获取了着陆区高清图像数据和高精度地形数据；⑤ 国际上首次依托地外天体平台开展自主天文观测，获得了在近紫外波段对各种天体变源的亮度变化进行了连续监测，初期就观测到了 23 颗星象；⑥ 首次获得月基大视角观测的地球等离子体层图像数据，研究了地球空间环境的变化；⑦ 测月雷达获取的月壤厚度分布和月球次表层地质结构相关科学数据；⑧ 红外成像光谱仪获取的光谱数据；⑨ 粒子激发 X 射线谱仪获取的能谱数据。

3）月球探测三期工程。

遵循科学技术发展规律，循序渐进，分步实施，逐步突破关键技术，提高任务的可靠性，降低工程实施的风险的指导思想，综合考虑技术经济可行性、研制进度要求、技术发展跨度、工程规划的衔接和递进等方面因素的要求，月球探测三期工程将进行月球样品的采集并返回地球进行实验室的精确测试分析与研究，从而实现我国首次把地外天体物质带回地球的壮举，而且实验室的分析研究，也将大大提高我国月球科学研究的水平，并对前期工程的探测数据进行检验和校正。

综合月球科学发展的现状和趋势，以及三期工程任务的特点，围绕月球样品分析这一中心，三期的科学目标为：①着陆区的现场调查和分析。开展着陆点区域形貌探测和地质背景勘察，获取与月球样品相关的现场分析数据，建立现场探测数据与实验室分析数据之间的联系；②月球样品的分析与研究。对月球样品进行系统、长期的实验室研究，分析月壤的结构、物理特性、物质组成，深化月球成因和演化历史的研究。

按照探月工程总体的进度，探月工程三期于 2014 年 10 月 24 日 2 时成功发射了"嫦娥五号"试验器。并于 2014 年 11 月 1 日 6 时 42 分，再入返回飞行试验返回器在内蒙古四子王旗预定区域顺利着陆，标志着我国探月工程三期再入返回飞行试验获得圆满成功。目前工程其他各项工作都在按照预先的时间节点进行。

4）月球科学研究。

在我国月球探测工程取得圆满成功，并获得海量数据的前提下，有关月球科学的研究工作成为我国空间探测和研究中日益成为大家关注的焦点。2014年在各有关方面的关怀下，在数据应用方面取得了长足的进展。主要包括以下几个方面的内容：①月球物质成分的反演以及岩石类型的划分；②月球深部以及次表层结构的反演和解译；③月表环形、线性构造的自动识别与提取以及数值模拟；④月球地质—构造的演化研究；⑤月球岩浆洋的演化的动力学模型；⑥月球大碰撞成因的地球化学制约等。

特别地，在国家自然科学基金委员会的大力支持下，基金重大项目"月球早期（45亿～30亿年）地质演化"已立项启动，资助经费为2000万元人民币，将有力地推动我国月球科学的研究。

主要的研究成果包括以下内容：

a. 月球物质成分的反演以及岩石类型的划分（红外、干涉、X射线谱仪）。

随着探月高潮的到来，日本"月亮女神"（Kaguya）、中国"嫦娥系列"（"嫦娥一号""嫦娥二号"和"嫦娥三号"）、印度"月船一号"（Chandrayaan-1）和美国的Clementine、LP、LRO等探测器数据已经全部或部分公布于世界。搭载在"嫦娥一号"上的干涉成像光谱仪（IIM）是我国首台对月观测的高光谱仪器，其科学目标是与另一台载荷——伽马谱仪一起获取月球表面有用元素（如Fe、Ti等）与物质类型的含量与分布。"嫦娥一号"干涉成像光谱仪已经获得了覆盖全月球约78%的科学数据，这些数据将是我国未来进行月球探测和科学研究的宝贵基础资料。

利用这些数据对月表物质进行探测和反演，已经取得许多重要成果。刘福江等使用"嫦娥一号"干涉成像光谱仪（IIM）数据，通过Apollo17登陆区域的18个采样点计算了该区域光谱数据吸收半宽（FWHM）、吸收位置（λ）、吸收谷面积（A）、吸收深度（D）及吸收谷对称度（S），并建立了回归模型，以用来探讨月表的铁含量与光谱吸收特征参数的关系。凌宗成等在Apollo和Luna取样点的干涉成像光谱数据与月表FeO含量真值的基础上，得到了利用干涉成像光谱仪数据进行月表FeO填图的初步数学模型，对月表TiO_2反演也进行了尝试，获得了基于月球着陆点数据和月面真值的TiO_2反演公式。并与美国Clementine UVVIS数据反演结果进行对比验证，论证了演化模型的合理性。郑小坡等首先对CE-1_IIM数据进行预处理，显著改善了IIM数据光谱质量，接着基于Clementine数据的研究方法，建立了适用于IIM数据的Fe、Ti元素反演模型，并对月表虹湾地区的FeO及TiO_2含量进行了定量反演。王翔等利用LSCC的Apollo样品，采用修正光谱角度与基于光谱反射率多元统计（MNF）的数学模型，结合"嫦娥一号"高光谱数据反演月球虹湾地区TiO_2、MgO含量，将它们与Lucy、Shkuratov等人的光学模型用于Clementine影像和伽马射线谱仪数据填图的结果进行对比，二者具较好的一致性。周贤锋等利用Chandrayaan-1搭载的Moon Mineralogy Mapper（M^3）两个光学周期（OP1B和OP2C）数据以及"嫦娥一号"搭载的干涉成像光谱仪（（IIM）两套定标数据（pc1和pc2）反演虹湾地区铁钛含量。从前人的研究成果来看，都取得了较好的反演结果，从而为月表的物质成分识别以及矿物岩石分类提供了保障。

月球表面的物质成分和岩石类型是理解月球演化的重要证据。月球的岩石类型划分标准有很多，有的以纹理来划分，有的以成因和成分来划分；随着月球探测数据的增加，各种新兴的研究方法，分类标准层出不穷，但意义深远。刘菁华等（2014）通过 Apol1o15、Apo11o16、Lunar Prospector（LP）携带的伽马射线谱仪以及 Clementine 携带的成像光谱仪获得的能谱曲线，对月球土壤成分进行分析，获得的某些月球岩石中存在 O、Si、Al、Fe、Ca、U、Th、K 和稀土元素，有些岩石含有大量的 Mg；得到月表主要 4 种岩石，即斜长岩、KREEP 岩、玄武岩和富镁岩组成。而凌宗成等（2014）根据由光谱和能谱数据获得的月球岩石成分信息进行岩石类型分类，但并未对撞击成因的角砾岩进行识别与区分，将月球表面的岩石总体划分为非月海岩石和月海岩石两大类，再进行子类划分，其中非月海岩石为 3 类，月海岩石为 5 类。非月海火成岩可划分为亚铁斜长岩、富镁结晶岩套、KREEP 岩。月海玄武岩根据 TiO_2 含量划分为极低钛玄武岩（< 4%）；低钛玄武岩（4% ~ 6%）；中钛玄武岩（6% ~ 9%）；高钛玄武岩（6% ~ 11%）；极高钛玄武岩（> 11%）。

b. 月球深部以及次表层结构的反演和解译。

在已有月球重力模型的基础上，由"嫦娥一号"卫星轨道跟踪数据的融入，解算得到的高精度月球重力场模型 CEGM02，使得对月球重力场长波长的解算精度得到明显提高。由 CEGM02 重力场模型和激光测月结果计算得到的月球平均转动惯量，对月球内部构造研究提供了更强的约束（鄢建国，等，2011）。利用"嫦娥一号"卫星激光高度计数据获取得到的新的 360 阶次的地形模型 CLTM-s03 和 CEGM02 重力场模型，新证实了西拉德撞击坑是一个布格质量瘤异常区域（平劲松，等，2014）。通过"嫦娥二号"的精密轨道计算，评估月球重力场模型的地球物理参数，比较各个模型的最有效适用性范围，得到 SGM150 模型能更好地计算月球背面重力场（Jianguo Yan，等，2013）。"嫦娥三号"巡视器上搭载的测月雷达通过 500MHz 频率的天线，对巡视路线上的月壳浅层结构进行剖面式观测，能探测月球地底下 30m 深土壤层的结构。为了更好地分析测月雷达的探测结果，对月壤分层进行正演模拟，月岩层的介电常数采用与"嫦娥三号"登月点位置最近的 Apollo 15 的电性参数近似代替，月壤的介电常数是一个和密度相关的值且随深度的变化而变化。根据以上参数建立模型，基于时域有限差分（FDTD）原理，利用 GprMax 对月壤分层结构进行模拟，建立的模型包括月表介电常数随深度变化二层模型和月岩层存在下界面三层模型，并对其波形特征进行分析，找到月壤层次划分的一般规律，对"嫦娥三号"测月雷达数据的分析提供理论依据（李勃，等，2014）。另外，肖龙等利用"嫦娥三号"的雷达探测数据，进行振幅补偿、滤波、反褶积运算的处理，首次探测到月球表面下的多层结构，并识别了 9 种次表层结构，揭示了该着陆区的火山地质与热演化历史的复杂性（Long Xiao，等，2015），其成果发在《科学》上，是目前利用嫦娥数据发表的等级最高的文章。

c. 月表环形、线性构造的自动识别与提取以及数值模拟。

月球表面的地质构造要素主要包括环形构造、线性构造、地体构造及大型盆地构造等，其对于理解和重建月球地质构造演化具有重要意义，地质构造的形态及分布特征与月球内外动力构造运动密切相关，通过对月球表面特征的识别提取与定年，重建月球地质演化，编制月球地质图、构造纲要图。

极为有限的样品和难度极高的野外勘察使得遥感成为行星科学研究的最主要手段目前，基于我国嫦娥系列数据近几年学者们进行了系列的研究。陈建平等基于 CE-1 数据完成了全球首幅覆盖月球典型区域的构造纲要图——《1:250 万虹湾幅月球构造纲要图》的编制；李力等利用 CE-1 的 CCD 影像数据进行了月海盆地的线性构造的识别、展布及成因分析，认为球正面的所有质量瘤盆地密集分布着同心圆状月岭，非质量瘤盆地的月岭呈亚放射状南北向或与盆地的空间延伸方向一致，质量瘤盆地的月溪和月岭主要由月海沉降产生的局部应力引起前月海时期盆地的均衡状态和月海充填的几何形状可能影响了月岭的分布类型；李靖等和王楠等，以 CE-1 的 CCD2C 影像数据、LOLA 激光高度计数据和 LRO 的宽视角影像数据为基础，分别以澄海、静海等为研究区域，进行线性构造的自动提取，反映地形变化更为明显，并进一步研究构造演化提供基础，提高了解译线性构造的效率和精度，为后续工作者的研究提供了条件；王娇等利用 CE-1 的三线阵 CCD 数据、激光数据并结合 Clementine 数据，进行了全月的撞击坑自动识别，提取出了 106030 个月球撞击坑，误差只有 15.5km，误差率仅为 10.85%（误差精度为 15% ~ 20%），并指出撞击坑的数量与其直径存在较强的反向相关关系，反映了月球表面小型撞击事件的发生概率远远大于大型撞击事件的发生概率。

d. 月球地质 - 构造的演化研究。

月球地质 - 构造格架及其演化历史的研究可以为太阳系演化的两种动力学过程进行示范，即月球的撞击事件可以反映外动力地质作用的过程，而月球岩浆洋演化与月壳形成以及后期岩浆和火山作用的过程可以反映内动力地质作用的过程。通过对月球不同大地构造单元进行划分并对地质—构造演化序列进行梳理，可以科学地探讨初始形成的月球整体格局对月球后期演化的制约效应。刘建忠等根据月壳厚度将月球的全球构造格架分为三个构造单元：月海构造、月陆构造以及南极艾肯盆地构造。月球上的重大演化时间包括岩浆事件、火山事件和撞击事件，每个构造单元上的地质演化具有显著的差异，其中岩浆事件可以分为五期，更多发生在月海构造单元，形成月海玄武岩，在南极艾肯盆地构造单元只有很少的岩浆事件；火山事件也主要发生在月海构造单元中；撞击事件主要根据保留的撞击盆地进行推测，月球上的大型盆地在南极艾肯盆地构造单元中具有相对更高的分布。

月球地质演化的研究，月球的年代学研究既是一个复杂的系统性工程，又是一个在行星科学中极重要的基础性研究工作，有助于揭示月球的形成及演化规律，月质事件的发生过程。月表地层单元年龄包括相对年龄和绝对年龄。目前，建立相对年龄的方法主要有四种：地层叠置和穿插率律、撞击坑大小 - 频率分布统计法、撞击坑形态法和月壤成熟度法；

研究绝对年龄的方法有两种：样品的同位素测年法和月球成坑计年法。介于月球探测手段的限制，撞击坑统计定年是当前国际上较为广泛使用的行星表面定年方法，肖智勇等在前人研究的基础上，探讨和总结了该方法在使用过程中存在的误区和需要注意的方面，主要包括：不适用于年龄大于 38 亿年的地质单元；需要考虑地质单元撞击坑的饱和状态；尽可能地剔除二次撞击坑的影响；避免在地势复杂的区域使用；避免使用太阳入射角小的影像数据统计撞击坑；建议优先使用相对分布法并结合累积分布法分析撞击坑统计结果。另外，郭弟均等详细研究了现用月球层序划分的形成及发展过程，在此基础上，提出了改善月球年代划分的建议，分别用冥月宙、古月宙和新月宙表示月球内动力地质作用为主的时期、内外动力地质作用共同作用的时期和外动力地质作用为主的时期。推荐以南极艾肯盆地的形成为界线，将前酒海纪划分为前艾肯纪和艾肯纪，分别表示月球内动力地质作用为主的演化期和内外动力地质作用并重的演化初期。这种改进后的"三宙六纪"的月球年代划分，既可以形成逻辑上更符合月球动力学演化过程的月球年代划分，同时又有助于开展在月球背面的地质研究（表 1）。

表 1　一个推荐的月球相对年代划分

	地质年代单元		主要事件
新月宙	哥白尼纪		形成具有辐射纹的新撞击坑
	爱拉托逊纪		高钛月海玄武岩喷发；形成无辐射纹的撞击坑
古月宙	雨海纪	晚雨海世	剧烈的玄武岩喷发
		早雨海世	形成雨海、东海等多环盆地
	酒海纪		形成了酒海盆地等 12 个大型撞击盆地，以及严重退化的撞击坑
	艾肯纪		形成包括南极艾肯（SPA）盆地在内的可识别的 30 个月海盆地
冥月宙	前艾肯纪		月表固化，形成斜长质月壳

e. 月球岩浆洋的演化的动力学模型。

月球早期阶段为岩浆洋阶段，是月球演化的一个关键事件，其演化过程不仅决定着月球内部结构和构造、斜长岩月壳和 KREEP 岩的成因以及可能导致月球正背面的差异演化和月核磁场等一系列问题，还对认识类地行星起源和早期演化具有重要的指示意义。

月球岩浆洋演化主导模型是建立在流体力学、热力学、岩石学和地球化学数据基础上的岩浆洋演化岩石学与流体学模型，认为：根据经典的火成岩结晶分异理论和密度差异导致的结晶下沉和上浮作用，当岩浆洋结晶到 80% 左右，斜长石开始结晶上浮形成斜长质月壳，整个岩浆洋在几个百万年时间内固化。主导模型虽然解释了许多月球地质观察事实，但是也遇到了很大的挑战，其中最难解释的是斜长岩年龄问题和 An 牌号问题，为了解决这一问题，许英奎等引进温度梯度下物质的热扩散效应，指出岩浆洋表面存在冷却传导的盖层，该盖层之下的部分结晶区在热迁移的作用下，持续结晶的镁铁质矿物和斜长石，结晶的镁铁质矿物下沉至熔融区重新熔融，而持续结晶的斜长石上浮富集形成堆晶层，在后期通过底辟作用形成月壳，与此同时，Soret效应导致CaO持续向部分结晶区上部扩散，Na_2O持续向下部扩散，结晶的长石中钙长石含量更高。该模型并不否认岩浆洋在演化晚期也会结晶斜长岩上浮形成月壳，即月壳的组成可能是多来源的：早期部分结晶区结晶的斜长岩年龄古老，结晶时间跨度大，钙长石含量高；晚期分异演化的熔体结晶的斜长岩年龄较新，钙长石含量低。当然，对于岩浆洋演化的模型还需要更多的证据，后期还要进一步的研究。

f. 月球大碰撞成因的地球化学制约。

关于月球成因的研究，目前认可程度最大的是大碰撞假说，月球形成于一次大碰撞事件中，即在地球吸积生长至现有大小的一半左右时，与一体积约为火星大小的星子（Theia）发生偏心撞击。碰撞中撞击体的金属核大部分融入地核，而硅酸盐部分与地壳和上地幔物质混合，抛射出的高能量物质留在绕地轨道上，最后吸积形成月球。根据这一假说，月球的初始物质组成在这一事件中产生了很大变化，包括高温的硅酸盐熔体和气体可能发生强烈的蒸发作用，造成水和挥发性组分的大量丢失，相当一部分物质来自原始地球，以及大部分金属加入地球等。同时，大碰撞的能量使月球形成一个相当深的全球性的岩浆洋，而后者的分异结晶在很大程度上决定了月球的内部结构和月面二元结构。因此，月球的起源是月球科学最重大的科学问题。

月球大碰撞的形成，极大地改变了地球的初始物质组成和状态，深刻影响了地球的早期演化和深部物质组成，而后者是地球科学的前沿和研究热点。对月球、火星、各种小行星以及星际尘埃等地外样品的氧同位素分析表明，它们具有完全不同的氧同位素组成，说明太阳系具有极不均一的氧同位素分布特征。但是，地球-月球物质的氧同位素极为均一（Herwartz，等，2014），这一结果要求地球的硅酸盐与撞击体发生了强烈的混合（Canup，2012）。不仅如此，难熔元素Ti也在这一混合事件中高度均一化（Zhang，等，2012）。同时，大碰撞的巨大能量，还导致地球早期出现全球性的岩浆洋，从而影响了地核的组成（Deguen，等，2014），硅酸盐的结晶分异（Jackson，等，2014），以及去气形成原始大气。很显然，要认识地球自身的起源和深部物质组成，需要从月球形成的过程开展研究。

2. 火星探测

火星是位于地球轨道外侧的第一颗行星，通过探索火星，人类希望建立第二家园和寻找地球外生命。研究火星的磁场、大气和气候、空间环境、地貌等内容，并掌握其规律，是实现这一目标的重要途径之一。在"863"计划和航天预研项目的资助下，国内相关单位已经开展了有关火星探测科学目标以及相关关键技术的攻关。这些课题的顺利开展必将为我国后续深空探测工程的实施提供技术和基础科学研究的保障。

2014年11月27日，据《科技日报》报道，国防科工局、航天科技集团的相关负责人在国内某高层论坛上说，我国已经开始组织实施火星探测工程，计划2020年首次发射。我国的火星探测任务将包括火星环绕器和火星车登陆等内容。

三、国内外研究进展比较

（一）陨石学研究

国际上，陨石研究已经历了非常长的历史，其研究内容和范围已涉及各个领域，如类型、矿物岩石结构、化学成分、同位素成分、物性等。随着现代测试技术和研究程度的发展，陨石研究表现出如下特点和趋势：

（1）热点研究领域是：前太阳物质、灭绝核素、太阳星云的凝聚和分馏、行星的早期演化和冲击变质作用。

（2）测试方法上，趋于采用高精度测试技术和原位分析技术方法，如离子探针和LA-MC-ICPMS。

（3）特殊类型陨石研究，特别是火星陨石和月球陨石。

（4）研究对象多元化，由单个陨石研究趋于多陨石对比研究。

（5）研究对象趋于小型化，如微陨石和陨石中的前太阳颗粒。

（6）多学科交叉的特点，如太阳系外物质研究就包含了天体化学、天体物理、宇宙学、核物理等多学科。

（7）模拟实验与自然陨石对比研究。

（8）南极陨石和沙漠陨石研究。

我国利用陨石开展太阳系探测研究的历史比较悠久，始于20世纪20—30年代，新中国成立后从50年代开始，我国著名地球化学家涂光炽、欧阳自远等开展了比较系统的研究，特别是1976年3月8日吉林陨石雨降落以来，我国的陨石学研究进入了一个快速发展的时期。近年来随着第19次和22次南极科学考察的顺利进行，我们共回收了陨石样品近1万块，使得我国一跃成为世界上拥有陨石最多的国家之一（仅次于日本和美国），为我国太阳系研究的发展奠定了物质基础。因此，近年来我国月球与行星科学的发展有了长足的进步，特别是通过我国1999/2000年、2002/2003年、2005/2006年三次南极科学考察进行陨石回收以来，我国的陨石学研究取得了长足的发展，其研究水平也基本和世界同步。然而，我国研究不足之处也是显而易见的。首先，由于历史原因，在研究队伍上相对薄弱，目前，我国有相关研究的单位不超过10个，高级专业研究人员不超过20人。其次，国家有关科研管理部门和研究单位重视不够，相对于其他领域来说，研究经费不足，日常研究没有保证。此外，因研究人员有限，在研究领域方面偏窄，国内在一些研究热点方面仍然是空白的。

（二）深空探测

随着我国月球探测工程的立项启动，我国在深空探测方面也已迈出了第一步，但毋庸置疑，在深空探测方面与国外相比，我国存在的差距还是明显的。尽快开展空间探测来弥补我国在月球与行星科学发展方面的差距是我国月球与行星科学发展的一项重要内容。

虽然我国的航天技术发展迅速，但在深空探测领域我国仍处于起步阶段，无论在探测技术还是科研基础以及人才储备等各个方面都与发达国家存在较大的差距。"嫦娥一号"月球探测卫星是我国首个深空探测航天器，卫星在研制过程中突破了轨道设计、姿态控制、测控通信等多项关键技术，但与国外同期月球探测器相比，"嫦娥一号"在整星质量、载荷比例、载荷的技术水平、轻小型集成度等方面还存在着一定差距。2010年10月1日，"嫦娥二号"绕月探测器升空。它用于试验"嫦娥三号"落月探测器的部分关键技术，降低技术风险。2013年12月2日"嫦娥三号"探测器顺利升空，并在重返月球的浪潮中成为第一个软着陆于月球的探测器，实现了我国"绕、落、回"三步走战略的第二步。2014年10月24日发射一个"嫦娥五号"试验器，成功将返回试验器送入太空，是我国航天器第一次在绕月飞行后再入返回地球，我国已全面突破和掌握航天器以接近第二宇宙速度的高速再入返回关键技术。然而，嫦娥系列飞行器在运载能力上与国外尚有较大差别。在运载能力上我们目前运载能力最大的火箭为CZ-3B，其标准同步转移轨道运载能力为5019kg，而美国、欧洲和俄罗斯的运载能力均大于这一指标，在入轨精度上，我国运载火箭的指标离世界先进水平也有一定距离。

目前我国从事陨石学和深空探测领域科学研究的人才队伍还比较匮乏，据不完全统计，在该领域内的主要科研人员有院士16人，研究员128人，副研究员130人，与即将开展大规模的陨石研究和深空探测研究的现状很不相符。

四、发展趋势及展望

（一）陨石学研究

根据我国空间探测发展战略、南极陨石回收的实际情况以及国际陨石研究的热点，为了提高我国陨石学的研究水平和国际影响，我国在今后的陨石研究和学科发展方面拟开展如下工作：

（1）加强陨石学和天体化学领域的人才培养，呼吁高校和研究所重视该领域研究生教育。

（2）呼吁相关科研管理部门和科研单位对天体化学领域的重视，在机构和经费上给予优先支持。

（3）加强天体化学和陨石学研究实验条件的建设，促进和提高陨石研究水平。

（4）在研究领域方面，为了获得更多创新性成果，期望加强在如下领域的研究：①火星陨石和月球陨石及类地行星的演化。②球粒陨石及其早期太阳星云的演化。③陨石中冲击相矿物的研究。④继续开展南极陨石的分类命名工作。⑤其他创新领域研究。

（二）深空探测

根据我国深空探测发展的现状和国际深空探测发展的趋势，近两年来月球与行星科学领域应以探月三期工程的实施以及月球科学的研究为主，在开展月球探测与月球科学研究的同时，需进一步开展火星探测与比较行星学的研究，主要包括以下内容：

（1）继续深入开展月球探测工程科学探测数据的研究与应用。

（2）加紧开展月球探测三期工程的实施。

（3）研究国际深空探测的科学问题和发展趋势，加紧开展火星探测。

（4）开展比较行星学的研究。

—— 参考文献 ——

［1］ Hu, S., Y.Lin, J.Zhang, et al.NanoSIMS analyses of apatite and melt inclusions in the GRV 020090 Martian meteorite: Hydrogen isotope evidence for recent past underground hydrothermal activity on Mars［J］. Geochimica Et Cosmochimica Acta, 2014, 140. 2014.140: 321–333.

［2］ Zhao, X., Y.Lin, Q.Z.Yin, Jet al. Presolar grains in the CM2 chondrite Sutter's Mill［C］// 中国科学院地质与地球物理研究所 2014 年度（第 14 届）学术年会论文汇编，2014.

［3］ Miao, B., H.Chen, Z.Xia, et al. Lunar meteorites: witnesses of the composition and evolution of the Moon［J］. Advances in Polar Science, 2014, 25（2）.

［4］ Wu, Y.H., W.F.Xing, W.B.Xu. The Petrology and Mineralogy Analysis of Noble Metal Alloys in the Inclusions of Chondrite: An Implication on the Evolution of the Solar Nebula［J］. Acta Astronomica Sinica, 2014, 55.

［5］ Zhang, A.C., S.Itoh, H.Yurimoto, et al. Origin of P, O–Rich Sulfide in CM Chondrites: More Constraints from Mineralogy and Oxygen Isotopic Compositions［C］//OriginLunar and Planetary Science Conference, 2014.

［6］ Zhang, A.C., C.Ma, N.Sakamoto, et al. Mineralogy and Oxygen Isotope Compositions of a Ti–Rich Refractory Inclusion from the CH Chondrite SaU 290［C］//Lunarand Planetary Science Conference, 2014.

［7］ Hsu, W., S.Li. Meteorites from Northwest of China［J］. LPI Contributions, 2014, 49 .Lin, Y., A.ElGoresy, S.Hu, et al. Underground Organic–Rich Fluids on Mars: Biotic vs Abiotic Processes［J］. Meteoritics and Planetary Science Supplement, 2013, 48（2）.

［8］ Lin, Y., S.Hu, B.Miao, et al. Grove Mountains 020090 enriched Iherzolitic shergottite: A two–stage formation model［C］// 中国科学院地质与地球物理研究所 2013 年度（第 13 届）学术论文汇编，2013.

［9］ Wang, G.Q., L.Peng, J.F.Xu. Re–Os Systematics of the Nonmagmatic Iron Meteories［J］. Meteoritics and Planetary Science Supplement, 2013, 48（42）.

［10］ Xie, X., S.Zhai, M.Chen, et al. Tuite, $\gamma-Ca_3(PO_4)_2$, formed by chlorapatite decomposition in a shock vein of the Suizhou L6 chondrite［J］. MeteoriticsandPlanetaryScience, 2013, 48（8）.

［11］ Xie, Z., Y.Dong, S.Zuo. The Deformation Features of Quartz Grains in the Sandstone of Taihu Lake Area: Taihu Lake Impact Origin Controversy［J］. Meteoritics and Planetary Science Supplement, 2013, 76（42）.

［12］ Xie, Z., X.Li, T.G.Sharp, et al. Shock–induced ringwoodite rims around olivine fragments in melt vein of Antarctic chondrite GRV022321 : Transforma–tion Mechanism［J］. Meteoritics and Planetary Science Supplement, 2011, 48（42）.

［13］ Herwartz D, Pack A, Friedrichs B et al. Identification of the giant impactor Theia in lunar rocks ［J］. Science, 2014, 344（6188）.

［14］ Canup, R.M. Forming a Moon with an Earth-like Composition via a Giant Impact ［J］. Science, 2012, 338.

［15］ Zhang J., Dauphas N., Davis A. M., et al. The proto-Earth as a significant source of lunar material ［J］. Nature Geoscience , 2012, 5（4）.

［16］ Deguen R., Landeau M., Olson P. Turbulent metal - silicate mixing, fragmentation, and equilibration in magma oceans ［J］. Earth and Planetary Science Letters, 2014, 391.

［17］ Jackson C. R. M., Ziegler L. B., Zhang H., et al. A geochemical evaluation of potential magma ocean dynamics using a parameterized model for perovskite crystallization ［J］. Earth and Planetary Science Letters , 2014, 392.

［18］ 戴德求, 杨荣丰, 陈新跃. 6块新回收沙漠陨石的矿物岩石学特征及类型划分［J］. 地学前缘, 2014, 21(6).

［19］ 吴蕴华, 邢巍凡, 徐伟彪. 球粒陨石难熔包体中贵金属的矿物岩石学分析: 对太阳星云演化的启示［J］. 天文学报, 2014, 55（2）.

［20］ 陈宏毅, 缪秉魁, 刘希军, 等. 西宁陨石的岩石学特征及其类型划分［J］. 极地研究, 2013, 25（4）.

［21］ 戴德求, 陈新跃, 杨荣丰. 南极格罗夫山碳质球粒陨石的研究与展望［J］. 极地研究, 2013, 25（4）.

［22］ 胡森, 林杨挺, 冯璐, 等. 格罗夫山普通球粒陨石的磁化率和化学分类方法对比分析［J］. 极地研究, 2013, 25（4）.

［23］ 江小英, 王桂琴, 彭丽. 陨石中铼锇同位素化学分离过程的几个重要影响因素［J］. 极地研究, 2013, 25（4）.

［24］ 李世杰, 王世杰, 刘燊, 等. 部分格罗夫山陨石的类型划分及其矿物岩石学特征［J］. 极地研究, 2013, 25（4）.

［25］ 林杨挺, 缪秉魁, 徐琳, 等. 陨石学与天体化学（2001—2010）研究进展［J］. 矿物岩石地球化学通报, 2013, 32（1）.

［26］ 缪秉魁, 陈宏毅, 夏志鹏, 等. 月球陨石: 月球的物质组成及其演化历史的见证［J］. 极地研究, 2013, 25（4）.

［27］ 聂喜柯, 孔屏. 东乌旗中铁陨石硅酸盐地球化学特征及对成因的启示［J］. 极地研究, 2013, 25（4）.

［28］ 彭丽, 王桂琴, 江小英, 等. 高精度热电离质谱（TIMS）在南极陨石研究中的应用前景［J］. 极地研究, 2013, 25（4）: 425-435.

［29］ 沈文杰, 胡森, 林杨挺, 等. 荷叶塘陨石岩矿特征及化学 - 岩石类型研究［J］. 极地研究, 2013, 25（4）.

［30］ 夏志鹏, 缪秉魁, 陈宏毅, 等. 南极月球陨石 EET96008 矿物学与岩石学特征［J］. 极地研究, 2013, 25（4）.

［31］ 谢兰芳, 缪秉魁, 陈宏毅, 等. 一块新发现月球陨石 MIL090036 的岩相学和矿物学［J］. 极地研究, 2013, 25（4）.

［32］ 姚杰, 缪秉魁, 陈宏毅, 等. 南极 MIL090070 月球陨石的岩石矿物学特征［J］. 极地研究, 2013, 25（4）.

［33］ 张川统, 缪秉魁, 贺怀宇. 新疆库木塔格 004 号陨石球粒类型研究及其在球粒分离体系的应用［J］. 极地研究, 2013, 25（4）.

［34］ 刘建忠, 欧阳自远, 李春来, 等. 中国月球探测进展（2001—2010 年）［J］. 矿物岩石地球化学通报, 2013, 32（5）.

［35］ 欧阳自远, 刘建忠. 月球形成演化与月球地质图编研［J］. 地学前缘, 2014, 21（6）.

［36］ 郭弟均, 刘建忠, 等. 月球地质年代学研究方法及月面历史划分［J］. 地学前缘, 2014, 21（6）.

［37］ 凌宗成, 刘建忠, 张江, 等. 基于"嫦娥一号"干涉成像光谱仪数据的月球岩石类型填图: 以月球雨海 - 冷海地区为例［J］. 地学前缘, 2014, 21（6）.

［38］ 岳宗玉, 邸凯昌, 刘召芹, 等. 撞击坑数值模拟中状态方程替代原则及误差分析［J］. 地学前缘, 2014, 21（6）.

［39］ 刘万崧, 陈圣波, 于岩, 等. 月球风暴洋地区玄武岩厚度的重力研究［J］. 地学前缘, 2014, 21（6）.

［40］陈建平，王翔，王楠，等．基于嫦娥数据的澄海－静海幅地质图编研［J］．地学前缘，2014，21（6）．

［41］丁孝忠，王梁，韩坤英，等．基于ArcGIS的月球数字地质填图：以月球北极地区为例［J］．地学前缘，2014，21（6）．

［42］陈圣波，查逢丽，连懿，等．基于FDTD的月壤分层雷达探测正演模拟［J］．地学前缘，2014，21（6）．

［43］王楠，陈建平，王翔，等．月表线性构造定量提取与演化分析：以静海月岭、月溪为例［J］．地学前缘，2014，21（6）：229-242．

［44］李靖，陈建平，王楠，等．月表线性构造自动提取新方法研究：以澄海地区月岭为例［J］．地学前缘，2014，21（6）．

［45］李勃，凌宗成，张江，等．"嫦娥三号"着陆区月壤下伏玄武岩单元划分和充填过程研究［J］．地学前缘，2014，21（6）．

［46］王娇，程维明，周成虎，等．全月球撞击坑形貌特征的识别与多指标表达［J］．地理研究，2014，33（7）．

［47］陈建平，王翔，许延波，等．基于多源数据的月球大地构造纲要图编制：以LQ-4地区为例［J］．地学前缘，2012，19．

［48］李力，刘少峰，吴志远，等．月海盆地线性构造展布及其成因分析［J］．地质通报，2012，31（6）．

［49］刘建忠，郭弟均，籍进柱，等．月球的构造格架及其演化差异［J］．深空探测学报，2015，2（1）．

［50］肖智勇．撞击坑统计技术在行星表面定年应用中的误区［J］．中国地质大学学报，2013，38．

［51］刘福江，乔乐，刘征，等．基于"嫦娥一号"干涉成像光谱仪吸收特征的月表钛含量评估［J］．中国科学：物理学·力学·天文学，2010，40（11）．

［52］凌宗成，张江，刘建忠，等．"嫦娥一号"干涉成像光谱仪数据FeO反演初步结果［J］．科学通报，2010，（35）．

撰稿人：刘建忠　缪秉魁

空间遥感发展报告

一、引言

遥感技术是从人造卫星、飞机或其他飞行器上应用各种传感仪器，对远距离目标所辐射和反射的电磁波信息进行收集，处理并最后成像，从而对地面各种景物进行探测和识别的一种综合技术。遥感技术在气象、地球资源、海洋和灾害监测、军事侦察及天文观测等方面获得了广泛的应用，已成为人类认识自然，探索外层空间和扩展对宇宙和地球认识的不可缺少的手段。遥感技术包括光学遥感和微波遥感。

几十年来，我国光学遥感技术发展迅速，目前已经具备空间科学探测等各类有效载荷的设计、制造、试验和应用能力，载荷品类不断丰富，功能和性能不断提升。"十二五"期间，在高分重大专项的驱动下，我国有效载荷发展跨上新的台阶，遥感载荷进入亚米级分辨时代。

目前，国家启动了民用空间基础设施建设重大工程，对光学有效载荷的发展提出了更高的要求。民用空间基础设施是我国战略性新兴产业建设的一项重大工程，是支撑我国转变经济发展增长方式、拉动信息消费的基础设施，对支持实现全球利益拓展，支持"一带一路"战略实施意义重大。

空间微波遥感利用星载主、被动微波遥感器对地球或空间目标（包括天体和空间环境）进行探测与成像。根据其技术特点和应用重点，空间微波遥感可以分为以高分辨率成像为特征的微波遥感成像和以高精度定量测量为特征的微波遥感探测：微波成像主要是合成孔径雷达（SAR，Synthetic Aperture Radar），它可以获得与光学遥感相当的分辨率，目前最高分辨率已经达到 0.1 ~ 0.2m；微波探测包括被动微波遥感（即微波辐射计，包括微波探测仪和微波成像仪）和微波散射计（包括体散射和面散射）、雷达高度计等。另外，星载表面穿透雷达（SPR，Surface Penetrating Radar）、基于全球导航卫星（GNSS，Global

Navigation Satellite System）的大气和地表探测也被看作是特殊的微波遥感。

近年来，空间微波遥感技术的发展取得了新的突破和发展，并在各国对地观测和空间探测计划中发挥越来越重要的作用。在美国、欧洲空间局和日本为代表的对地观测技术先进国家和组织的现有和未来发展规划中，微波遥感技术都占有非常重要的地位。国际空间微波遥感总体上已经是根据科学和业务需求发展和应用相关的探测技术和有效载荷，全球变化、地球系统科学研究和空间科学成为空间微波遥感技术发展的主要推动力。

在我国高分辨率对地观测系统，以及大气、海洋、陆地和环境与灾害监测卫星组成的对地观测卫星系统中，微波遥感也是主要的信息获取手段之一。近几年来，特别是在"十二五"期间，我国空间微波遥感技术与应用发展取得了突破性的进展，特别是"海洋二号"卫星多种微波遥感探测有效载荷的发展和应用、"风云三号"多种微波遥感探测与成像有效载荷的发展和应用、"环境一号"C 星合成孔径雷达的发射和应用、在国际上首次实现的兼容 GPS 和北斗导航卫星的微波频段掩星探测的实现和大量有效数据的获取、地球静止轨道大气微波探测成像技术研究取得重要突破，标志我国空间微波遥感已经全面从技术突破走向应用，微波遥感技术的水平和能力已经开始接近和达到国际先进水平，并且在一些方向上从模仿跟踪走向自主创新和引领发展。另一方面，我国空间微波遥感、特别是空间微波遥感的应用与国际先进水平相比还有较大的差距，主要体现在先进有效载荷器件、材料等还大量依赖进口，有效载荷可靠性与国际先进水平相比还有一定差距；对数据处理、数据产品研发、应用模型研究的重视不够，数据应用水平低；定标和真实性检验方面的实质性投入不够，数据产品质量还有较大的提高空间。

本报告详细介绍了 2011—2015 年我国空间遥感载荷取得的进展，对国内外的发展情况进行了比较，分析了我国在遥感载荷方面的差距，并对空间遥感载荷的发展趋势进行了展望。

二、我国空间遥感的研究进展

（一）空间光学遥感

近年来，我国遥感卫星领域积累了一批拥有自主知识产权的核心技术，建成了研究、设计、试验和生产各类遥感卫星的基础能力，初步形成了"3 系列 +1 星座"遥感体系，即陆地资源、气象、海洋三大系列以及环境减灾小卫星星座，目前有 17 颗在轨运行（气象 8 颗、海洋 2 颗、环境 3 颗、资源 2 颗、高分 2 颗），广泛应用于国土资源调查、气候气象预报、城市发展规划、农业、林业、水利、环境监测与评价、灾害监测评估等多个领域，为国民经济发展提供了巨大支撑。

1. 陆地观测领域

（1）高分一号。

"高分一号"卫星是中国高分辨率对地观测系统重大专项的首发星。2013 年 4 月在酒泉卫星发射中心成功发射,目前在轨运行稳定,成像清晰。卫星装载2台2 m分辨率全色、8 m分辨率多光谱相机(简称高分相机)和4台16 m分辨率多光谱相机(简称宽幅相机)。卫星运行在645 km太阳同步轨道上。高分相机幅宽为70 km,宽幅相机幅宽为800 km,在单颗卫星上同时实现高分辨率和大幅宽成像,具备对全球4天重访能力。卫星具有多种空间分辨率、多种光谱分辨率和多源遥感数据特征,可满足不同用户的应用需求。

(2)高分二号。

"高分二号"卫星是高分辨率对地观测系统重大专项首批启动立项的重要项目之一,2014年成功发射。其载荷由我国最早从事空间技术研究的单位之一中国航天科技集团508所研制。"高分二号"是迄今中国研制的空间分辨率和寿命要求最高的民用遥感卫星,技术指标达到了国外新一代卫星水平,是目前我国分辨率最高的光学对地观测卫星,具有米级空间分辨率、高辐射精度、高定位精度和快速姿态机动能力。

"高分二号"卫星配置有2台相机组合而成的光学成像系统,具有全色/多光谱成像能力,实现高空间分辨率、多谱段对地观测。高分星下点像元分辨率全色0.81m/多光谱3.24m,幅宽45km;多光谱谱段4个,覆盖谱段为:0.45 ~ 0.9μm;地面目标定位精度50m(1σ)。

"高分二号"卫星投入使用后,与在轨运行的"高分一号"卫星相互配合,进一步完善我国高分专项建设,推动高分辨率卫星数据应用,为土地利用动态监测、矿产资源调查、城乡规划监测评价、交通路网规划、森林资源调查、荒漠化监测等行业和首都圈等区域应用提供服务支撑。

(3)"资源一号"02C星。

"资源一号"02C于2011年12月成功发射。这是我国自主研制的第一颗民用高分辨率遥感业务卫星。它具有高空间分辨率、宽覆盖、快重访等特点,搭载了2台2.36 m高分辨率相机和1台5m/10m全色多光谱相机,具有54km幅宽,能在3 ~ 5天内对全球任一地点重复观测,获取的数据能满足1:2.5万 ~ 1:10万国土资源调查监测要求。"资源一号"02C推进了国土资源遥感数据的国产化。

(4)"资源三号"卫星。

"资源三号"卫星是我国第一颗民用高分辨测绘卫星,于2012年1月成功发射。立体影像分辨率为3.6m,覆盖宽度60km,用于1:50000比例尺地图测绘,同时星上安装了一台2.1m分辨率相机,用于1:25000比例尺地图的修测。

"资源三号"扭转了我国民用航天立体测绘业务依赖国外遥感数据的局面,推动了地理信息产业发展,是我国测绘地理信息装备水平实质性飞跃的重要标志,对维护国家地理信息、空间信息安全具有里程碑的意义。

2. 大气探测领域

"风云三号"是我国自主研制的第二代极轨气象卫星,实现了全球、全天候定量遥感,对大气可进行立体观测,具有全球250m分辨率地表、环境监测能力,对台风等灾害性天气进行微波探测。

目前，在轨正常运行的"风云三号"的 A、B 星是试验卫星。2013 年 9 月我国在太原卫星发射中心成功发射"风云三号"气象卫星 C 星。C 星充分继承了 A 星和 B 星的成熟技术，搭载了 12 台遥感仪器，包括 10 通道可见红外扫描辐射计（星下点分辨率为 1.1km，扫描范围为 ±55.4°）、红外分光计、中分辨率成像光谱仪等载荷。"风云三号"的 C 星核心遥感仪器性能进一步提升，成为"风云三号"的首颗业务星（表 1）。

"风云三号"能够获取地球大气环境的三维、全球、全天候、定量、高精度资料。主要为天气预报，特别是中期数值天气预报，提供全球的温、湿、云、辐射等气象参数；研究全球环境变化，探索全球气候变化规律，并为气候诊断和预测提供所需的地球物理参数；为航空、航海等专业气象服务，提供全球及地区的气象信息。

表 1　"风云三号" C 星载主要光学探测仪器性能

探测仪器名称	性能参数	探测目的
可见光和红外扫描辐射计	用 10 通道可见光红外多用途成像，分辨率为 1.1km，扫描条带为 2800km	云图、植被、泥沙、卷云及云相态、雪、冰、地表温度、海表温度、水汽总量等
红外分光计	装有 26 通道红外辐射计（包括 1 个可见光通道），用于温度 / 湿度垂直探测，分辨率为 17km，扫描条带为 2250km	
中分辨率光谱成像仪	装有 20 通道辐射器（19 个窄带通道在可见光、近红外和短波红外，1 个宽带通道为热红外 10 ~ 12μm），4 个可见光 / 近红外和热红外通道分辨率为 250m，其他通道为 1km，扫描条带为 2800km	海洋水色、气溶胶、水汽总量、云特性、植被、地面特征、表面温度、冰雪等
太阳后向散射紫外探测仪	用于探测臭氧垂直廓线，其 12 个通道在 252 ~ 340nm，分辨率为 200km	O_3 的垂直分布

3. 海洋观测领域

中国的海洋遥感技术取得了实质性进展。我国于 2002 年 5 月发射了第一颗海洋水色卫星"海洋一号"A 星，成为继美国、日本、欧盟等之后第七个拥有自主海洋水色卫星的国家。2007 年，"海洋一号"B 星成功发射。"海洋一号"A/B 星各载有水色扫描仪和海岸带成像仪 2 台有效载荷。海岸带成像仪是中国首台专业海洋观测多光谱成像仪，其空间分辨率为 250m，幅宽为 500km，重量为 19kg。近年来，我国正积极开展海洋观测领域水色仪等的预研究。

（二）空间微波遥感

我国的空间微波遥感技术及应用近年来取得突破性的发展，从 2002 年我国首次在"神舟四号"飞船上搭载多模态微波遥感器进行雷达高度计、微波散射计和微波辐射计的综合技术试验，到 2006 年首次成功发射第一个星载合成孔径雷达，我国的星载微波遥感实现了全面突破。最近几年来，我国空间微波遥感已经从技术突破向全面应用，从跟踪模仿向自主创新，并在部分领域开始了引领前沿的发展和突破。

1. 对地观测

（1）气象卫星。

2008 年，我国新一代极轨气象卫星"风云三号"卫星 A 星发射，首次在面向业务应用的对地观测卫星上配置微波遥感有效载荷。微波成像仪、微波湿度计和微波温度计成功运行，实现了重大的技术和应用突破。2010 年"风云三号"B 星发射成功运行，标志着我国气象卫星微波探测和成像技术走向成熟。

在"风云三号"A 星和 B 星成功的基础上，2013 年发射的"风云三号"C 星实现了微波遥感探测有效载荷技术的重大突破，主要发展包括：微波湿度计在 A/B 星 150GHz 和 183GHz 2 个频率、5 个通道的基础上，增加 90GHz 和 118GHz 两个探测频率、15 个探测通道，探测功能也由原来的单一湿度探测扩展为温湿度同步探测，在国际上首次实现由一台微波遥感器同时实现温度和湿度探测功能。微波湿温探测仪也是国际上第一个在近地轨道卫星上搭载 118GHz 辐射计接收机的空间对地观测设备，不仅实现了探测功能的扩展，而且探测通道的细分使探测性能上有极大的提高；微波湿度计扫描角度范围（±53.35°）大于 NOAA 卫星的 AMSU-B（±48.95°），因此扫描刈幅宽度大于 AMSU-B，扫描成像点数为 98 个，也优于 AMSU-B 的 90 个，拓展了探测范围。从 2014 年 9 月 24 日开始，欧洲中期天气预报中心（ECMWF）开始在其业务预报模式中使用"风云三号"B 星微波湿度计资料，这标志着我国气象卫星的辐射测量精度和观测稳定性获得国际用户的认可。未来"风云"卫星将和欧洲、美国的气象卫星一同在气象卫星数据提供方面发挥主导作用。在对"风云三号"B 星微波湿度计资料进行了长期的跟踪和评价后，欧洲中期天气预报中心认为，"风云三号"B 星微波湿度计资料改进了模式对对流层中层和高层湿度场的分析，增强了卫星观测系统的强壮性。研究表明，观测数据质量非常可靠，对模式预报产生的影响已与欧洲或美国的同类仪器相当，这是我国卫星微波遥感技术发展的重大突破性标志。

微波温度计通道数从 4 个增加到 13 个，探测性能也有较大的提高。微波成像仪的数据获得很好的应用，所获得的数据产品获得多方面的应用。表 2 是"风云三号"卫星微波探测与成像有效载荷的主要技术指标。

表 2 "风云三号"C 星微波探测有效载荷通道配置

有效载荷	微波成像仪 MWRI	微波湿温探测仪 MWHTS	微波温度计 -II MWTS-II	GNSS 掩星探测仪 GNOS
频率范围（GHz）10.65~89 5	90, 118, 150, 183	50-57	L 波段	
通道数	10	15	13	16

"风云三号"C 星还首次搭载 GNSS 掩星探测仪 GNOS，这是我国首次开展星载大气掩星探测试验，也是国际上第一个能够兼容 GPS 和北斗导航卫星的 GNSS 掩星探测设备，大大提高了掩星探测的有效数据获取能力，掩星探测数据在气象预报、电离层监测和全球变化研究中提供了新的技术。

根据我国的气象卫星规划，我国未来还将发展双频（Ku、C 波段）海面风场测量雷达（微波散射计）和自主的全球降水卫星，其中双频微波散射计将大大提高风速和降水条件下海面风场的测量精度，自主全球降水卫星配置的载荷主要是微波遥感器，包括 Ku/Ka 双频降水雷达（DFPR）和新一代微波成像仪（频率 10 ~ 183GHz）。进一步，我国极轨气象卫星还将实现多星组网观测，进一步提高业务服务能力。

除极轨气象卫星外，静止轨道气象卫星微波星（"风云四号"微波星）也已经列入气象卫星发展规划，将在 2020 年前后发射。为了在 36000km 高度的地球静止轨道上实现大气微波探测，发展新的高分辨率探测成像技术是卫星发展和应用的关键。目前，我国分别在"863"计划和民用航天预先研究计划的支持下开展了干涉综合孔径体制和毫米波太赫兹真实孔径体制静止轨道大气微波探测仪的预先研究，并取得了重要进展。特别是干涉综合孔径成像技术研究，提出了圆环阵列扫描等新的技术，实现了 50km 分辨率探测能力，技术水平处于国际领先，为在国际上首先突破静止轨道气象卫星微波探测技术奠定了基础。

（2）海洋卫星。

2011 年 8 月 16 日，我国第一颗海洋动力环境卫星（HY-2）A 星成功发射，开启了我国海洋微波遥感的新纪元。

"海洋二号"卫星的主要有效载荷及其探测参数包括：双频雷达高度计：采用 Ku 和 C 双频工作，结合使用高精度定轨技术和校正处理技术，进行高精度海面高度测量，同时可测量海面有效波高和海面风速；校正辐射计：采用三频（18.7、23.8 和 37GHz）天底方向观测，对高度计信号传播路径的水汽延迟进行校正；微波散射计：采用 Ku 波段（13.256GHz）笔形波束扫描体制，用于海面风场（包括风速和风向的测量）；微波辐射计：通过 6.6 ~ 37GHz 频段多个频率通道的微波辐射计测量，利用天线波束的扫描实现海面成像，反演海面温度、风速和降水等信息。

通过 HY-2A 卫星的研制、发射和在轨运行与应用，取得了一系列重大的技术突破和应用成果。其中包括：

1）雷达高度计和校正辐射计数据产品精度达到国际先进水平，部分技术超过了国外卫星的技术水平。

HY-2A 卫星雷达高度计海面高度精度 6.2cm（包括仪器误差和定轨、姿态与处理误差等），有效波高精度 0.4m，风速精度优于 1.7m/s；校正辐射计大气路径延迟精度 14.3mm，水蒸气含量精度 1.7mm，液态水含量精度 0.04mm，数据产品已纳入业务运行。随着数据处理技术的改进，数据产品精度将进一步提高。

雷达高度计的主要技术创新和突破包括：在国内首次自主设计与研制星载高精度双频雷达高度计；在国际上首次将提高采样率和收发射频信号高隔离技术用于星载雷达高度计，回波信号质量优于国外同类设备；在国际上首次提出并实现重心跟踪和最大似然算法并行工作的海陆兼容跟踪器，实现海洋和陆地的连续稳定测量；在国际上首次提出和采用从实验室到在轨的连续一致有源定标技术，研制基于脉冲重建体制的高精度高度计有源定标器，定标精度1cm，在国际上处于领先水平。

校正辐射计主要技术创新和进步点有：在国际上首次提出并采用顺轨方向三波束直线排列观测；在国内首次实现星载非扫描微波辐射计热真空定标和对不同支路的准确定标，保证在轨定标准确度；在国际上首次采用紧凑双膜片正交模耦合器技术实现星上正交极化射频主备份隔离，实现电功能模块交叉冷备份；在国际上首次利用铰链技术实现高精度毫米波天线展开，简化了机构复杂度，展开精度优于0.1°。

"海洋二号"卫星雷达高度计和校正辐射计数据经过我国海洋卫星应用部门及法国国家空间中心（CNES）等国内外机构的验证和比较，数据质量达到同类卫星Jason-2的水平，回波信号优于国外卫星，具有进一步提高数据精度和质量的潜力。"海洋二号"卫星数据已经在法国多任务系统中获得应用，标志着我国海洋微波遥感技术水平实现了跨越式发展。

2）微波散射计获取的海面风场数据质量达到或接近国外同类卫星的水平。

"海洋二号"卫星微波散射计获取的数据经过国内外用户的处理和试验应用，海面风速精度优于2m/s，风向精度优于20°，数据质量达到或接近欧洲ASCAT的水平，在国际海面风场卫星观测系统中占有重要地位。

2015年6月，我国正式启动了"海洋二号"B星和C星的工程研制，其中B星有效载荷配置与A星相同，包括雷达高度计、校正辐射计、微波散射计和微波辐射计（成像仪），C星则包括雷达高度计、校正辐射计和微波散射计。B星采用太阳同步极轨、C星采用大倾角轨道，未来还将研制和发射另一个采用大倾角轨道的"海洋二号"D星，这些卫星将形成前所未有的高时间分辨率的全球观测能力和多时相的观测能力，我国海洋动力环境卫星微波遥感探测将处在国际领先水平。另外，在"海洋二号"卫星研发的基础上，我国正在论证新一代海洋动力环境卫星的发展，宽刈幅雷达高度计、综合孔径雷达高度计、双频微波散射计、全极化微波辐射计等新体制高性能微波遥感有效载荷将得到发展和应用，探测性能将得到突破性发展，我国空间微波遥感技术发展将达到新的水平。

此外，我国还和法国联合提出并合作研制中法海洋卫星（CFOSAT），利用多波束旋转扫描的真实孔径雷达海洋波谱仪（SWIM）和扇形波束扫描微波散射计（RFSCAT）进行海面波浪方向谱和海面风场的联合观测，开展波浪与风场相互作用的研究，为海洋和天气数值预报、海洋灾害预警监测等提供观测能力。CFOSAT的两个有效载荷都是全新体制的海洋微波遥感器，其中由法国提出并研制的SWIM是国际上首次开展海面波浪谱的遥感测量，中国提出并研制的RFSCAT则是在国际上首次采用扇形波束扫描体制，实现更多的风矢量单元后向散射观测角组合，提高海面风场的反演能力。CFOSAT 卫星及其有效载荷的提出，是我国海洋微波遥感技术发展的重要突破，标志我国开始根据海洋环境要素探测要求自主提出新的有效载荷方案。

（3）环境卫星。

"环境一号"卫星 C 星（HJ-1C 卫星）于 2012 年 2 月 3 日发射，是我国环境与灾害监测预报小卫星的 1 颗雷达卫星，也是我国第一颗民用合成孔径雷达（SAR）卫星和首颗 S 波段 SAR 卫星。HJ-1C 卫星使用 6m×2.8m 的可折叠式网状抛物面天线，天线在卫星入轨后展开。S 波段 SAR 具有条带和扫描两种工作模式，成像带宽度分别为 40km 和 100km。HJ-1C 的 SAR 雷达单视模式空间分辨率可到 5m，距离向四视时分辨率为 20m。HJ-1C 卫星的发射和运行，填补了我国在民用高分辨率的卫星成像遥感领域的空白，产生了重要的社会和经济效益。

2. 在国际上首次开展月球轨道器微波探测和巡视器雷达探测

在开展空间微波遥感对地观测技术的同时，我国还开展了微波遥感在空间探测中应用的技术研究。在国际首次提出在月球轨道器（绕月卫星）上利用微波辐射计进行全月微波探测。2007 年和 2010 年，在"嫦娥一号"和"嫦娥二号"绕月卫星上，都搭载了多波段微波探测仪（辐射计）。微波探测仪采用多频段（3.0、7.8、19.35 和 37GHz）微波辐射测量，利用不同频率微波在月壤中传播的衰减及其亮度温度的变化，探测月球表面及浅层次表层辐射特性，反演月壤厚度信息。利用返回的数据，开展了大量的数据分析和研究，构建了"微波月亮"模型，大大丰富了人类对月球的认识，其中在月球两极地区发现的低亮度温度异常区，与国外其他探测的结果进行了交叉验证。

2013 年，我国成功发射"嫦娥三号""嫦娥四号"月球探测器，实现在月球表面的软着陆。其中月球巡视探测器"玉兔"搭载一个双频段的测月雷达。测月雷达是一个利用超宽带电磁脉冲进行探测表面雷达，其科学目标是对月球次表层月壤和月岩进行探测，并试图发现月球早期火山喷发的痕迹。虽然由于"玉兔"的故障，测月雷达没能实现预定的探测任务，但雷达系统本身工作正常，表明我国在这类雷达的空间应用上取得了突破。

3. 在一系列微波遥感新理论、新方法和新技术的研究和发展方面，我国开始出现一批自主创新的新突破

随着国家实力和科技水平的提高，我国空间微波遥感开展了一系列新理论、新方法和新技术的研究，空间微波遥感技术的发展开始从跟踪模仿走向自主创新，并开始在通过提出新的科学和应用需求，在空间微波遥感及其应用的前沿引领方面取得了重要的突破，取得一系列具有创新意义的成果。其中典型的成果包括：

（1）地球静止轨道大气微波探测技术。

地球静止轨道可以实现对重点区域的连续不间断观测，地球静止轨道大气探测对于台风、暴雨等极端天气的预报、监测具有非常重要的意义。微波探测可以穿透云和降雨，获取云层和降雨内部的温度、湿度及液水、冰等宏微观信息，对于提高极端天气的预报水平

和灾害天气的预警监测能力可起到关键支持作用。但由于静止轨道高度 36000km，是通常低轨道卫星的 40 ~ 50 倍，要实现相同的空间分辨率，则相应天线口径电尺寸（几何尺寸与波长之比）增大 40 ~ 50 倍；另一方面，如此大口径天线的波束扫描也成为卫星工程实现的重大挑战。干涉综合孔径技术的发展为解决这一难题提供了可能，但已有干涉综合孔径方案所要求的天线与接收机单元数量又成为难于解决的技术难题。在"863"计划等项目的支持下，我国开展了静止轨道大气微波探测技术的研究，创造性地提出了阵列旋转实现基线与可视度函数采样覆盖的方案及其成像方法，大大减少了所要求的单元数据，在国际上首次成功研制了地球静止轨道大气微波探测仪（GIMS）全尺寸样机，并开展成像试验，为地球静止轨道微波探测的实现走出重要的一步，也得到国际同行的广泛认可。

（2）新型主被动低频微波海洋盐度与土壤湿度探测技术。

针对海洋盐度卫星遥感探测需求，我国开展主被动联合探测盐度计的研究。通过借鉴国际上 SMOS 和 Aquarius 两种不同体制海洋盐度微波遥感探测技术的优势和存在的问题，创造性地提出一种主被动公用反射面、被动微波稀疏阵列综合孔径成像和主动微波电扫相结合的新技术，即避免 SMOS 二维综合孔径单元数目多、成像复杂、图像亮温精度不易实现的困难，又避免了 Aquarius 固定波束观测存在的刈幅和分辨率的不足，为我国自主海洋盐度探测卫星的研发提供先进技术的准备和支持。目前基于这种新体制的海洋盐度探测卫星已经进入先期攻关阶段。

（3）新型星载雷达高度计技术。

合成孔径雷达高度计和宽刈幅雷达高度计是新一代卫星雷达高度计技术，其中合成孔径雷达高度计应用延迟多普勒技术，通过将沿航迹向的信号进行波束锐化以及校正处理，使其测高精度较之传统高度计提高了一倍，对海洋中尺度现象、高分辨率海洋重力场和海底地形的测量具有重要意义，是目前国际上测高精度最高的雷达高度计。宽刈幅雷达高度计通过双天线干涉测量获取海面高度信息，通过发展新的跟踪处理和定标技术，实现宽刈幅海面高度测量，是海洋动力环境测量的重大突破。

经过技术攻关，我国已经突破了综合孔径雷达高度计和宽刈幅干涉成像雷达高度计的关键技术，经过航空飞行试验，验证了系统关键技术和成像处理的关键技术，为我国新一代海洋动力环境卫星和海洋重力测绘卫星的发展奠定了基础。

（4）地球同步轨道合成孔径雷达技术。

地球同步轨道合成孔径雷达可以实现对重点区域的连续高分辨率监测，在环境遥感等方面具有重要应用前景。我国在该领域的研究从理论到技术实现的各个环节都开展了深入的研究，取得重要突破，整体技术水平已经处在国际前列，为地球同步轨道合成孔径雷达卫星的工程研制提供重要支持。

（5）新的大气、海洋和陆地环境要素微波遥感探测技术。

针对气象和海洋预报、全球变化、地球系统科学等对大气、海洋和陆地环境要素的探测需求，我国在微波遥感探测遥感新技术方面提出一系列新的发展方向，取得了重要的进展。这些研究已经和国际同类技术的发展处在相当的水平，部分技术方向甚至开始引领技术的发展。其主要包括太赫兹冰云探测仪、新一代大气微波综合探测仪、海面流场风场测量雷达、GNSS-R 在降雨和海洋测量方面的应用等。

全球变化和地球系统科学的研究，对空间微波遥感提出了新的技术需求和技术发展的驱动力。我国还针对现有观测和研究的问题，提出水循环关键要素综合观测等遥感技术和反演理论与方法的新的发展方向，并开展了相关的关键技术研究。

三、国际上空间遥感技术的最新进展

（一）国际上光学遥感技术的最新进展

1. 陆地观测领域

陆地资源卫星以陆地勘测为主。国外典型高分辨陆地勘测卫星包括美国 Worldview-3，法国 Pleiades 等。美国 Worldview-3 作为 Worldview 系列的第三颗卫星，已于 2014 年 8 月 15 日发射。Worldview-3 是第一颗多载荷、超光谱、高分辨率商业卫星，提供分辨率 0.31m 全色 /1.24m 多光谱 /3.7m 短波红外图像。平均重访时间小于 1 天，每天获取数据量达到 68 万平方千米，极大地增强了 DigitalGlobe 公司卫星星座获取数据的快速性和可靠性。法国 Pleiades 卫星是"光学雷达联合地球观测"（ORFEO）项目的组成部分，ORFEO 是一个法国航天局和意大利航天局联合开展的先进光学地球观测系统，该系统能满足欧洲用户的军民两用需求，包括地图绘制、火山监视、地球物理学与水文学研究、城市规划等。由 Pleiades-1A 和 Pleiades-1B 组成的 Pleiades 星座运行在同一个轨道上，相互相隔 180°。双星组网能提供对全球任何地点的每日重访能力，空间分辨率 0.5m 全色 /2m 多光谱，幅宽 20km。"Pleiades"的主要设计特点是系统静态传函设计为 0.09，以及 λF/p=1 的设计理念。

国外典型宽幅陆地勘测卫星包括美国 LandSat-8 和欧盟哨兵 -2A 等。美国早在 20 世纪 70 年代就开始了陆地卫星系列（Landsat 系列）中分辨率宽幅载荷的研究，经过几十年的发展，载荷性能得到大幅提升，2013 年发射的 Landsat-8 可见光载荷分辨率达到 15m，长波红外载荷分辨率达到 100m，幅宽 180km。2015 年 6 月，欧盟哨兵 -2A 成功发射。哨兵 -2A 卫星携带一台宽幅高分辨率多光谱成像仪，可以覆盖 13 个光谱波段，幅宽达 290km，可见光、近红外波段分辨率为 10m，短波红外谱段分辨率为 20m，大气校正谱段分辨率为 60m。

2. 大气探测领域

当前，美国极轨气象卫星在轨数量最多，达到 11 颗。欧洲为 3 颗。美国 NOAA 极轨气象卫星项目由国家海洋和大气管理局与美国航空航天局（NASA）共同开展，主要用于提供全球大气、海洋、地表、空间等环境监测信息。第五代"诺阿"卫星部分气象观测载荷参数如表 2。美国第 5 代 NOAA 先进甚高分辨率辐射计空间分辨率为 1.1km，幅宽为 2800 km，高分辨率红外辐射探测器 –4 空间分辨率为 18.9/20.3 km，幅宽为 1080 km。METOP 是欧洲的极轨气象卫星，与美国 NOAA 气象卫星系列一起组成双星运行的全球观测系统。

METOP 卫星系列共有 3 颗。气象业务 –A 卫星主要载荷先进甚高分辨率辐射计 –3、高分辨率红外辐射探测器 –4、先进微波探测仪、空间环境探测器与第五代"诺阿"卫星相同。另带有红外大气探测干涉仪（IASI）、先进风散射计（ASCAT）、全球臭氧监测试验设备等欧洲研制的遥感器。METOP 卫星其有效载荷数量多达 11 种。它们对提高数值天气预报质量和环境监测是很有意义的。中国在利用多种载荷对地球环境综合观测方面存在一定差距。红外大气探测干涉仪由傅立叶变换分光计和成像系统组成，幅宽为 1026km，光谱范围是 3.62 ~ 15.5μm（短波红外到热红外）。目前欧洲气象卫星组织已经开始着手准备下一代极轨卫星。

OCO 卫星是美国第一颗专门用于监测全球大气中二氧化碳含量的卫星。该卫星主要任务是绘制完整的大气二氧化碳循环地理分布图，为研究气候变化提供更多科学依据，并进一步了解人类在温室气体排放、导致全球气候变化方面产生的影响。OCO 携带三通道成像光栅光度计来精确测量近红外波段 CO_2 和 O_2 分子吸收带反射的太阳辐射。OCO 卫星对二氧化碳浓度的测量精度能够达到 1×10^6。

3. 海洋探测领域

从上世纪 60 年代世界各国就开始利用卫星进行海洋观测，截至目前，美国、欧洲、日本、加拿大、印度等国都先后发生了海洋观测卫星，海洋观测载荷技术已经进入日趋成熟的阶段。海洋观测类载荷典型代表主要是可见光 / 红外成像辐射仪（VIIRS）、PACE、中等分辨率成像光谱仪（MODIS）等。MODIS 工作谱段为 0.4 ~ 14μm，覆盖了可见光到长波红外。MODIS 谱段数为 36 个。

PACE 卫星是美国目前在论的新一代海洋探测卫星，拟于 2019 年发射。PACE 主要探测全球海洋水色、海洋大气气溶胶及海洋 – 气候间的相互作用特征，其科学目标和探测能力均超越以往的海洋水色探测卫星。美国 PACE 空间分辨率为 250m，扫描幅宽为 2200km，谱段数为 26 个。PACE 是目前最具代表性的海洋观测卫星，其设置有三个近紫外波段，主要用于大气校正、海洋有色要素探测及人类活动行为导致的异常现象（如溢油探测、赤潮等）。

4. 国内光学载荷差距

（1）空间分辨率低。

美国的 WorldView-3 卫星全色谱段达到了 0.31m 的超高分辨率，同时具备 8 个多光谱波段、8 个短波红外波段和 12 个 CAVIS 波段的高分辨率成像能力。法国的 Pleiades-1 卫星载荷 HiRI 采用长焦距（12.905m）与超分辨率焦平面技术提高空间分辨率，全色分辨率最高可达 0.5m。国内"高分二号"载荷的空间分辨率为全色 0.81m，多光谱 3.24m。为了提高重点区域的时间分辨率，国外积极发展静止轨道高分辨率载荷技术，法国 Astrium 公司的静止轨道高分辨率（HRGeo）项目，空间分辨率可以达到 3m，国内在研的静止轨道载荷空间分辨率仅为 20m，无法满足高空间分辨率观测需求。

（2）光谱分辨率低。

国外海洋和陆地彩色成像仪（OLCI）的可见近红外波段光谱分辨率最高达到 1.25nm，大部分谱段配置带宽 10nm，国内 HY-1A/B 的水色水温扫描仪光谱分辨率仅为 20nm，仅包含 8 个谱段，难以实现对二类水体或海洋精细要素的信息获取；国外大气探测光谱仪光谱分辨率可达 0.1nm，国内在轨载荷光谱分辨率最高为 2nm；国外光谱仪通道数最高可到 2300 以上（AIRS 有 2378 个通道），国内相似载荷通道数尚未突破 1500（IRAS 有 1370 个通道）。另外，国内在光谱分辨率、谱段数、谱段范围上难以满足高光谱城市观测、大气参数观测以及断裂带资源探测等的需求。

（3）探测灵敏度低。

载荷探测灵敏度受探测器影响较大，由于我国光学载荷使用的探测器大部分靠进口，受到种种限制，很难获得高等级、高质量的探测器件，造成光学载荷探测灵敏度与国外载荷相机有一定差距。国外海洋观测载荷的信噪比普遍为 1000 以上，国内在研载荷的信噪比约为 800；国外静止轨道气象卫星 MSG 上配备的 SEVIRI（旋转增强可见光和红外成像仪）红外载荷的 NETD 可达到 0.25K@300K，国内"风云二号"上的 S-VISSR（伸长可见光红外自旋扫描辐射计）的 NETD 为 0.5K@300K。国内载荷探测灵敏度与国外相比还有一定差距。

（4）载荷探测精度低。

国外测绘遥感载荷数据的无控定位精度已达到 ≤ ±3m，国内仅为 10 ~ 20m，在辐射精度方面，国外采用多种手段进行载荷光谱辐射复合交叉定标，已实现在轨可见光辐射精度 2%，光谱定标精度 1% 的能力，国内载荷的辐射精度设计值仅为 5%，光谱定标精度 3%，导致较大的辐射能量反演误差，而且，美国和欧洲正在着手建立空间可溯源至 SI 的辐射基准，谱段覆盖 320 ~ 2450nm，国内尚未开展空间辐射基准载荷相关技术的研究工作，在温室气体测量精度方面，国外为 1ppm，国内在研为 4ppm，在测高与测风精度方面，国外已达到 0.3m 测高精度与 3m/s 测风精度，国内在研载荷测高精度为 1m，测风精度 5m/s。

（5）国内载荷品质明显落后于国外同类载荷。

在主要性能指标相当的情况下，国内载荷在重量、体积、寿命、数据质量等品质方面同国外先进水平存在明显差距。分辨率同为全色 2.5m/ 多光谱 10m 的法国 ALSat-2 卫星光学载荷重量仅为 18.5kg，体积仅为 34cm×46cm×51cm，国内实践 9A 有效载荷重量为 60kg，体积为 78cm×40cm×45cm。由于载荷成像焦面及电子学系统集成度低，电路体积、质量、功耗为国外的数倍。在载荷寿命方面，国内低轨载荷设计寿命一般为 5 ~ 8 年，国际先进产品寿命大多超过 10 年。

（6）载荷功能单一，缺乏复合探测能力。

美国早期的 TIROS、NOAA、Landsat 系列卫星载荷便具备了大气、海洋与陆地等多目标要素的复合探测能力，目前，国外在轨的 MODIS、GOCI 等载荷，在研的 GEO-Oculus、GEO-CAPE 等载荷具备了全球综合观测能力，能够满足植被、冰雪覆盖、陆海灾害、海岸带环境、海洋水色、海表温度、大气温/湿度、大气成分等目标要素的复合探测需求。国内的 FY 系列卫星虽然能够实现海洋水温水色与气象环境的复合探测，但在对多目标要素的探测需求指标分析以及载荷的一体化设计与研制技术等方面还有待增强。

（7）天地一体化设计有待加强。

国外无论在高分辨率载荷系统优化设计还是在卫星星座应用方面，均采用天地一体化优化设计。长期以来，我国有效载荷在设计和研制过程中，存在片面追求载荷指标先进性、忽视遥感系统整体应用效果的问题，导致图像质量稳定性、定量化水平满足还不能完全满足应用需求，很多数据还要靠国外卫星提供。

（8）新型载荷技术研究不足且缺乏验证。

在压缩感知成像技术、量子成像技术、光学综合孔径技术等新技术方面，国外已经开展了大量的研究，并取得了丰富的研究成果，研制了原理样机，国内相关技术仅开展了理论研究与实验室原理验证，技术成熟度不高。

（二）国际上微波遥感技术的最新进展

国际上空间微波遥感技术的发展从 20 世纪 60 年代起步开展一系列探测试验与验证，70 年代开始成为气象和海洋卫星的重要有效载荷并在空间探测中获得应用，80 年代开始在气象和海洋预报中进行应用试验，90 年代在地球系统科学和全球变化研究中重视。进入 21 世纪，空间微波遥感，特别是微波遥感定量处理、分析在业务系统和科学研究中发挥关键作用，最近 10 多年来，空间微波遥感成为气象、海洋等业务预报系统的重要数据来源，全球变化和地球系统科学研究成为空间微波遥感发展的主要驱动力。最近几年，国际上空间微波遥感及其应用发展主要在以下几个方面：

1. 高精度、高质量的空间微波遥感成为气象和海洋数值预报、灾害预警监测的重要数据来源

从 1962 年苏联首次利用微波辐射计开展空间微波探测，1972 年美国气象卫星"雨云5 号"首次将微波辐射计作为主要有效载荷开展有云区域大气温度探测，微波遥感成为气象卫星的重要手段。

以美国国家大气海洋局（NOAA）的极轨气象卫星 POES 系列、军事气象卫星 DMSP 系列、欧洲气象卫星组织（EUMETSAT）的 METOP 系列卫星为代表，微波遥感器是主要的探测手段。微波遥感在气象观测中的应用主要包括：利用水汽吸收频率（22.235GHz，183GHz 等）探测大气水汽通量、水汽垂直廓线等；利用氧气吸收廓线（50 ~ 60GHz，118GHz 等）进行大气温度垂直廓线的探测；利用大气窗口频率进行地表温度、湿度、降水、云水、云冰等的探测。这些定量化的探测数据，可以直接植入数值预报的数据同化系统，对于提高模型的精度发挥重要作用。

2011 年，美国新一代极轨气象卫星 JPSS（联合极轨卫星系统）的先导性 NPP 发射，其主要有效载荷之一先进技术微波探测仪（ATMS）成功开展试验和应用，相比于 JPSS 前身的 NOAA 极轨环境业务卫星 NPOES 的微波探测载荷——AMSU（A 和 B），ATMS 提供了 22 个通道用来同时测量大气的温、湿度廓线，它综合了 AMSU-A 和 AMSU-B 的通道外还有 3 个额外的通道：51.76GHz、183±4.5GHz 和 183±1.8GHz。另外，AMSU-A 和 AMSU-B 中的 89GHz 通道和 150GHz 通道被分别换成 88.2GHz 和 165.5GHz。ATMS 的天底足印为 50km，通过垂直飞行方向的交轨扫描可以实现 2300km 观测刈副，从而可以实现全球 1 日全覆盖。ATMS 利用 MMIC 电路技术和其他技术改进减小了 50% 的重量和功耗，有效载荷的能力有很大的提高。2015 年，还将进行 JPSS-1 卫星的发射。表 3 是 ATMS 的主要技术指标。2014 年，美国还发射了其军事气象卫星的第 19 星（DMSP-19）。从 2005 年发射的 DMSP-16 开始，DMSP 的特殊微波成像探测仪（SSMIS）综合和以前三个微波传感器 SSM/I、SSM/T1 和 SSM/T2 的能力，通过圆锥扫描以固定的入射角对大气和地表的微波辐射进行探测，并利用探测数据反演大气和地表信息。表 4 给出了 SSMIS 的主要通道配置和指标。

表 3　ATMS 主要指标（灰色是新增通道）

通道	频率（GHz）	带宽（MHz）	定标精度（K）	灵敏度（K）	3dB 波束宽度（deg）	跟 AMSU 对比
1	23800	270	0.83	0.5	5.2	AMSU-A
2	31400	180	0.83	0.4	5.2	AMSU-A
3	50300	180	0.47	0.7	2.2	AMSU-A
4	51700	400	0.47	0.5	2.2	
5	52800	400	0.47	0.5	2.2	AMSU-A
6	53596±115	170	0.47	0.5	2.2	AMSU-A
7	54400	410	0.47	0.5	2.2	AMSU-A
8	54940	410	0.47	0.5	2.2	AMSU-A
9	55500	350	0.47	0.5	2.2	AMSU-A
10	f0=57290.344	350	0.47	0.75	2.2	AMSU-A
11	f0±217	78	0.47	1.0	2.2	AMSU-A
12	f0±322.2±48	34	0.47	1.0	2.2	AMSU-A
13	f0±322.2±22	14	0.47	1.5	2.2	AMSU-A
14	f0±322.2±10	8	0.47	2.2	2.2	AMSU-A
15	f0±322.2±4.5	3	0.47	3.4	2.2	AMSU-A
16	88200	2000	0.95	0.3	2.2	
17	165500	3000	0.95	0.4	1.1	
18	183310±7000	2000	0.95	0.8	1.1	AMSU-B
19	183310±4500	2000	0.95	0.8	1.1	
20	183310±3000	1000	0.95	0.8	1.1	AMSU-B
21	183310±1800	1000	0.95	0.8	1.1	
22	183310±1000	500	0.95	0.9	1.1	AMSU-B

表 4　SSMIS 的主要指标

通道	频率（GHz）	极化	顺轨分辨率（km）	交轨分辨率（km）	空间采样间隔（km）	辐射灵敏度（K）
1	19.35	水平	73	47	45x74	0.35
2	19.35	垂直	73	47	45x74	0.35
3	22.235	垂直	73	47	45x74	0.45
4	37.0	水平	41	31	28x45	0.22
5	37.0	垂直	41	31	28x45	0.22
6	50.3	水平	17.6	27.3	37.5	0.34
7	52.8	水平	17.6	27.3	37.5	0.32
8	53.596	水平	17.6	27.3	37.5	0.33
9	54.4	水平	17.6	27.3	37.5	0.33
10	55.5	水平	17.6	27.3	37.5	0.34
11	57.29	右旋圆	17.6	27.3	37.5	0.41
12	59.4	右旋圆	17.6	27.3	37.5	0.40
13	63.283248 +/- 0.285271	右旋圆	17.6	27.3	75	2.7
14	60.792668 +/- 0.357892	右旋圆	17.6	27.3	75	2.7
15	60.792668 +/- 0.357892 +/- 0.002	右旋圆	17.6	27.3	75	1.9
16	60.792668 +/- 0.357892 +/- 0.0055	右旋圆	17.6	27.3	75	1.3
17	60.792668 +/- 0.357892 +/- 0.016	右旋圆	17.6	27.3	75	0.8
18	60.792668 +/- 0.357892 +/- 0.050	右旋圆	17.6	27.3	75	0.9
19	91.665	水平	14	13	13x16	0.19
20	91.665	垂直	14	13	13x16	0.19
21	150	水平	14	13	13x16	0.53
22	183.311 +- 1	水平	14	13	13x16	0.38
23	183.311 +- 3	水平	14	13	13x16	0.39
24	183.311 +- 6.6	水平	14	13	13x16	0.56

欧洲气象卫星组织（EUMETSAT）的 METOP 气象业务系列卫星中，微波遥感是服务数值天气预报的关键有效载荷，包括两个被动微波遥感器：先进微波探测单元（AMSU-A）和微波湿度计（MHS），一个主动微波遥感器：先进微波散射计（ASCAT）。其中 AMSU 频率覆盖 23 ~ 90GHz，MHS 频率覆盖 89 ~ 190GHz，采用交轨方向扫描，分别实现大气温度、湿度廓线探测和水汽总量、降水及云水、云冰等气象要素的探测，ASCAT则是一个 6 波束的微波散射计用于海面风场（包括风速和风向）的探测，这些探测数据已经成为欧洲中期气象预报中心（ECMWF）的关键同化数据，用于支持高精度的天气预报。目前 EMUETSAT 和欧空局正在论证 METOP 卫星后续发展计划，所提出的 METOP 二代卫

星（METOP-SG）卫星计划中，除 ASCAT 将增加交叉极化测量能力外，还将增加微波成像仪和冰云探测仪，探测频率将达到 600GHz 以上，大大提高其探测能力。

在海洋遥感方面，利用微波成像仪（微波辐射计）进行海面温度、海面风场、海面盐度、海冰极冰等的探测，利用微波散射计进行海面风场的探测，利用雷达高度计进行海面高度、海面浪高等海洋动力环境要素的探测，在海洋环境和天气预报等发挥着关键的应用。

2. 全球变化和地球系统科学研究成为空间微波遥感技术发展的主要驱动力

全球变化、人类活动的影响和对人类的影响，是当今世界面临的重大挑战，卫星遥感能够提供对于全球变化敏感因子和指征要素的观测，成为卫星对地观测技术的重要应用需求和技术发展的主要驱动因素之一。微波遥感能够进行大气、海洋、陆地上环境要素的探测，在全球变化和地球系统科学研究的信息获取中发挥着关键作用。微波遥感在全球变化敏感因子和地球系统关键要素观测中的主要应用需求包括：

（1）土壤湿度和海洋盐度观测。

土壤湿度是重要的气候变化因子，同时也是影响农业生产和粮食安全的关键环境要素。微波遥感，特别是低频（L 波段或更低频段）微波，对表面粗糙度敏感度低、具有穿透表面植被等覆盖的能力，是土壤湿度观测的有效手段。但对于土壤湿度的观测和反演，由于表面状态具有空间变化的特点，进行精确反演提出的空间分辨率要求，对于低频微波提出了重大的挑战，例如 600km 低轨道（LEO）卫星在 L 波段实现 50km 的分辨率，需要 6m 以上的天线并需要通过波束扫描（数字或机械）进行成像，对于天线和卫星都提出很大的挑战，也成为技术发展的重要驱动。

海洋盐度及其与之相关的全球温盐环流，是影响全球尺度能量循环和气候变化的关键因子。L、P 等低频频段具有对海水盐度敏感的辐射特征，是海洋盐度卫星遥感观测的首要手段。海洋盐度的卫星遥感，一方面需要解决低频微波的分辨率需求，另一方面，海洋盐度的反演对于测量的辐射精度提出了很高的精度需求，例如 0.1psu（psu，海洋盐度单位）的盐度精度要求对于亮度温度精度的测量要求为 0.1K，为了实现这样的观测精度需求，提出了接收机高精度温度控制（精度 0.1K 量级），这些都成为微波遥感技术发展的重要方向。

土壤湿度和海洋盐度遥感是国际空间微波遥感发展的热点。2009 年欧空局发射的土壤湿度和海洋盐度卫星（SMOS）采用干涉综合孔径技术，利用小口径天线组阵干涉测量，获取空间频率域可视度函数（Visibility Function）采样测量，通过傅立叶变换得到地、海面亮度温度分布。SMOS 在国际上首次实现了全局土壤湿度的测量和海洋盐度的测量。2011 年，美国和阿根廷联合研制的宝瓶座卫星（Aquarius），利用多频段微波辐射计开展全球海面盐度的探测。Aquarius 是一个 L 波段的微波辐射计，用于海面盐度的观测和反演；同时 Aquarius 卫星还搭载了一个双频（23.8 和 36.5GHz）的微波辐射计（WVR），用于提供大气和海面校正信息，提高盐度反演的精度。Aquarius 卫星采用三个波束推扫的方式，进行海面亮度温度和散射系数的测量和盐度反演，由于天线尺寸的限制，其分辨率为

100 ~ 160km，但由于采用一系列技术创新，其亮度温度精度可以达到0.1 ~ 0.2K，实现了辐射测量精度的重大突破。2015年，美国还将发射主被动土壤湿度探测卫星（SMAP），采用6m大口径天线机械扫描，进行L波段辐射和散射测量，实现高分辨率（被动优于40km，主动优于10km）测量，进行全球土壤湿度的反演。

（2）海面高度和海面温度观测。

全球变暖引起的冰雪融化和海水体积膨胀引起海面高度的变化，海面高度是重要的全球变化因子。海面高度和海面温度的变化也是厄尔尼诺和拉尼娜等影响全球和区域气候变化的重要指征。利用星载雷达高度计和微波辐射计进行海面高度和海面温度测量是全球变化研究的重要信息获取手段。长期稳定的连续观测是海面高度变化的基本要求，精度和长期稳定性及定标要求是测量的基本需求，从2008年发射以来，Jason-2雷达高度计卫星已经稳定运行超过6年。精度的进一步提高是雷达高度计技术发展的方向，利用综合孔径技术提高数据率和海面高度的估计精度，海面高度测量精度可从目前4cm提高到1 ~ 2cm（仪器精度），测高精度的提高为其在全球变化中的应用提供更好的支持。

传统的高度计所测量只能是星下轨迹上的海面高度，全球覆盖和网格完全依赖于轨道设计，测量效率低，不能满足对快变现象的观测。另外，针对海岸带和内陆水体，传统高度计由于波束分辨率的限制，无法获得有效的观测数据。为了实现高分辨率快速测量，基于综合孔径成像和干涉测高技术，通过发展新的高度定标和估计算法，提出了宽刈幅高度计的概念。基于这种新的概念，美国NASA的地表水与海洋测高（SWOT）计划得到批准，开始进行有效载荷和卫星关键技术的研究，计划将在2020年前后发射。

（3）降水和云的观测。

降水是重要的气象要素，同时降水量、降水模式及其时空变化特征也是全球变化的重要因子。由于微波可以穿透降雨获得降雨内部及整个降雨层的辐射和散射信息，利用微波雷达和微波辐射计进行全球降水的观测和反演提供一种直接的物理探测和基于物理的反演能力，探测和反演的精度大大提高。利用微波辐射测量反演降水主要通过测量由于降水对微波的散射和衰减作用引起亮度温度的变化，通过多频段微波辐射测量进行反演，美国DMSP卫星的SSMIS等载荷都提供了这种能力。利用雷达通过测量降水的散射，不仅能够测量降水的分布，还能提供降水的三维结构，对于研究和理解全球变化的规律和影响具有重要意义。1997年发射的美国和日本联合研制的热带降水卫星计划（TRMM）是国际第一星载降水雷达，并配合一个多频段微波辐射计开展全球降水观测。2014年，作为TRMM的后续和加强，美国和日本联合研制的全球降水卫星（GPM）成功发射。与TRMM相比，GPM的降水雷达在TRMM的Ku波段基础上增加了Ka波段，增强了小雨和降雪的测量能力。其微波辐射成像仪（GMI）相对于TRMM的微波成像仪（TMI）增加了新的大气水汽探测频率，并通过频率配置提高了其抗射频干扰（RFI）的能力，为降水反演的精度进一步提高提供了条件。表5和表6分别是GPM降水雷达（PR）和微波成像仪（GMI）的主要技术指标。

表5　双频降水雷达（DPR）的主要技术指标

指标	KuPR	KaPR
刈幅宽度（km）	245	120
距离分辨率（m）	250	250/500
空间分辨率（km）	5（星下）	5（星下）
波束宽度（度）	0.71	0.71
发射机	128 单元固放	128 单元固放
峰值发射功率（W）	1013	146
脉冲重复频率（Hz）	4100~4400	4100~4400
脉冲宽度（μs）	双 1.667	双 1.667/ 双 3.334
波位数	49	49（25 匹配波束 +24 交替扫描）

表6　微波成像仪（GMI）主要技术指标

通道	中心频率（GHz）	带宽（MHz）	极化	积分时间（ms）	辐射精度（K）	3dB 波束宽度（°）
1	10.65	100	V	9.7	0.96	1.732
2	10.65	100	H	9.7	0.96	1.732
3	18.70	200	V	5.3	0.84	0.977
4	18.70	200	H	5.3	0.84	0.977
5	23.80	400	V	5.0	1.05	0.862
6	36.50	1000	V	5.0	0.65	0.843
7	36.50	1000	H	5.0	0.65	0.843
8	89.00	6000	V	2.2	0.57	0.390
9	89.00	6000	H	2.2	0.57	0.390
10	165.5	4000	V	3.6	1.5	0.396
11	165.5	4000	H	3.6	1.5	0.396
12	183.31 ± 3	2000	V	3.6	1.5	0.361
13	183.31 ± 7	2000	V	3.6	1.5	0.361

　　2012 年，日本发射的全球变化卫星——水主题卫星（GCOM-W1），其主要有效载荷是一个 6 频段（频率覆盖范围 7 ~ 89GHz）的微波辐射成像仪 AMSR2。其天线口径超过 1.8m 是分辨率最高的微波辐射成像仪，主要用于进行降水、土壤湿度等的观测和反演。

　　云的宏微观特征及其变化是重要的气象要素，也是地球系统能量循环的重要参数。利用毫米波 / 太赫兹频段云粒子的散射和辐射特性进行探测是微波遥感在大气探测中的重要应用方向。由于构成云的水汽凝结粒子的尺度很小，毫米波和太赫兹频段是进行这种观测的主要频率。短毫米波波段（90GHz 及以上）的大功率放大器和低噪声接收技术的使得星载毫米波云剖面测量雷达（CPR）和太赫兹冰云探测仪的发展成为可能。继 2006 年美国发射国际上第一个 94GHz 毫米波测云雷达卫星（Cloudsat）至今正常运行，欧空局和日本也联合提出了关照地球（EARTHCARE）计划，毫米波测云雷达仍然是主要的探测载荷。另外，欧洲气象卫星组织在下一代气象卫星 EPS-SG 计划中提出发展太赫兹

（183～664GHz，11通道）辐射计进行冰云的成像观测。

（4）冰雪与冻融观测。

冰雪的分布、雪水当量及其时间变化是全球变化的重要指征和影响因子。微波探测与成像不仅能够获得冰雪覆盖的信息，同时由于微波的穿透作用，可以通过对冰雪体散射和面散射作用对散射系数和辐射亮度温度的测量，反演冰雪的物理特征和水当量。

基于对微波散射和辐射特征的研究，在欧空局对地观测候选项目中，高分辨率冰雪测量计划（COREH2O）提出一种利用X和Ku波段双频散射测量反演雪水当量的设想，虽然这个计划最终未能入选实施，但其提出的探测概念和所开展的一系列论证分析与验证实验为其他对地观测卫星提供重要的依据和参考（表7）。

表7　COREH2O 双频雷达主要指标

参数	Ku 波段雷达	X 波段雷达
频率	17.2 GHz	9.6 GHz
极化	VV，VH	
刈幅宽度和入射角	≥ 100 km；30°～45°	
空间分辨率	≤ 50 m×50 m（≥ 4 ENL）	
辐射灵敏度	≤ −25dB VH	≤ −27dB VH
辐射精度／偏差	≤ 0.5 dB／≤ 1.0 dB	
天线	多波束馈源阵＋反射面	
峰值功率	1.2 kW/1.8 kW	1.8 kW；3.5 kW
扫描波束数	6	6

另外，雷达高度计通过采用交轨方向上的干涉测量，可以获得表面斜率和高度信息，用于地面冰厚的测量。欧空局在2010年发射的冰卫星（Cryosat）取得了巨大的成功，获得大量重要的数据。

此外，由于微波散射与辐射对介电常数变化的敏感性和地表冻融过程中由于水的相态变化引起的介电常数的变化，利用微波辐射和散射测量，可以对地表冻融过程进行精确的测量，合成孔径雷达、微波辐射计和散射计都具有这方面应用的潜力，而美国2015年发射的SMAP卫星将是国际上第一个可以快速提供全球范围千米量级尺度地表冻融变化观测能力的卫星。

（5）植被与生物量观测。

植被及其生物量地球系统生态变化和物质循环（碳循环）的重要参数。微波波段能够穿透植被表层，获得森林、植被内部的散射信息，提高生物量测量和估计的精度。2013年，经过遴选，欧空局批准了生物量观测计划（BIOMASS）。BIOMASS将利用P波段合成孔径雷达，进行全球森林生物量及其年度变化的测量。

（6）大气化学成分观测。

大气化学成分的变化是地球大气环境和气候变化的重要指征，利用微波（包括毫米波、太赫兹）波段大气气体分子转动和振动能级变化所对应的特征辐射谱，可以进行大气成分及其空间分布和时间变化的观测和研究，为研究大气的变化、大气中物质和能量的循环过程具有重要意义。

由于大气分子辐射特征谱的特性同时受到大气温度、气压等因素的影响，以及大气中气体分子浓度较小，大气化学成分的卫星遥感探测通常针对大气稀薄的中高层大气，而具有较高垂直分辨率的临边探测是主要的探测手段。微波临边探测进一步向着更高灵敏度、更高谱分辨率的方向发展，2011 年日本在国际空间站上首次实现了基于超导接收机的 JEM/SMILES 临边探测仪观测，标志着临边探测的重大进展。

3. 空间探测与空间科学研究引领空间微波遥感技术前沿技术发展

空间探测是现代科学的重要前沿方向，微波遥感也是空间探测与空间科学研究的重要手段。微波遥感在空间探测中的应用方向主要包括：

（1）行星与月球表面特征的微波散射与辐射探测与成像。

微波遥感所具有的全天时观测和穿透云雾的探测能力，使其能够在行星和月球探测中发挥重要作用。2007 年日本发射的 SELENE 绕月卫星利用月球探测雷达（LRS）开展月表此表层特征的在轨探测；2008 年印度发射的 Chandrayaan 绕月卫星则搭载了一个美国研制的 S 波段小型 SAR（Mini-SAR）进行月表微波成像测量。

（2）行星大气的微波探测。

与对地球大气的探测类似，微波遥感也能够在行星大气探测中发挥重要作用。美国 NASA 和日本 JAXA 都提出了利用微波、毫米波进行火星、金星、木星大气探测的设想。2014 年，欧空局批准了其"2015—2025 年宇宙远景"（ESA Cosmic Vision 2015-2025）规划中的第一个大型项目木星冰卫星探测计划（JUICE），其中亚毫米波探测仪（SWI, Sub-millimeter Wave Instrument）是其主要有效载荷之一。这个仪器将利用太赫兹频段的辐射测量对木星大气温度、成分及其动力学过程进行探测，并将开展木星卫星大气层逸散层及其表面特性的观测。这也将是人类第一次利用太赫兹频段进行行星大气的精细观测。

（3）宇宙背景微波辐射探测。

微波背景辐射（Cosmic Microwave Background，CMB）是宇宙形成与演化过程的重要信息，对微波辐射背景的探测是研究宇宙演化的重要手段。不同频率的射电辐射表征了宇宙演化中不同时期、不同阶段和不同过程的信息。CMB 的探测是空间天文和与宇宙学研究的重要方向和热点，同时也是微波遥感探测技术发展的重要技术驱动。

欧空局于 2009 年发射的 Herschel 和 Plank 卫星，分别采用不同频段的电磁波进行宇宙背景辐射的探测。其中 Herschel 卫星的远红外外差探测仪（HIFI）采用超导和热敏检测接收机进行高灵敏度的辐射测量；Plank 则在 27 ~ 77GHz 和 83GHz ~ 1THz 的频段上进行多波段全天区的成像探测，探索宇宙微波背景辐射的不均匀性和极化特征。在

2009—2013 年的全功能工作寿命期内，Herschel 和 Plank 卫星获得了大量的科学数据，推进了人类对宇宙起源和演化的研究和认识。

（4）太阳与日地空间环境的微波和无线电探测。

空间环境和空间天气对于空间飞行器、气候变化乃至人们的日常生活都有巨大的影响，太阳的活动（包括物质和能量的发射及其变化）是影响日地空间和地球空间环境的最重要的因素。微波遥感（包括无线电射频遥感）能够对太阳及其抛射物质（CME）的辐射进行探测，为空间环境和空间天气的研究、监测、预报提供重要的探测信息。

4. 空间微波遥感在未来的对地观测和空间探测任务中发挥关键作用

在美国、欧洲和日本未来的地球观测和空间探测规划中，微波遥感将继续发挥重要的作用。

美国国家科学院 2007 年发布其第一个针对地球空间科学的任务规划"Earth Science and Applications from Space: National Imperatives for the Next Decade and Beyond"，所提出的 18 个建议项目中，微波遥感作为主要或重要探测手段的卫星计划超过一半（10 个）。主要的项目和提出的空间微波遥感探测技术需求包括：

（1）SMAP：利用 L 波段微波辐射计和散射计进行土壤湿度、地表冻融等的探测；关键技术是大口径天线及其扫描、高分辨率成像等。

（2）DESD：利用 L 波段干涉雷达进行地表和冰盖位移变化的探测；关键技术是 L 波段高精度成像和干涉。

（3）SWOT：利用 Ku 或 Ka 波段宽刈幅雷达高度计进行陆地水体及海面高度的探测；关键技术是高精度雷达测高。

（4）PATH：在地球静止轨道上利用微波阵列谱仪进行全天候的大气温湿度和海面温度探测；关键技术是静止轨道微波高分辨率成像探测技术。

（5）SCLP：利用多波段雷达和微波辐射计进行雪水当量及淡水资源的探测；关键技术是高精度测量与兼顾宽刈幅与高分辨率的成像探测实现。

（6）GACM：利用紫外、红外成像光谱仪和微波临边探测仪进行大气中臭氧及相关气体分布及运动的探测；关键技术是高精度、高频率分辨率微波临边探测仪。

（7）GPSRO：利用 GPS 掩星大气温湿度和电离层的探测。

（8）XOSWV：利用高分辨率双频微波散射计进行全天候高分辨海面风场探测。

在美国的气象卫星计划中，微波探测仪、微波成像仪是重要的有效载荷。

在 ESA 的地球探测科学计划（Earth Explorer）中，已经遴选实施的 7 个卫星计划中，有 4 个是以微波遥感作为唯一或主要的探测有效载荷：

（1）SMOS：利用 L 波段干涉综合孔径微波辐射计进行土壤湿度和海洋盐度探测（2009 年已经发射）。

（2）CRYOSAT：利用干涉雷达高度计进行冰厚度探测（2010 年已经发射）。

（3）EARTHCARE：利用 W 波段云剖面雷达进行云三维结构的探测（计划 2016 年发射）。

（4）BIOMASS：利用 P 波段雷达进行全球植被生物量分布与变化的探测（计划 2020—2022 年发射）。

在 ESA 的地球观测业务卫星"前哨（Sentinel）"计划的 6 颗系列卫星中，微波遥感为主要或唯一有效载荷的卫星有 3 颗：

（1）SENTINEL-1：利用 C 波段合成孔径雷达进行海洋、冰和陆地的高分辨率成像观测。

（2）SENTINEL-3：雷达高度计作为三个有效载荷之一进行海洋动力环境要素和陆地冰盖的观测。

（3）SENTINEL-6：利用雷达高度计进行海面高度的高精度观测，用于全球变化和气候研究。

欧洲气象卫星组织（EUMETSAT）提出的未来发展规划的 3 颗极轨卫星中，有 2 颗将以微波遥感作为主要或唯一的有效载荷，微波遥感将发挥越来越重要的作用：

（1）EPS-SG：作为 EUMETSAT 提出的现有极轨气象卫星 METOP 系列的后续卫星，其微波遥感有效载荷得到进一步的提升。现有的 AMSU-A 和 MHS 微波探测载荷将整合为 MWS 载荷，进一步提升多频探测能力；现有微波散射计 ASCAT 将增加交叉极化的探测能力，提高风场反演精度和高风速条件下的探测能力；同时将增加微波成像仪 MWI 和冰云成像仪 ICI，分别进行 18.7 ~ 183GHz 和 183 ~ 664GHz 的圆锥扫描成像探测。

（2）JASON-3：作为现有 JASON-2 的延续，JASON-3 将继续利用雷达高度计进行海面高度、有效波高和海面风速的探测用于全球变化研究，同时利用多频微波辐射计 JMR 提供大气延迟校正支持。

在日本的对地观测计划中，利用微波雷达和多频微波辐射计进行土壤湿度、海面温度、海面风场、大气降水等观测 GPM、GCOM-W 和主要用于陆地成像观测的 ALOS 卫星系列中，微波散射计、微波辐射计和合成孔径雷达是主要的观测手段。

根据上面的分析，微波遥感在未来国际对地观测计划中将继续发挥关键作用，特别是其所能提供的高精度的定量化观测数据，无论在气象和海洋数值预报，还是在全球变化和地球系统科学的研究中，都能够直接在模式中进行应用，为业务应用和科学研究提供关键的基础性的支持。

另外，在未来的空间探测中，空间微波遥感技术还将继续在宇宙背景辐射、行星表面与大气探测，以及空间环境的探测中发挥重要作用。

四、空间遥感发展趋势及展望

（一）空间光学遥感发展趋势及展望

1. 探测手段不断丰富，探测要素越来越全面

在探测谱段上，从紫外、可见光到长波红外；在探测谱段上，从全色、多光谱到高光

谱发展，从被动成像到激光主动成像发展。由于光谱成像技术既可以实现物体的几何影像识别，又可以实现物体的物化属性探测，在资源调查、环境监测、精准农业等领域具有很高的应用价值，已经成为国内外的研究热点。高光谱探测技术已发展到热红外谱段，可用于矿物成分、土壤含沙量、含盐量等的定量化探测。激光主动成像技术具备三维探测与定位能力，不受光照条件制约，可以充分反映目标的几何信息，并提取出目标的三维空间信息。国外已经将激光技术应用于大气温室气体、大气风场探测。此外，为了突破传统光学成像手段对载荷指标的限制，国外新型载荷技术手段不断涌现，量子成像、太赫兹成像、计算成像等技术发展迅速。

2. 载荷系列化发展，注重继承性与连续性

国外典型的遥感卫星保持系列化发展态势，即注重技术的继承性和衔接性，LandSat、SPOT、NOAA、EOS 等卫星系列已形成数十年连续不断的数据积累，数据质量稳定。美国的 LandSat 系列，LandSat-1 到 LandSat-3 均搭载分辨率 78m 的 MSS，LandSat-4 和 LandSat-5 的 TM 将空间分辨率提高到 30m，LandSat-6 的 ETM 在 TM 的基础上增加了全色谱段，LandSat-7 在 LandSat-6 的基础上将热红外谱段分辨率从 120m 提高到 60m。

3. 载荷研制与应用结合紧密，强调天地一体化设计

围绕卫星载荷的应用能力，采用天地一体化设计理念，应用技术与载荷同步设计，确保载荷发射后即具备应用能力，有效推进载荷业务化运行的进程。光学遥感载荷采用天地一体化设计方法，成像质量不断提升，法国的 Pleiades 卫星，其卫星相机 MTF 的设计值仅为 0.07，采用 MTFC 补偿使得 MTF 提高到 0.3。从而使载荷在保持性能不变的条件下，体积、重量不断降低，寿命不断增加。

4. 载荷性能指标不断提高，定量化水平不断提升

国外遥感载荷的空间分辨率、光谱（频率）分辨率、幅宽、灵敏度等性能指标不断提升。

光学遥感载荷空间分辨率从伊克诺斯（Ikonos-1）的 1m 提高到 Worldview-3 的 0.31m。探测谱段不断扩展，用于海洋观测的载荷从宽视场水色扫描仪（SeaWiFS）的 402 ~ 885nm 到中分辨率成像光谱仪（MERIS）的 0.39 ~ 1.04μm 再到 MODIS 的 0.4 ~ 14μm。光谱分辨率不断提高，从 EO-1/Hyprion 的 10nm 光谱分辨率到 EnMap 的 6.5nm，目标分析和识别能力不断增强。探测灵敏度不断提高，用于大气观测的载荷信噪比由甚高分辨率辐射计（AVHRR-3）的 9 发展到了可见红外自旋扫描辐射计（VISSR）的 150，用于海洋观测的载荷信噪比由最初的 500 逐渐提高到了 1500。图像定位精度不断提高，绝对定位精度从 Ikonos-1 的 15m 提高到 WorldView-2 的 3 ~ 5m。激光测距精度也从 ICESat/GLAS 的 0.3m 提升到 ICESat-2/ATLAS 的 0.1m。

5. 采用新材料、新技术，载荷品质不断提升

随着采用新材料、新技术的应用，有效载荷在体积、重量、功耗、寿命与可靠性等品质方面不断提升。法国在 2010 年发射的阿尔及利亚遥感卫星（ALSat-2）光学遥感载荷 NAOMI 的分辨率为全色 2.5m/ 多光谱 10m，重量仅为 18.5kg，体积仅为 34cm×46cm×51cm，功耗为 37W。德国的 DST– 高分辨力微小型侦察相机，仅 40kg，可实现地面分辨率 1m。

此外，结合平台高精度控制测量技术使单一载荷实现多种能力。载荷与平台高精度控制测量技术结合，实现多画幅拼接成像、立体成像、高重访、高精度定位，在单一卫星上实现多种能力，目前大多数的高分辨率商业卫星和成像侦察卫星都具有这些侦察和测绘功能，如：WorldView-1，2，3 和 GeoEye-1 等。

（二）空间微波遥感发展趋势及展望

从发展趋势上看，国际微波遥感已经从面向技术突破走向全面的应用，空间微波遥感技术发展主要面向应用和科学提出的新需求。同时，新材料、新器件、新方法的发展和应用也为微波遥感技术及其应用的发展提供了新的机遇和条件。空间微波遥感技术的发展趋势主要表现为以下几个方面：

1. 全球变化和地球系统科学研究提出的新需求推动空间微波遥感技术的发展

全球变化和地球系统科学研究对微波遥感探测的能力提出前所未有的要求和挑战，成为技术发展的重要推动力。如相对于传统的预报应用需求，海面高度、海面温度等环境要素探测的精度都高出将近一个数量级，这些要求对于遥感器和遥感数据处理所提出的需求，推动新技术的发展和应用。

2. 通过多个卫星组网和编队，实现多要素的联合观测，解决单一卫星难于实现的观测需求

全球变化、地球系统科学等对地球系统关键要素的观测和反演往往很难通过单一传感器实现，而在同一卫星实现多要素的联合观测又带来技术和经费的巨大挑战，利用多个卫星组网和编队，实现多传感器的联合观测，为实现这些观测要求提供了重要技术途径。如美国 NASA 提出的 A-Train 概念，通过轨道和时间的规划和设计，在几到几十分钟的时间间隔内实现多波段、多传感器对同一区域的观测，有效解决了系统观测的难题。另外，以 GPM 卫星为核心，联合国际上具有微波成像观测能力的多颗卫星组成降雨卫星星座，通过降水雷达提供的校正参考，有效提高被动微波遥感降水的精度，把高精度降水测量的时间分辨率由 12 个小时提高到 1 ～ 2 个小时。

3. 新的探测方法和探测技术的发展和应用是提高微波遥感探测能力的重要方向

（1）多极化、全极化探测。

极化信息是电磁波在频率、相位与时间、幅度之外的另一重要的特征参量，通过极化信息的测量，可以提供更为丰富的目标特征。多极化、全极化的散射和辐射测量技术的发展和应用，大大提高了传统微波遥感有效载荷的能力。如全极化微波辐射计在海面风场、水汽凝结物几何特征等方面的探测应用；全极化微波散射计大大提高了海面风场测量动态范围和反演精度；极化成像雷达可以更好地对目标进行分类和识别等。

（2）干涉测量的应用。

通过干涉测量，可以获得对多角度、多位置、多极化或不同时间的测量的幅度相关性和相位关系的信息，从而实现新的探测能力。如极化干涉和基线干涉雷达可以实现地面高程测量；顺轨干涉实现动目标检测与成像；多角度干涉实现海面流场的测量等。

（3）开发新的探测频率。

新的探测频率，主要是太赫兹频段探测技术的发展和应用，为实现新要素的探测提供了可能，如利用太赫兹波谱探测检测大气中痕量气体等。

（4）结合目标特征的新处理方法。

如结合目标特性的表征，利用压缩感知实现高分辨率成像等。①提高分辨率的新技术。空间分辨率是微波遥感技术发展永恒的主题和方向，一系列提高空间分辨率的新技术将得到发展和应用，主要包括：展开式大口径天线（包括网状展开天线、膜天线、充气天线、超材料扫描天线等）及其扫描、微波辐射计的干涉综合孔径技术、基于高阶干涉的成像技术、采用综合孔径技术的新型雷达高度计、基于目标特征的高分辨率成像（如压缩感知成像）等。②空间微波遥感技术的主要发展方向包括以下几个方面：微波辐射计，主要发展方向包括：基于干涉综合孔径技术的高分辨率成像探测，包括地球静止轨道微波探测和低频（L波段及更低频率）微波高分辨率成像探测技术；全极化微波辐射测量技术；毫米波、太赫兹频段探测与成像；超高精度微波辐射测量（0.1K）；面向空间探测的低频无线电辐射测量技术等。微波散射计，主要发展方向包括：基于极化测量和多频测量的大动态高精度海面风场测量；海面流场、海面波浪的全球快速测量技术；毫米波、太赫兹大气主动微波探测技术；地球静止轨道降水雷达；面向全球变化研究的地球系统要素高精度散射测量技术等。雷达高度计，主要包括面向高精度应用需求的综合孔径雷达高度计和面向快速测量需求和成像观测需求的宽刈幅成像雷达高度计技术，以及面向陆地、冰雪等探测需求新型雷达高度计技术。成像雷达，主要包括极化成像雷达、干涉测量雷达、超高分辨率成像雷达和高精度定量化的成像雷达技术等。其他微波探测技术，主要是基于GNSS信号和其他信号的非合作探测技术，包括反射（GNSS-R）、掩星探测和成像探测等。

—— **参考文献** ——

［1］ National Research Council of the National Academies.Earth Science and Applications from Space：National Imperatives for the Next Decade and Beyond［M］. Washington DC：The National Academies Press, 2007.

［2］ National Research Council of the National Academies.Earth Science and Applications from Space：A Midterm Assessment of NASA's Implementation of the Decadal Survey［M］. Washington DC：The National Academies Press., 2012.

［3］ European Space Agency. Earth Explorer：Satellites to Understand Our Changing Planet［R］. 2010.

［4］ European Space Agency. New Scientific Challenges for ESA's Living Planet Program［R］. 2006.

［5］ Maurice Borgeaud. The ESA Earth Observation Programmes Status and Perspectives［C］// Meeting of the Space Studies Board's Committee on Earth Science and Applications from Space, 2014.

［6］ Japan Aerospace Exploration Agency .Status of The Future JAXA Earth Observation Missions［R］. JAXA Publication CGMS-XXXII JAXA-WP-02.

［7］ CEOS, ESA.The Earth Observation Handbook［EB/OL］. http：//eohandbook.com.

［8］ eoPortal Directory［EB/OL］. http：//directory.eoportal.org.

［9］ F Weng, X Zou, FJ Turk .Special issue on the Chinese Fengyun-3 Satellite Instrument, Calibration and Applications［J］. IEEE Trans. On Geoscience and Remote Sensing, 2012, 50, 12.

［10］ 姜景山，金亚秋. 中国微波探月研究［M］. 北京：科学出版社，2011.

［11］ Xiaolong Dong, Mingsen Lin, Naimeng Lu, et al.Status, Progress and Future of the Oceanographic and Meteorological Satellites of China［C］//2015 International Geoscience and Remote Sensing Symposium, 2015.

［12］ 郭华东. 全球变化科学卫星［M］. 北京：科学出版社，2014.

撰稿人：董晓龙　陈晓丽　刘和光　王红杰　高书敏　李晨曦

空间探测发展报告

一、引言

深空探测器又称空间探测器或宇宙探测器，是对地球大气层以外整个太阳系内的空间，包括除地球以外的所有天体——太阳、月球、行星（矮行星）、小行星以及彗星等进行就近探测或实地考察的无人航天器。根据不同的探测目标，可将深空探测器分为月球探测器、行星（含矮行星）探测器、行星际探测器、小行星探测器和彗星探测器等几大类型。深空探测器涉及多项技术，例如自主导航和控制技术、深空测控与通信技术、核电源技术、高效推进技术以及机器人技术等。

一直以来，探索未知神秘的浩瀚宇宙是人类的不懈追求。深空探测能够帮助人类研究太阳系及宇宙的起源、演变和现状，认识空间现象和地球自然系统之间的关系，并为人类今后开拓更为广阔的疆域打下基础，是了解地球、太阳系和宇宙，进而考察、勘探和驻留在太阳系内其他天体的第一步。通过对太阳系各大行星及其卫星的考察研究，可进一步揭示地球环境的形成和演变情况；利用宇宙空间的特殊环境进行各种科学实验，能直接造福于国民经济，开发地外星球资源也可为地球人服务，包括寻找人类第二个家园等。

随着深空探测技术水平的不断提高，深空探测的方式也越来越多，包括飞越、环绕、撞击、着陆、巡视勘察、采样返回和载人探测等，从而使深空探测的广度和深度不断扩大。例如，深空探测器从地外星球近旁飞越，通过近距离观测获取信息；在地外星球表面硬着陆，利用坠毁之前的短暂时机进行探测；进入地外星球的轨道，进行长时间轨道观测来获取较全面的资料；在地外星球表面软着陆，以就位勘测或巡视勘测的方式进行实地考察、拍摄探测和取样分析等；在地外星球表面软着陆后自动采集样品，然后带回地球进行详细研究；撞击地外星球，以探测地外星球的内部结构和组成，发挥探测器的余热；像飞镖一样穿透地外星球插入内部，研究亚表面现象；在地外星球建立永久性无人或载人基地，开发地外星球的资源，利用地外星球的特殊环境开展科研活动，或作为深空载人飞船的中转站提供生活用水和飞船燃料。

从 1958 年 8 月美国发射第一个月球探测器先驱者 0 号开始至今，人类迈向太阳系空间的探测活动已有 50 余年的历史。截至 2014 年年底，全球共实施了 233 次无人空间探测任务，其中苏联 / 俄罗斯 116 次、美国 91 次、欧洲 5 次、美欧合作 7 次、日本 8 次、中国 4 次、印度 2 次。约有 32 个深空探测器在轨运行。

至今，已探测的太阳系天体有月球、火星、金星、木星、水星、土星、天王星、海王星、彗星和小行星等，其中"新视野"探测器于 2015 年在全球首次探测了冥王星；实现了月球、火星、金星、土卫六、小行星着陆，并实现了月球、小行星、太阳风粒子和彗星粒子采样返回，有的深空探测器甚至进入星际空间。对距离地球最近的月球还派遣了航天员进行了实地勘探。

通过已发射的各类空间探测器，人类在工程和科学等方面都获得了巨大成果，初步揭开了月球和太阳系各大行星的不少奥秘，回答了过去天文学家们争论不休的许多不解之谜。例如，进一步揭示地球、生命乃至太阳系的起源和演变；掌握太阳系内一些重要的外星球上的生命、地质、气候、重力、环境等，这对人类的科技发展和未来生存具有重要的长远意义。人类利用空间探测活动所获得的对太阳系和宇宙的认识，千倍乃至万倍于此前几千年科学发展的所知所获，这些新知识、新发现，推动了对太阳系和生命起源与演化规律的研究，深化了对人类生存环境的理解，促进了人类文明的持续发展。

20 世纪 90 年代中期至今，随着航天技术的发展成熟和进步，深空探测进入以科学探索为主要驱动力的"成熟期"。越来越多的国家和组织参与到空间探测活动中，纷纷制定了目标宏伟、各具特色的战略规划；渐进、持续地开展了规模适度的空间探测活动，并在相互竞争中积极谋求国际合作。进入 21 世纪后，欧洲航天局、中国和印度也加入了世界空间探测阵营。与冷战时期的"竞赛"相比，这一时期的深空探测任务数量适中，但效果更好，保持了较高的任务成功率；运用和突破大量新技术，获得了众多新发现，取得了前所未有的科学和技术成就。

换句话讲，随着政治、科技、经济等各方面发生的巨大变化，21 世纪的深空探测与20 世纪的深空探测有明显的不同，比如，由主要满足政治和科学需要，改变为把科学探索和经济利益相结合，以探测资源为主，为未来资源开发、利用打基础；探测的规模更宏大，正陆续发射采用最新技术成果的多种先进深空探测器，失败大大减少，这表明人类的深空探测技术有了较大提高；打破了 20 世纪只有美苏两个国家对深空探测的垄断局面，越来越多的国家参与，且逐渐转变成以国际合作方式为主。

目前，全球空间探测活动的重点领域包括月球探测、火星探测、水星与金星探测、巨行星及其卫星探测、小行星与彗星探测。在世界空间探测任务中，以探测月球为主的任务次数最多，约 131 次。在行星探测领域，探测火星的任务为 43 次；探测金星的任务为 41次；8 个探测器探测了木星，其中 1 个进入木星轨道，另外 7 个飞越了木星；4 个探测器探测了土星，其中 1 个进入土星轨道，另外 3 个飞越了土星；2 个探测器探测了水星，其中 1 个飞越水星，1 个进入水星轨道；探测小行星的任务有 6 次，探测彗星的任务有 7 次。

二、我国深空探测最新进展

我国的深空探测是从月球探测开始的，这是因为月球是离地球最近的一个星球，又蕴含着丰富的资源和能源，所以从技术性、科学性和经济性等方面讲，在深空探测领域先探测月球是符合科学规律的。我国探月的发展思路是：循序渐进、分步实施、不断跨越。从 2004 年起，我国开始实施月球探测工程，即"嫦娥工程"，在 2020 年前完成。它分为"绕、落、回"三个阶段。

（一）总体概述

第一阶段为绕月探测，即在 2004—2007 年研制、发射和运行绕月探测器，突破三体定向技术、紫外敏感器技术、复杂环境热控制、自主制导导航与控制、远距离测控数传等一系列关键技术，对月球进行全球性普查，并初步建立我国月球探测航天工程系统。这一阶段已通过 2007 年发射和运行的"嫦娥一号"绕月探测器完成了绕月探测任务，在轨有效探测了 16 个月，实现了我国自主研制的探测器进入月球轨道并获得全月图等科学数据，使我国跨入世界具有深空探测能力的国家。

第二阶段为落月探测，即在 2007—2013 年研制、发射和运行落月探测器，突破月球软着陆、自动巡视勘察、深空测控通信和月夜生存等关键技术，进行首次月球软着陆和自动巡视勘察，对月球进行区域性详查。这一阶段先通过 2010 年发射和运行的"嫦娥二号"绕月探测器，突破了"嫦娥三号"落月探测器将使用的部分关键技术，并对预选的落月区域进行了重点探测。然后，在 2013 年发射和运行了"嫦娥三号"，完成了我国首次落月探测任务，包括就位探测和巡视探测。"嫦娥四号"是"嫦娥三号"的备份，在"嫦娥三号"任务成功后，目前正对"嫦娥四号"进行适应性改造，并论证其落月地点，可能会选择着陆地点难度更大、技术挑战性更强的地点进行着陆，如在月球背面着陆，预计 2020 年前发射。

第三阶段为采样返回探测，即在 2013—2017 年研制、发射和运行无人自动采样返回探测器，突破月面的采样封装技术、月面的起飞技术、月球轨道的交会对接技术以及返回地球的高速再入返回等关键技术，进行首次月球样品自动取样返回探测，对月球进行区域性精查。这一阶段先通过 2014 年发射和运行的探月工程三期再入返回飞行试验器（简称试验器），突破"嫦娥五号"返回地球的高速再入返回技术，然后，将在 2017 年左右通过发射和运行"嫦娥五号"采样返回探测器，带回 2kg 月壤。"嫦娥五号"还有一个备份探测器，也就是"嫦娥六号"。

"嫦娥工程"的每一步都是对前一步的深化，并为下一步奠定基础。从"绕、落、回"

三期工程的科学目标看，它们有明显的递进关系，最终达到全面、深入了解月球的目的，并突破和掌握大量深空探测的新技术。其中的"嫦娥三号"是我国探月工程二期的最关键任务和踏上另一个星球进行实地科学探测的第一步，具有继往开来的重要作用，使我国深空探测技术取得了跨越式进步，由一期工程的表面探测延伸至内部探测，从而直接获得丰富的月球数据，并在包括欧洲、日本和印度等在内的世界探月第二集团中处于领先地位。

（二）绕月探测

2007年10月24日，我国发射第一个月球探测器——"嫦娥一号"。在超额完成了任务后，"嫦娥一号"于2009年3月1日受控撞击了月球丰富海区域，比原计划多飞117天。获得了分辨率为120m的全月球影像图、三维月球地形图，完成了"月表铀、钾等元素含量分布图"的绘制，得到了全月球不同光照条件下的"四频段微波亮度温度数据"等成果，以及其他大量原始科学数据。为充分利用这些数据，推动月球探测科学研究，我国成立了"绕月探测工程科学应用委员会"，调动包括港澳在内的全社会科研力量进行科研攻关，编制了我国首幅月球虹湾区域的地质图和构造纲要图，首次获得了白天和黑夜的全月球微波图像，提出了月球岩浆洋结晶年龄为39.2亿年和月球东海盆地倾斜撞击成因的新观点。这些成果进一步丰富了人类对月球的认知。

（三）落月探测

由于发射我国地外天体着陆探测器和巡视探测器技术十分复杂，所以我国落月探测计划实施"嫦娥二号""嫦娥三号""嫦娥四号"共3次飞行任务，现已成功实施了2次。

1.嫦娥二号

落月探测要突破一系列关键技术，技术跨度和实施难度较大，为了降低落月探测的风险，在发射我国首个落月探测器"嫦娥三号"之前，先于2010年10月1日发射了作为工程先导星的"嫦娥二号"绕月探测器。它主要完成两大任务，一是对新技术进行试验验证，对未来的预选着陆区进行高分辨率成像；二是获得更加丰富和准确的探测数据，深化对月球的科学认知。

与"嫦娥一号"相比，"嫦娥二号"实现了直接奔月轨道、X频段测控等6个方面技术突破；还获得了7m分辨率月球三维影像，制作完成了优于1.5m分辨率的虹湾区域影像图；在澄海对峙区发现了月表剩磁所引起的微磁层的存在，进一步测量了月面化学元素，初步对铀、钾、钍、镁、铝、硅、钙等元素进行了分析，深入研究了全月球亮温温度分布和月壤特征。在拓展任务中，完成了对日地拉格朗日2点附近的空间环境探测，在国际上首次实现对图塔蒂斯小行星的飞越交会探测。2014年6月，已成为我国首个人造太阳系小行星的"嫦娥二号"在与地球之间距离为1亿千米仍能进行测控通信，从而为我国未来的火星探测奠定基础。"嫦娥二号"向更远的深空飞行，既可验证我国测控通信系统的传输能力，也能测试国产元器件寿命。

2. 嫦娥三号

"嫦娥三号"是我国探月工程二期——落月探测的主要任务。2013年12月2日,我国成功把"嫦娥三号"落月探测器直接送入地月转移轨道。12月14日,在月面软着陆,首次实现了我国对地球以外天体的软着陆。12月15日,"嫦娥三号"着陆器与巡视器互相拍照,使我国成为世界第三个掌握落月探测技术的国家。

"嫦娥三号"由着陆器和巡视器(俗称月球车,名为"玉兔号")组成,所以发射它实际上是发射了2个月球探测器。着陆器和巡视器分离前,巡视器为着陆器的载荷;分离后,为两个独立的探测器,分别开展就位探测和巡视探测,这在国际上也是首次。

其工程目标有三个:一是突破复杂航天任务的地面试验、月面软着陆的自主制导导航与控制、复杂推进系统设计和变推力发动机、软着陆着陆缓冲、月面巡视勘察、月面生存、深空测控通信与遥操作、深空探测运载火箭发射等关键技术;二是研制月面软着陆探测器和巡视探测器,建立地面深空站,获得包括火箭、探测器、发射场、测控站、地面应用等在内的功能模块,具备月面软着陆探测的基本能力;三是建立月球探测航天工程基本体系,形成重大项目实施的科学有效的工程方法。其成功的标志是"嫦娥三号"落月探测器安全着陆在月面,月球车成功转移到月面并行驶,着陆器与月球车完成互拍并获得图像。

其科学目标也是三个:一是调查着陆区与巡视区月表地形地貌与地质构造;二是调查着陆区与巡视区月表物质成分、月球内部结构以及可利用资源;三是探测地球等离子体层以及开展月基光学天文观测。

(1)着陆器。

"嫦娥三号"着陆器是我国成功开发的新型航天器平台,采用梁板复合式结构和可大范围伸缩的四腿式着陆缓冲机构,能够自动智能选定着陆点、进行精确悬停着陆,是我国迄今为止最复杂的航天器之一。驮着"玉兔号"月球车的"嫦娥三号"着陆器在落月时克服了反推减速、自主控制和着陆缓冲三大技术难点,通过主减速、快速调整、接近、悬停、避障、缓速下降等几个阶段,安全落在了月球虹湾以东区域,一共耗时近700秒。此后,着陆器携带的4种科学载荷先后开始就位探测,其上的极紫外相机和月基光学望远镜是在世界上首次应用。

着陆器质量为1080kg,设计寿命12个月,由着陆缓冲、制导导航与控制、有效载荷等11个分系统组成。它于12月14日从距月面15kg处开始动力下降,用约11分钟实现了路径优、燃料省、误差小的安全着陆。从15km高下降比较合理,因为如果轨道较高,则不容易落准,且消耗燃料多;如果轨道较低,则风险大,因为月球引力不均匀,且最高的山达10km,搞不好会撞上。

此次"嫦娥三号"的着陆区为月球虹湾地区,这主要是考虑四个方面的条件:一是安全性,它相对开阔平坦,便于安全着陆;二是科学性,其地点地质构造以及月岩、月壤的物质元素丰富,具有科学探测价值;三是可测控,它在月球正面,并且光照比较充足,这样便于测控和探测器工作；最后是创新性，虹湾是一个其他国家没有探测过的地方。

着陆器携带了地形地貌相机、降落相机、极紫外相机、月基光学望远镜4种有效载荷进行就位探测，并配有监视相机和月尘测量仪等工程载荷。

地形地貌相机是着陆器的"眼睛"，也是我国首台在月球上拍摄彩色图像的"彩色相机"。它主要用于获取着陆区的光学成像，绘制着陆区地形、地貌图，获取着陆区月表的形貌特征，研究月表地形地貌，并时刻关注着月球车的运行状况，包括拍摄玉兔号上的国旗。

降落相机用于在着陆器动力下降过程中，在2km～3m各个高度获取着陆区域的光学成像，即月貌特征图、地形地貌图像，从而分析着陆区月表的地形地貌和区域地质情况。它仅在着陆过程中使用，对月貌特征进行黑白成像。

极紫外相机在世界月球探测器中是首次应用。它是利用月球真空环境、自转速度慢等优势，对地球周围等离子体层的整体变化进行长达一年的全方位观测，这有助于了解太阳和地球的相互关系，提高我国空间环境监测和预报能力。由于距离较近，人造地球卫星无法实时、整体掌握地球等离子体层的规律。

月基光学望远镜也是在世界上首次应用，它主要在近紫外波段对重要天体的光变进行长期连续监测。由于地球上有大气层，很多地外天体的射线被地球大气吸收了，其中包括紫外波段的光。在月球上进行天文观测没有大气层的阻隔，可进行全波段观测，能看得更远更清晰，进一步扩展人类的眼界，预计会有一些新发现。

（2）落月难点。

驮着玉兔号月球车的"嫦娥三号"着陆器在落月时克服了三大技术难点：

一个反推减速。因为月球没有大气，无法利用气动减速的方法着陆，所以"嫦娥三号"要靠自己的发动机反推减小下降速度，为此研制了我国航天器史上第一台1500～7500N变推力发动机，推力控制精度达6.25N。它也是目前国内航天器上使用推力最大的发动机，且没有备份，实践证明它十分可靠，是一大突破。

二是自主控制。"嫦娥三号"需要提前注入控制数据，制动下降开始后，由于过程时间短、推进剂消耗大、速度变化非常快，还要求能自动避障，所以它只能依靠自身的制导导航与控制系统来控制。一旦开始落月，其制导导航与控制系统须通过多种设备在接近段进行粗避障，在悬停段进行精避，自主操作完成一系列关键工作。这些，"嫦娥三号"都做得很完美。

三是着陆缓冲。"嫦娥三号"在离月面3m左右时要关掉反推发动机，以免发动机的羽流产生巨大的月尘而影响探测器。这时"嫦娥三号"是速度为4m/s的自由落体，所以会形成一个比较大的冲击载荷。为此，"嫦娥三号"用其着陆缓冲系统吸收着陆时的冲击载荷，保证探测器在一定姿态范围内不翻倒、不陷落，并为探测器工作提供牢固的支撑。为了缓减冲击力，"嫦娥三号"着陆器有4条腿，每条腿上有两根拉杆缓冲器，以吸收冲击能量，从而顺利完成了任务。

与此前国外的落月探测器着陆相比,"嫦娥三号"着陆的特点可以悬停、避障,而不是盲落,因而大大增加了着陆的安全性。实践证明,"嫦娥三号"设计合理、制造精良、操作无误,所以它不仅安全落在了月球西经19.5°、北纬44.1°的虹湾以东区域,而且非常平坦,只有1°~2°倾斜,远远低于小于15°倾斜的要求,为后续顺利开展科学探测奠定了基础。

随后,"玉兔号"月球车沿着斜梯款步而下。月球车走到哪里探测到哪里,然后将分析的结果、月面图像及地质地貌情况通过定向天线传回来。

(3)巡视器。

"玉兔号"月球车在脱离"嫦娥三号"着陆器之后,用携带的4种科学载荷先后开始巡视勘察,其中的测月雷达是在世界上首次应用。

"玉兔号"月球车质量为140kg,设计寿命3个月,由移动、导航控制、机械臂、有效载荷等9个分系统组成。它以太阳能为能源,能够耐受月表真空、强辐射、+150℃~−180℃极限温度等极端环境。

其采用6轮主副摇臂悬架的移动构形,由车轮、摇臂和差动机构等组成,可6轮独立驱动,4轮独立转向,在月面巡视时采取自主导航和地面遥控的组合模式,具有自主测距、测速、前进、后退、转弯、避障、越障、爬坡、原地转向、行进间转向、感知环境、规划路径、月面长时间生存的本领。它的高性能体现在越障能力和通过性,而不是追求高速度,而且始终不会离开着陆器的"视野"。

"玉兔号"是我国最高智能的"机器人",采用6个空心弹性筛网轮子(可减轻重量,防止黏带月尘和扬尘)。筛网轮上的棘爪可以提高轮子的抓地能力,避免车轮在松软月壤环境下出现打滑和下陷的状况。

其高1.5m左右的"脖子"上装有360°全景相机,它是一套自主视觉导航系统,可观察前方3m以内地貌,然后通过计算建立三维立体地图,判断和规划行进路径。如果遇到较大的坡、石块或坑,它能避让绕开走,实现未知环境的自主安全避障和自主导航。

玉兔号的活动范围为5km²,具有20°爬坡、20cm越障能力,移动速度约为200m/h。之所以行驶得慢,这是由它的任务决定的。它首先要"看路",月球上没人帮忙把路修好;其次要跟地面传输信息;第三要按照工程目标和科学目标展开工作。

在脱离"嫦娥三号"着陆器之后,"玉兔号"月球车利用携带的全景相机、测月雷达、红外成像光谱仪、粒子激发X射线谱仪开展月球巡视勘察。

"玉兔号"装有2台全景相机,距离约20cm,可以获得月球表面的立体图像,成像方式为彩色成像与全色成像交替切换。它们相当于眼睛,安装在月球车桅杆上,可360°旋转和90°俯仰拍摄周边图像,并随时了解前方有没有障碍等,进而根据实际地形情况自行做出所需的"决策"。其科学目标是对着陆区与巡视区进行月表光学成像,调查巡视区月表地形地貌,研究巡视区撞击坑和月球地质等。

在世界上首次应用的超宽带测月雷达安装在月球车底部,用于在巡视过程中直接探测

30m 内月壤结构和 100m 深的浅层月壳结构。它有 2 个探测通道，高频通道探测 30m 深月壤结构，低频通道探测 100m 深月壳的结构。

红外成像光谱仪包括可见近红外和短波红外 2 个谱段，能获取可见近红外到短波红外的高分辨率反射光谱及图像，用于调查巡视区月表矿物组成和分布分析，开展巡视区能源和矿产资源的综合研究。

粒子激发 X 射线谱仪安装在机械臂末端，通过机械臂投放到探测目标附近，用于现场分析，识别巡视区月表物质主量元素含量。

（4）巡视难点。

"玉兔号"月球车在月面进行巡视探测困难很多，因为它在行走时容易带起大量月壤细粒，形成月尘，从而引起月球车很多故障，包括机械结构卡死、密封机构失效和光学系统灵敏度下降等。

另外，因为没有大气，月球车完全暴露在多种宇宙射线下，强烈的电磁辐射可能破坏电子遥控系统。为此，玉兔号被设计为身披"黄金甲"，目的是为了反射月球白昼的强光，降低昼夜温差，同时阻挡宇宙中各种高能粒子的辐射，保护月球车腹中的"秘器"——红外成像光谱仪等科学探测仪器。

还有，由于月球表面的土壤非常松软，而且崎岖不平，石块、陨石坑遍布，所以会使月球车的行进效率降低。而月球的低重力导致的摩擦系数降低，也会使月球车在月球上行走时远比地球上容易打滑。这些都对月球车的控制系统提出了更高的要求。在这种情况下，玉兔号既不能打滑下陷，还要可以爬坡越障。

为了实现"玉兔号"的月面行走和科学探测，我国采用了高精度月面视觉识别、月面巡视动态规划、视觉定位技术路径规划、机械臂运动控制和虚拟现实操作与控制等新技术。由于月球车在月面的移动速度慢，无法靠无线电测量达到精细定位，所以主要靠视觉定位技术来确定，即利用月球车携带的多台相机拍摄图像，然后实时传到地面快速处理，恢复月球车所在的地形环境。依靠视觉完成定位在我国是首次，地面遥操作人员是通过月球车周边环境的立体图像，根据探测目标进行路径规划和移动控制，包括抵达目标后规划遥控机械臂进行探测。

具体来说就是："玉兔号"在月面的巡视勘察过程中，是先通过全景相机和导航相机"观察"周围环境，对月面障碍进行感知和识别，然后对巡视的路径进行规划。在遇到超过 20° 的斜坡、高于 20cm 的石块或直径大于 2m 的撞击坑时，能够自主判断安全避让。

在动态规划"玉兔号"到达探测目标的最优路线时，不仅考虑到了路径长短，还结合能源消耗、途中障碍、阳光照射等因素综合考虑，最终可控制月球车安全行走到目标前面，并且展开长达 80cm 的机械臂，对目标进行厘米级精度的探测。

由于"玉兔号"月球车在进入第二个月夜休眠前出现了机构控制异常情况，所以此后只能停在原地进行就位探测，主要原因是对月球环境仍然缺乏了解。除了移动系统外，月球车搭载的四大科学仪器运行正常。

（5）月夜考验。

除了要挑战落月和巡视两大难关外，"嫦娥三号"在落月后面临的最大难关就是如何经受住月球昼夜极端温差的考验而"存活"下来。月球的一天约相当于地球的 28 天，而且 14 天是阳光普照的白天，14 天是极寒冷的黑夜。其白天温度可达 150℃，夜间温度会降到 -180℃。月夜的长时间低温对"嫦娥三号"是个严峻考验，因为长时间在 -180℃ 的温度下，所有的电子仪器都会被冻坏的，即使天亮太阳出来后也不能恢复工作。要保持这些仪器设备不被冻坏的最低温度是 -40℃。另外，在月夜期间也不能用太阳电池来发电保温，且现有的各种电池也都不行。

为了解决这一难题，"嫦娥三号"首次采用了重力驱动热控两相流体回路和同位素热源等技术来解决月夜生存难题，还应用了可变热导热管、散热面设计、电加热器、低重力环境下机构的重复展开与收拢技术、月尘环境下机构的润滑与密封技术等，以确保"嫦娥三号"顺利度过月夜。这相当于给探测器"盖被子""生炉子""开空调"，以确保舱内温度控制在 -20℃ ~ 50℃，使"嫦娥三号"能顺利度过月夜。

到了晚上，"嫦娥三号"断电进入"冬眠"，大部分设备要关机或待机，然后用同位素热源释放的热能，使温度保持在 -20℃ 以上。原本展开的太阳电池翼也会折叠起来，像被子一样盖在月球车上，这种"包裹式睡眠"有助于保护各种仪器不被冻坏。同时，创新设计了基于光照的自主唤醒方案，在经过一个月夜（相当于 14 个地球日）后，太阳一出来，"嫦娥三号"可通过探测器上的光照自主唤醒电路，重新展开的太阳电池翼继续工作，首次实现了我国航天器在轨长期休眠和自主唤醒的工作模式。在白天时，"嫦娥三号"的太阳电池翼还要调整角度，避免被阳光照射得太热，最热的月午，还要进"午休"。

在长达各为 14 天的月昼和月夜里，"嫦娥三号"面临着月昼高温下的热排散问题和月夜没有太阳能可利用情况下如何保证温度环境的问题。为了能够应付极端温度条件下的恶劣环境，"嫦娥三号"采用了全球首创的重力驱动热控两相流体回路以及此前从未在航天器上用过的可变热导热管，它们在需要时可将热量导入舱内，不需要时切断传热途径。

根据科学探测的需要，以上过程循环往复。"嫦娥三号"科学仪器传回来的数据，将帮助我国更加准确、更加直接地了解那个神秘美丽的月亮。

截至 2015 年 5 月，"嫦娥三号"已在月面度过 18 个月昼，着陆器目前大部分设备仍在工作，成为在月表工作时间最长的人造航天器。

（四）采样返回

我国探月三期任务将主要实现无人自动采样返回。其工程目标：突破窄窗口多轨道装订发射、月表自动采样与封装、月面起飞、月球轨道交会对接、地球大气高速再入、多目标高精度测控通信、月球样品储存等关键技术，提升航天技术水平；研制并发射月球探测器，实现我国首次月面自动采样返回，实现航天技术的重大跨越；实现月球轨道交会对接技术；完善探月工程体系，为载人登月和深空探测奠定基础。其科学目标：进行着陆区的探测与研究；采集月球样品并返回地面，对返回样品进行系统的岩石学、矿物学同位素地质和地球化学的分析与研究，结合月面物质成分的分析数据，深化对月球和地月系统的起源与演化的认识。

它计划实施三次飞行任务，分别命名为探月工程三期再入返回飞行试验器（简称试验器）、"嫦娥五号""嫦娥六号"任务，现已发射了试验器。

2017年前后，我国将执行"嫦娥五号"月球采样返回任务，即用返回舱把月球上的2kg样品带回地球进行精查。不过，与"神舟"飞船返回舱以大约7.9km/s的第一宇宙速度返回地面不同，"嫦娥五号"的返回器将以接近11.2kg/s的第二宇宙速度返回再入大气层。这项技术十分复杂，无法通过地面模拟得到充分验证，所以是未来"嫦娥五号"月面采样、月面上升、月球轨道交会对接、再入返回四大关键技术中最难的一项，风险很大。因为再入速度提高一倍，再入热量将提高8～9倍，以第二宇宙速度再入大气层时摩擦会产生巨大的热能，所以必须做好返回器的热防护设计。

为此，我国先发射了试验器，以突破航天器以接近第二宇宙速度的高速再入返回这一关键技术。它先飞抵月球附近，接着，自动返回地球，最后采用半弹道跳跃式以接近第二宇宙速度再入大气层，在内蒙古中部地区以伞降形式着陆。采用弹起然后再入的方式再入返回地球可以拉长试验器再入距离，达到降能减速的目的，确保飞行器返回顺利。

2014年10月24日试验器升空。同年11月1日，试验器的返回器在内蒙古四子王旗预定区域顺利着陆。这是我国的航天器第一次在绕月飞行后再入返回地球，它的成功表明，我国已全面突破和掌握航天器以接近第二宇宙速度的高速再入返回关键技术。

试验器由服务舱和返回器两部分组成，总重量为2t多，返回器安装在服务舱上部。服务舱以"嫦娥二号"绕月探测器平台为基础进行适应性改进设计，具备留轨开展科研试验功能；返回器为新研产品，采用钟罩侧壁加球冠大底构型，重量约330kg，具备返回着陆功能，与探月三期正式任务中返回器的状态基本保持一致。

试验器采用绕月自由返回轨道，经历了发射段、地月转移段、月球近旁转向段、月地转移段、返回再入段和回收着陆段6个阶段。在离地面约5000km时服务舱和返回器分离，服务舱进行规避机动，返回器在该阶段首先滑行飞行，在距离地面约120km高处，返回器以再入姿态和接近第二宇宙速度进入大气层。

这次任务的完成实现了四大技术突破：高速的气动力、气动热技术；高热量、大热流的热防护技术；高精度、高动态的制导导航控制技术；长距离、大范围的再入回收测控技术。它也实现了我国航天多个"首次"，例如，首次让航天器从月球回到地球；首次采用半弹道跳跃式返回地球；首次突破了第二宇宙速度再入情况下的一些防热技术；首次采用"8"字形的绕月自由返回轨道。

返回器安全准确着陆在预定着陆后，为了最大限度利用服务舱的能力，又用服务舱进一步开展了以下几项拓展试验：①地月拉格朗日2点（简称地月L2点）轨道飞行试验；②倾斜环月轨道近月制动飞行验证；③月球轨道交会对接远程导引飞行过程验证；④环月圆轨道演化特性和轨道环境探测；⑤服务舱搭载设备在轨试验。

三、空间探测国内外研究进展比较

在空间探测领域，美国、苏联、欧洲、日本、中国和印度等国和组织先后发射了 210 多个空间探测器。至今，美国一直处在领先地位，已探测了太阳系内的月球、火星、金星、木星、水星、土星、天王星、海王星、冥王星、彗星和小行星等天体；苏联探测了月球、金星、火星和彗星；欧洲已探测了月球、火星、金星和彗星；日本已探测了月球、彗星和小行星；中国已探测了月球、小行星；印度已探测了月球和火星。

（一）月球探测器

到 2014 年年底，人类共发射了 131 个月球探测器，成功率大约为 52%，其中，美国 59 次，苏联 64 次，中国 4 次，日本 2 次，欧洲航天局和印度各 1 次。它们可分为两大集团，其中美苏为探月第一集团，美国完成了探月、登月，苏联完成了探月，所以在全球探月第一集团中美国处于领先地位。其他为探月第二集团，其中欧洲、日本、中国和印度都完成了绕月探测，它们各有千秋。由于中国率先完成了落月探测，并成功发射了用于试验再入返回技术的试验器，所以在全球探月第二集团中中国处于领先地位。从发射月球探测器的数量上讲，中国也居世界第三位。

近两年，只有美国和中国发射了月球探测器。美国发射的月球探测器均为绕月探测器，中国发射的月球探测器为着陆探测器、巡视探测器和试验探测器，所以无法直接比较。从总体上讲，美国的月球探测器更为先进、更有创新。

1. 美国月球探测器

（1）圣杯 -A、B。

2011 年 9 月 10 日，美国发射了两个一模一样的绕月探测器——引力恢复与内部实验室 -A、B（GRAIL-A、B，简称圣杯 -A、B）。其主要任务是更精确地测量月球的重力场，以确定月球的内部结构，进一步了解月球的热演变，从而研究月球的起源和演变；研究小行星撞击历史，为未来任务着陆点的选择提供有关数据。这两个绕月探测器同时发射后，从运载火箭上分离，以不同的轨道飞向月球。这对绕月探测器采用创新的轨道设计，大大减少了进入月球轨道时为了制动减速所耗的燃料，但飞行了 3 个多月后才于 2011 年 12 月 31 日和 2012 年 1 月 1 日分别进入月球轨道，相互之间的平均距离为 200km。

2012 年 3 月 8 日开始，圣杯 -A、B 在绕月轨道进行了 89 天的测绘工作。它们在低高度（距离月球表面 50km）、近圆形的极月轨道上编队飞行，通过测量相互之间的距离变化数据来绘制高分辨率的月球引力图，从而帮助研究人员更好地了解月球的不对称现象以及月球形成的原因。一些学校组织学生密切关注了这次月球探测任务，因为通过美国首位女航天员赖德（2012 年去世）的不懈努力，美国中学生可以挑选该探测器拍摄的月面图像进行分析。圣杯－A、B于2012年年底完成使命，进行了撞击式探测。

（2）月球大气和尘埃环境探测器。

2013年9月7日，美国发射了"月球大气和尘埃环境探测器"（LADEE）。它用于揭示月球稀薄大气层的详细情况，并成功试验了地月激光通信系统，通信速率高达622Mbit/s，这是以往用无线电波方式通信速率的6倍，将提高美国航空航天局处理来自深空的高分辨率图像和三维影像的能力，满足未来任务需求。它发现了在月球极其稀薄的大气中存在氖气。在完成了一系列重要的月球探测任务后，于2014年4月18日受控撞击月球，以免失控时撞到"阿波罗"登月时留下的仪器。

圣杯－A、B和"月球大气和尘埃环境探测器"是对月球进行深入的专项探测和技术试验，居世界领先地位。

（3）月球勘测轨道器。

2009年6月18日上天的美国"月球勘测轨道器"（LRO），目前仍在轨超期服役，执行扩展科学任务，主要用于开展科研，采集月球及其环境更详细的科学信息。它一般运行在距月面50km轨道，分辨率优于1m。2015年5月初，该探测器降轨至距南极表面大约为20km，从而绘制出更清晰的南极地形图。

与美国"月球勘测轨道器"相比，中国"嫦娥二号"绕月探测器运行轨道为100km，这与日本和印度的绕月探测器轨道高度一样，但获得了世界首幅7m分辨率全月图。"嫦娥二号"的最大特点是用途广，除了获得更加丰富和准确的探测数据外，主要对多项新技术进行了试验验证，包括降轨至距"嫦娥三号"预选着陆区15km，进行高分辨率成像，分辨率优于1.5m；此后，还在世界上首次从月球轨道出发飞赴日地拉格朗日2点进行科学探测，首次对图塔蒂斯小行星近距离交会探测。不过，总的来讲，美国绕月探测器在进入月球轨道的方式、绕月的轨道高度、平台性能、载荷水平、探月成果和探月时间等方面还是技高一筹的。

2. 中国月球探测器

（1）"嫦娥三号"落月探测器。

我国发射了"嫦娥三号"落月探测器，并成功实现了在月面软着陆、月球车与着陆器分离及互相拍照等，使我国成为世界第三个掌握落月探测技术的国家。

"嫦娥三号"由着陆器和巡视器组成，所以发射嫦娥三号实际上是发射了2个月球探测器，这在国际上也是首次。它还携带了3种在世界上首次使用的科学探测仪器。

至今，只有我国和苏联发射过无人月球探测车。我国"玉兔号"月球车与苏联月球车一号、二号（lunokhod–1、2）相比有一些共同点，例如，都是用着陆器携带到月面软着陆，都采用轮式移动系统，工作电源都采用太阳电池阵列＋蓄电池，在月夜期间都是通过同位素热源保温。它们也有不同之处，例如，我国"玉兔号"月球车的质量为140kg，而苏联2辆月球车质量分别为756kg、840kg；玉兔号月球车有6个轮子，每辆苏联月球车有8个轮子；我国玉兔号与苏联月球车装的仪器也不同，其中玉兔号上装的测月雷达是在世界月球探测器上首次使用。另外，携带苏联月球车一号、二号登月的月球十七号和二十一号着陆器在落月时是盲降，而我国"嫦娥三号"在落月时增加了悬停和避开障碍等功能，大大减少了落月时的风险；苏联月球十七号和二十一号着陆器基本没有探测功能，而"嫦娥三号"着陆器有探测功能，并在世界上首次使用了月基光学望远镜、极紫外相机。不过，苏联月球车一号、二号比"玉兔号"月球车行驶距离更远。

（2）探月工程三期再入返回飞行试验器。

探月工程三期再入返回飞行试验器在内蒙古四子王旗预定区域顺利着陆，这是我国航天器第一次在绕月飞行后再入返回地球，它表明我国已全面突破和掌握航天器以接近第二宇宙速度的高速再入返回关键技术。

目前，以接近第二宇宙速度的高速再入返回地球的方式有半弹道跳跃式和弹道式两种，前者是航天器以较小再入角进入大气层，依靠升力再次冲出大气层，做一段弹道式飞行后第二次再入大气层，这样可减少过载和提高落点精度；后者简单，但过载大，落点精度低。所以，采用半弹道跳跃式更为先进。苏联和美国探月时也曾利用过类似原理着陆，但其航程没我国的长，而着陆场比我国的大。由于我国的人口密度大，适合充当降落区的地方有限，因此对返回器的降落精度也提出更高要求。

该试验器的另一个特点是其返回器在完成了再入返回地球任务后，其服务舱又进行了多项拓展试验，对"嫦娥五号"任务相关技术进行在轨试验验证。服务舱与返回器分离后，经过 2 次轨道控制，返回到远地点 $5.4 \times 10^5 km$、近地点 $600km$ 的大椭圆轨道，开展拓展试验任务。2015 年 1 月 4 日，服务舱在完成地月拉格朗日 2 点拓展任务后实施逃逸机动，飞离地月拉格朗日 2 点，1 月 11 日飞回月球轨道，继续为"嫦娥五号"开展在轨验证试验；2 月、3 月各开展一次月球轨道交会对接远程导引试验；4 月对月成像，拍摄预设采样着陆区形貌。之后继续试验。

拓展试验获得了多项成果，例如，获取了地月拉格朗日 2 点转移轨道、使命轨道的轨道特性与控制经验，为"嫦娥五号"的轨道控制进行技术验证；验证了交会对接方案中快速测定轨精度和远程导引过程中多次机动飞向控制时序设计的正确性，为降低"嫦娥五号"的着陆风险和提高安全性提供了支持；考核了工程设备的在轨工作情况；利用双分辨率相机对"嫦娥五号"采样区开展了观测，从而获取了采样区动力下降航迹区的地形地貌。这些都明显提高了探测器的使用价值。

（二）水星探测器

由于水星是离太阳最近的一个星球，温度极高，所以探测它十分困难。至今，只有美国的水手 10 号（Mariner 10）和信使号（MESSENGER，全称为"水星表面、空间环境、地质化学和测距"）探测器探测过水星。

2011 年 3 月 17 日，美国信使号探测器进入环水星轨道，成为世界上第 1 个专用水星轨道器。自此，探测器每天绕水星飞行 2 圈。信使号是 2004 年 8 月 3 日升空的，为了少带燃料，节约成本，信使号没有直奔水星，而是通过借助地球、金星和水星的引力，飞行了 79 亿千米后才进入水星轨道。

其目标是绕水星轨道飞行 1 个地球年，覆盖 2 个水星太阳日（1 个水星太阳日相当于地球的 176 天），获得水星三维图像、表面化学特征、内部磁场以及几何结构等数据。其任务有 6 项：水星有何种磁场特征？为什么水星的密度那样高？水星的地质形成过程？水星核有怎样的构成和形态？水星两极的异常物质是什么？水星表面有哪些不稳定物质对其外大气层的形成起了重要作用？

由于水星上太阳的亮度比在地球上高出多达 11 倍，表面温度可达到 450℃，所以设计信使号的关键是如何应对水星的高热环境。信使号采用了先进的防热措施，并装有磁力计、γ 射线与中子光谱仪、X 射线光谱仪、水星大气与表面成分光谱仪、高能粒子与等离子体光谱仪、水星双重成像系统、水星激光高度计共 7 台探测仪器。它们可绘制水星表面的详细资料，获取水星地壳成分，勘测其磁场属性和纤薄大气层等。

根据探测器对水星极区永久阴暗区陨坑的观测，水星极区可能存在水冰。它测量的引力数据表明，水星内部可能拥有巨大的铁核。

由于燃料耗尽，超期服役的信使号于 2015 年 4 月 30 日通过硬着陆的方式撞击到水星表面坠入水星表面，结束探测任务。在水星轨道运行 4 年期间，信使号绕水星轨道转了 4100 多圈，拍下了超过 28.9 万张照片，传回了大于 10TB 的素材，绘制了几乎整个水星的彩色地图。

（三）金星探测器

金星是太阳系中距地球最近的一颗行星，所以人类对太阳系行星的探测首先是从金星开始的。但由于金星总被浓厚的云层包围着，所以也很难探测。至今，人类已向金星发射了 32 个空间探测器，其中 22 个成功、10 个失败，加上各种路过的空间探测器总数已超过 40 个。

2010 年 5 月 21 日，日本发射了其首个金星探测器"拂晓号"（AKATSUKI）。其主要任务是对金星大气运动、雷电等进行观测，并利用这些成果加深对全球变暖等地球气候现象的研究。"拂晓号"原计划在同年 12 月 7 日进入围绕金星运行的大椭圆轨道，但用于制动的主发动机出现故障，使拂晓号与金星擦肩而过。

"拂晓号"上还搭载了"伊卡洛斯"（IKAROS，全名为"通过太阳辐射加速的星际风筝飞行器"）太阳帆，是世界上首个验证利用太阳光压驱动太阳帆、提供动力使飞行器加速并自由飞行的航天器，以检验是否能够利用太阳能实现加速飞行。其任务目的是验证大型太阳帆的展开机构的设计和开发程序、收集展开状态数据；验证利用在太空中用薄膜太阳电池发电方法的可行性、评估薄膜电池的效率；验证光子推进，研究并确定太阳帆的反射系数；验证太阳帆推进的制导、导航与控制技术以及持续和微小加速下的导航和轨道确定、姿态控制方法。

2010年7月9日，"伊卡洛斯"展开了边长14m的薄膜帆，太阳光压驱动太阳帆使飞行器加速；2010年12月8日，它通过距离金星约80800km的预定位置，成为世界第1个成功使用太阳帆技术的深空探测器；2011年1月26日，它完成为期约6个月的主任务，进入扩展任务阶段，目的是飞向木星和"特洛伊"小行星带进行探测，但由于功率过低，不得不使飞行器进入休眠模式；2012年1月起，它逐步恢复电量存储，在功率恢复到正常值后，可继续执行扩展任务。过去进行的试验只在地球周围轨道展开太阳帆，"伊卡洛斯"改写了人类航天动力的历史。

2014年12月，欧洲航天局宣布，由于其"金星快车"（Venus Express）探测器燃料耗尽，所以无法继续与地球联络。2005年欧洲发射的"金星快车"探测器取得了许多重要成果，例如，发现金星极区的大气涡流形变；金星的自转正在变慢；金星上层大气旋转速度正在变快，在位于金星表面100km的上空有臭氧层的存在；金星大气的水分正在快速流失，并且暗区水分流失的速度更快；金星的地质活动可能还很活跃；发现金星火山喷发的迹象，这将有助于揭晓金星是如何形成的等。它原设计寿命仅为2年，但实际绕飞金星工作8年。

（四）火星探测器

火星是与地球最相似的行星，因此成为目前除地球以外人类研究程度最高的行星，人类用空间探测器对火星进行探测的历史几乎贯穿整个人类航天史。至今，人类已向火星发射了40多个探测器，成功率大约为50%。

1. 俄罗斯遭受失败

2011年11月9日，俄罗斯发射了载有我国首个火星探测器"萤火一号"的"火卫一－土壤"（Phobos-Soil）探测器。升空后，"火卫一－土壤"出现故障，变轨用的主发动机无法点火，未能按计划实现变轨进入地火转移轨道，而是运行在近地点205km、远地点319km、倾角51.4100°、周期89.75分钟的地球轨道上，最后于2012年1月15日再入大气层烧毁。

2. 美国技术先进

（1）好奇号火星车。

2011年11月26日，美国发射了"火星科学实验室"（MSL），它所携带的美国第三代火星车好奇号（Curiosity）是迄今世界上最大、最贵、最先进的火星车，总投资25亿美元。其长度为3m，是第2代火星车勇气号和机遇号的2倍；质量约900kg，是第2代火星车的5倍；在火星探测中首次采用"空中吊车"着陆系统和"多任务放射性同位素电热发生器"核电源等先进技术，因而着陆的精确性极高，可避免太阳电池阵可能会被火星尘土覆盖而影响发电效率，大大提高了火星车的行程、使用寿命和在火星表面工作时间；装有10台先进的科学仪器，是第2代火星车的15倍，其中一些是第1次在火星上使用，目标是调查火星盖尔陨坑的土壤和岩石，寻找有机生物迹象，并进行其他研究，查明火星过去或现在是否有适宜生命存在的环境，测定火星表面的辐射水平。

其科学探测目标是：①确定有机碳复合物的特性和储量；②探测构建生命物质的含量，如碳、氢、氮、氧、磷和硫；③研究生物学效应的特点；④探索火星表面的化学、同位素、矿物质复合物和火星近表面的地质情况；⑤解释火星岩石和土壤形成和变化的过程；⑥分析火星大气长期（40亿年）以来的演变过程；⑦确定目前火星上水和二氧化碳的状态、分布和循环情况；研究火星表面辐射的光谱特征，包括银河宇宙射线、太阳质子事件和次级中子等。

"好奇号"于2012年8月6日在火星盖尔陨坑中心山丘的山脚下着陆，展开为期1个火星年（687个地球日）的探测，采集并分析几十种火星表层岩石、土壤样本，研究该区域是否曾经为微生物生命提供过适宜的生存条件，从而确定火星是否具有可居住性。它能够翻越约65～75cm高的障碍物，越过直径约为50cm的坑，在平整坚硬的地面上行驶的最高速度为4cm/s，每天在火星表面累计行驶200m行驶距离已超过30km。

（2）火星大气与挥发物演变。

2013年11月18日，美国发射了"火星大气与挥发物演变"（Maven）探测器，它于2014年9月21日进入近火点150km、远火点6200km的火星轨道。

该火星探测器有四个科学目标：①了解从大气逃逸至太空的挥发物对大气演化所扮演的角色，进而了解火星大气、气候、液态水和行星适居性的历史；②了解当今上层大气与电离层的状态，还有与太阳风的交互作用；③了解当今中性粒子与离子从大气逃逸的状况与相关机制；④测得大气中稳定同位素的比例，以了解大气随时间流失的情况。

"火星大气与挥发物演变"是世界首个研究火星上层大气的探测器，旨在调查火星上层大气，帮助了解火星大气气体逃逸到太空对火星气候演变所产生的影响。科学家们预期这次任务可获取大量有关火星高层大气散逸的数据，帮助了解这种大气流失过程在整个火星气候演变中所起到的作用，使科学家更好地理解大气挥发对气候变化的影响。

其发射质量为2550kg，携带了中性气体和离子质谱仪包、遥感包、粒子与场测量包，共有8台科学探测仪器。在进入火星轨道后，它先进行5个星期的试运行，接着，于2014年11月开始为期1年的火星任务。为了获得不同高度的火星大气数据，该探测器将采用"深潜"方式深入探测火星上层大气，即先后5次下降到距离火星表面125km处——火星上层大气的最下边界，对火星大气进行采样。在预定任务完成后，如果运行状态良好，"火星大气与挥发物演变"还将作为"火星勘察轨道器"和"火星奥德赛"的继任探测器，为好奇和机遇号火星车等火星着陆器提供数据中继服务，延续美国的火星探测能力。整个扩展任务时间可以达到9年左右，并且在执行扩展任务过程中再进行一次降轨活动。

3. 印度取得突破

2013年11月5日，印度发射了其第一个火星探测器"曼加里安"（Mangalyaan）。它于 2014 年 9 月 24 日顺利进入近火点 372km、远火点 80000km 的椭圆形火星轨道，并发回所拍摄的火星照片，从而成为继苏联、美国和欧洲之后世界第 4 个，也是亚洲第一个成功探测火星的国家。

印度"曼加里安"的工程目标是：验证火星探测器设计、规划、管理和运行所需的各项技术，比如火星探测器所有阶段的导航技术、火星探测器在出现意外情况时的自主运行能力、用于轨道和姿态计算与分析的力学模型和算法、从地球轨道到日心轨道再到火星轨道所需的轨道机动技术。它的科学目标是：研究火星的气候、地质、起源和演变以及火星上可维持生命的元素。

由于印度运载火箭推力较小，所以"曼加里安"不能靠火箭推力直接进入地火转移轨道，而是先绕地球转 20 多天，靠探测器自身的发动机多次点火加速才能逐渐达到第二宇宙速度。

"曼加里安"重 1340kg，携带了 5 台国产科学探测仪器，总重量为 15kg，用于研究火星表面、大气和矿物特征，探寻火星上是否有甲烷，以及生命迹象，拍摄火星照片，绘制火星表面地图，研究火星环境。这 5 台科学探测仪器是：①测量火星大气中氢原子量的莱曼－阿尔法光度计，它可探查火星上层大气逃逸过程，此前的火星任务显示火星上曾经存在水，研究为什么火星会失去原有的水和二氧化碳；②用于探测火星甲烷的火星甲烷探测仪，因为甲烷可能隐藏着火星曾经拥有或可能依然拥有生命的线索：③研究火星上层大气中性成分的火星外大气层成分探测器分析仪：④拍摄火星表面的火星彩色相机（MCC）：⑤测绘火星表面成分和矿物特征的火星红外光谱探测仪。

到 2015 年 6 月底，在火星轨道上工作的有美国的"火星奥德赛"（Mars Odyssey）、"火星勘测轨道器"（MRO）、"火星大气与挥发物演变"，欧洲的"火星快车"（Mars Express），印度的"曼加里安"；在火星表面工作的有美国的"机遇号"（Opportunity）和"好奇号"火星车。其中机遇号在 2014 年 8 月，还创造了一项世界纪录，即人类到目前为止在地外天体上行驶最远的车辆，达到了 40km。第二名是苏联的月球车二号，行驶了 39km。

另外，英国航天局 2015 年 1 月 16 日称，通过美国"火星勘测轨道器"在火星表面发现了 10 余年前失踪的英国"猎兔犬二号"（Beagle-2）火星着陆器。所拍图像显示，"火星快车"释放的"猎兔犬二号"降落在预定着陆区，它的引导伞仍连着着陆器，主降落伞散落在附近，太阳电池板没有完全展开。这表明，欧洲首个火星着陆器"猎兔犬二号"已成功降落在火星表面。

（五）木星探测器

木星是太阳系八大行星中最大的一颗，并有很多天然卫星，很像是一个微型的太阳系，所以不少人认为探测木星有助于了解太阳系。目前，只有美国发射过 2 个专用木星探测器。

2011 年 8 月 5 日，美国发射了新一代木星探测器——"朱诺"（Juno）。这是继美国 1989 年发射的"伽利略"之后世界第 2 个专用木星探测器，用于探测木星大气、引力场、磁场以及磁球层，调查木星上是否存在冰岩芯，确定木星上水的含量，并寻找氧气的存在。它将于 2016 年 8 月进入木星轨道，预计在木星大椭圆极轨道上的辐射带内工作 1 年，围绕木星飞行 32 圈，或许能帮助人类揭开以下六大谜团：①木星是怎样组成的？②木星上有多少水？③木星表层之下是什么样的？④木星是否有岩核？⑤木星的磁性来源于哪里？⑥木星上的极光现象。

该探测器采用自旋稳定，质量为 3627kg，由高效太阳电池翼提供电力，是首个在距地球如此之远的宇宙空间中以太阳能作为主要能源的航天器，目的是经济、环保和减少辐射的影响。由于木星的磁场和辐射带比地球更强，专家为探测器设计了专用的防辐射屏蔽层，并通过特殊的结构设计、特定的飞行轨道来降低辐射对仪器的影响。"朱诺"携带了紫外线光谱仪、磁通脉冲磁力仪、极光分布试验装置、高能粒子探测仪、可见光相机、先进恒星导航仪、木星红外极光绘图仪、无线电和等离子体波试验装置等共 9 台科学探测仪器，用于了解木星这颗巨行星的形成、进化和结构等。

美国计划于 2017 年 10 月结束"朱诺"的探测任务，届时该探测器将离轨，撞向木星表面。

（六）土星探测器

土星的体积和质量仅次于木星，并与木星十分相像，表面也是液态氢和氦的海洋，并有较多的卫星，腰部还缠绕着一些绚丽多彩的光环。目前，只有美国和欧洲合作发射过 1 个专用土星探测器。

1997 年 10 月 15 日发射的美国"卡西尼"（Cassini），于 2004 年 7 月成为世界首个进入土星轨道的探测器，至今还在工作。其科学目标包括探测土星环和土星磁层的三维结构和动态性能；确定土卫六的表面成分及地理学历史；根据土星云层的观测，研究土星大气动态性能；研究土卫六的云层和阴霾随时间的变化；了解土卫八表面黑暗物质的特性和起源。2008 年 7 月，"卡西尼"轨道器的主任务结束，由于运行状况良好，美国将任务延长至 2010 年 6 月；2010 年 2 月，美国又宣布将"卡西尼"轨道器任务延续到 2017 年，在本次延展任务期间，"卡西尼"轨道器将再围绕土星飞行 155 圈、飞越土卫六 54 次、飞越土卫二 11 次。目前，"卡西尼"轨道器在轨运行情况正常。

（七）彗星探测器

彗星是太阳系形成时残留下来的初始物质，对研究太阳系形成和演化很有价值。至今，人类已开展过两次大规模发射彗星探测器的活动，第一次是在 20 世纪 80 年代，第二次是从 1999 年到现在。从技术上讲，第 2 次与第 1 次相比发生了质的飞跃，对世界范围内的其他空间探测也有巨大的推动作用，其中欧洲彗星探测器成果显著。

2014 年 8 月 6 日，飞行了 10 年多的欧洲"罗塞塔"（Rosetta）彗星探测器进入 67P/丘尤穆夫－杰拉西门克彗星（简称 67P 彗星）轨道。在经过两个月对 67P 彗星表面的绘图，探测其引力、质量、形状和大气等，以及挑选着陆地点后，2014 年 11 月 15 日，"罗塞塔"向 67P 彗星的彗核投放了其所携带的世界第 1 个彗星着陆器"菲莱"（Philae）。"罗塞塔"还首次实现了近距离绕彗星运行、首次伴彗星一起在接近太阳的过程中边飞行边观测，在空间探测领域创造新奇迹。

天文学家希望通过"罗塞塔"研究 67P 彗星及其尘埃，能够得到有关太阳系早期历史的更多线索，以及彗星是否在向地球传播水和基础生命物质的过程中扮演了一个重要角色。

欧洲"罗塞塔"彗星探测器是于 2004 年 3 月 2 日发射的，起飞重量 3000kg，由轨道器和着陆器组成。

其轨道器载有 11 种仪器，用于收集彗核的有关数据，分析彗星的物理和化学构成及其电磁和引力等特性，从而帮助科学家们进一步了解彗星的性质和组成。它已取得不少成果，例如，其上的高分辨率相机，在 67P 彗星上探测到超过 100 个几平方米大小的裸露水冰。

其着陆器载有 10 种仪器，用于对彗核表层以下的物质取样，就地研究分析彗核表面和表面下层物质的成分、硬度和密度并拍照，对该彗星核以及彗星射出的气体、尘埃进行详细研究，以帮助弄清与太阳系形成和生命起源相关的奥秘，所获信息将通过"罗塞塔"轨道器传回地球。这些设备标志着欧洲对太空研究的全新战略思路和设计理念。

100 kg 重的"菲莱"装在"罗塞塔"轨道器的侧面，着陆时采用腿式缓冲机构。由于该彗星的引力很小，当着陆器在彗星表面着陆时要防止被弹出去。为此，采取了多项固定措施。但遗憾的是由于固定措施未能按计划启动，"菲莱"在着陆时曾两度弹起，最后落在了一个陨石坑边缘的阴影中。因为阳光不足使其太阳能电池板无法有效充电。在这样的情况下，"菲莱"只能使用其蓄电池中预留的电力维持了约 60 小时的科学考察工作并将数据传回地球。2014 年 11 月 15 日，它因电力耗尽进入休眠状态。

在"菲莱"60 小时的科学考察中，传回了许多有用数据。其上的仪器在彗星的大气中"嗅"到了含碳有机分；启动了用于收集彗星表面样本进行分析的破冰锥和锤子，因此获得了精密设备对彗星化学组成的分析结果。

随着彗星距离太阳越来越近和太阳高度角逐渐增加，"菲莱"的太阳能板和吸热装置能够接收光照的时长也随之增加，为激活其携带的电子设备提供了更多的电能，从而重新实现收发信号。例如，"沉睡"了 7 个月后，"菲莱"曾在 2015 年 6 月 3 次短暂"苏醒"，与地球取得联系，发回数据。

到 2015 年 8 月 13 日，67P 彗星将运行到距离太阳约 1.86 亿千米的区域，这是它的近日点距离。随后彗星将开始调转方向并踏上返回外太阳系之路。随着彗星越来越接近太阳，太阳光热会导致彗星地表被加热，冰冻的地表物质被蒸发。这一过程会将大量的气体和尘埃物质抛射出去，如果"菲莱"着陆器能够坚持足够久的时间，它将让科学家们获得来自彗星地表的一手资料和数据，见证在67P彗星表面的这一过程是如何发生的。

2014年8月至2015年年底，"罗塞塔"会伴随着67P彗星逐渐接近太阳，从而探测在太阳光的加热作用下彗星生成的气体和尘埃（即彗发），并对彗星的重力场、质量和外形等进行全面的探测。科学家希望通过"罗塞塔"的工作，对这些神秘的冰冻天体有更多的了解，这或许对揭开太阳系早期环境的谜题有所帮助。

"罗塞塔"原定于2015年12月完成使命，但欧洲航天局于2015年6月23日宣布，"罗塞塔"彗星探测项目将延长至2016年9月底，以便将让科学家们有机会观测到彗星活动减弱的过程，而"罗塞塔"也将有机会进一步向其彗核靠近，收集更多数据。通过对比各类数据，人类将有机会全面了解彗星在整个生命周期中的变化过程。一旦"罗塞塔"的运行轨道能调整至距离彗星表面10km以内，它将有机会拍摄到"菲莱"更清晰的图像。

欧洲航天局也指出，是否能够按目前的设想让"罗塞塔"轨道器最终降落在彗星表面尚需进一步研究。项目团队首先要研究"罗塞塔"在彗星远离太阳途中以及自身接近彗星后的状态，再尝试为"罗塞塔"选定着陆点。着陆点确定后，"罗塞塔"将需要约3个月的时间完成着陆。

出于情感上的原因，2016年年底，"罗塞塔"轨道器可能降落到"菲莱"着陆器的旁边，以使它们能"母子团聚"。

（八）小行星探测器

小行星也是太阳系形成时残留下来的初始物质，探索小行星可获得太阳系形成的科学信息。在小行星上有可能发现人类可利用的资源与能源。研究近地小行星，可寻找防止小行星撞击地球的技术和方法。近年，美国和日本都在积极探测小行星。

1. 美国"黎明号"

2011年7月15日，在飞行超过2.7×10^9km后，首个采用离子推进技术完成实用型科学探测任务的美国黎明号（Dawn）小行星探测器，顺利进入灶神星小行星轨道，成为世界首个对火星和木星之间小行星带中的小行星进行探测的深空探测器。它从距离灶神星表面2700km处开始收集数据，随后逐渐降低轨道高度，并在逐渐靠近灶神星的过程中拍摄多角度照片，以绘制其表面地形图。该探测器在193km的低轨道上绕灶神星运行1年，拍摄了近景图像。

"黎明号"于2007年9月27日发射，是世界第三个专用小行星探测器。其起飞质量1217kg，主推进系统采用3台氙离子发动机，装有帧格式相机、可见光及红外测绘光谱仪、γ射线中子探测仪。其任务目标是探测太阳系2颗最大的小行星——灶神星和谷神星的质量、形状、体积和自旋状态，考察这2颗小行星的内部结构并进行对比研究，搜寻小行星带中这两个标志性天体的信息，以揭示太阳系开始形成时的条件和过程。

在完成探测灶神星的任务后，"黎明号"于2012年9月5日离开灶神星，开始飞往谷神星，并于2015年3月6日抵达曾为太阳系最大的小行星、后被升格为矮行星的谷神星，从而成为世界第一个先后环绕两个地外天体飞行的深空探测器，并标志着人类探测器首次成功造访一颗矮行星。

2015年5月3日和4日，"黎明号"拍下了谷神星的最新照片，人们惊奇地发现，之前令人浮现联翩的双亮点，竟然是由好多个小亮点组成的，一共有10个。然而，这些亮点究竟是什么目前还不清楚。"黎明号"任务的科学家认为，这可能是某种高反射率的物质，比如冰。

利用"黎明号"上的同一套科学仪器探测两个不同目标，便于科学家将2套探测数据进行准确的对比分析。按计划，"黎明号"探测器的主任务将于2016年6月结束，并留在绕谷神星运行的轨道上。

2. 日本"隼鸟二号"

2010年6月13日，日本"隼鸟号"（Hayabusa）小行星探测器携带着从小行星系川表面所采集的约10mg样品返回地面，使日本成为世界上首个在月球之外的原始小天体上着陆、取样并携带其样品返回地面技术的国家，并受到很大鼓舞。

为此，日本于2014年12月3日发射了"隼鸟二号"小行星取样返回探测器。它是"隼鸟号"的后续机型，总体设计类似，但也改进了不少。其探测目标是小行星1999JU3，该小行星上可能有含有机物质和水的岩石。

"隼鸟二号"重600kg，主推进系统为改进型微波放电式氙离子发动机，设计寿命7年。其工程目标是：进一步验证"隼鸟二号"所采用的新技术，提高其鲁棒性、可靠性以及可应用性，使这些技术日臻成熟、完善；验证利用轰击装置撞击天体的技术。其科学目标是：调查C型小行星在物质科学方面的特性，进一步确认1999JU3上含矿物质、水和有机物的情况，特别是要搞清楚它们之间的相互作用；通过对小行星1999JU3的直接探测调查其再集成过程、内部结构和地下物质等，为搞清小行星的形成过程提供第一手材料。

它仍采用"隼鸟号"的平台，但为了满足、着陆、撞击、取样和返回等任务需求，对天线、推力、姿控等进行了适应性改进，增加了推进剂，研制了撞击装置，改进了采样器弹丸的设计，调整了有效载荷配置。它将采用自主式下达投放跳跃式机器人指令的方式，还增加了德国研制的着陆器等。

"隼鸟二号"于2018年6月进入小行星1999JU3轨道后，将先对该小行星进行近距离详细观测。接着，向小行星表面投放跳跃式机器人和小型着陆器。然后，"隼鸟二号"进行俯冲飞行接近小行星表面，在探测器上的采样器接触小行星表面的瞬间弹射出弹子，从弹子撞击小行星表面所溅射出的物质碎片中采集样品，装入样品采集装置内。最后，"隼鸟二号"离开小行星表面。

"隼鸟号"只采集了10kg样品，"隼鸟二号"拟采集100mg以上的物质。"隼鸟二号"在1999JU3小行星附近运行1年半左右时间，完成任务后，将于2019年12月飞离小行星

1999JU3；再用约 1 年时间，即 2020 年末返回地球。返回密封舱的着陆地点与隼鸟号相同，仍为澳大利亚区域。

（九）冥王星探测

经过约 9 年的长途跋涉，美国研制的世界第一个冥王星探测器"新视野"（New Horizons，又译"新地平线"），于 2015 年 1 月 15 日开始探测位于太阳系边缘的冥王星及其卫星附近，触手探及太阳系最后一块未开垦的处女地，打开人类的新视野。

2015 年 7 月 14 日，"新视野"以 5 万 km/h 的速度从距冥王星 1.25 万 km 的高度掠过冥王星，并对冥王星及其卫星系统进行全面的观测，绘制出了冥王星和冥卫一最详细的表面地形图。它避开了可能存在碎片环，防范未发现的卫星（观测冥王星周围是否存在第 6 颗卫星，一旦发现就要计算是否会干扰到探测器的轨道），并搭载了代表人类的问候资料。

它之所以采用飞掠的方式探测冥王星主要有两个原因。一是科学原因，因为假若探测器进入冥王星轨道，就将无法继续前行去探测柯伊伯带了；二是工程因素，它飞行速度非常快，如果要进入冥王星轨道，探测器必须把速度降低 90%，这就要求探测器携带 1000 倍的燃料。在冥王星任务之后，"新视野"将进入太阳系更遥远的空间，2016—2020 年，"新视野"将进入柯伊伯带探测小行星群，时间持续 5 ~ 10 年。"新视野"任务预计在 2026 年结束。

"新视野"号是于 2006 年 1 月 19 日升空的，发射质量 478km。该探测器采用核电源提供能源，采用三轴稳定（科学探测阶段）和自旋稳定（巡航阶段）两种姿态模式。它携带 7 种有效载荷，包括可见光 - 红外成像光谱仪、紫外成像光谱仪、无线电科学设备、远程观测成像仪、冥王星周围太阳风分析仪、冥王星高能粒子光谱仪和尘埃粒子计数器。

（十）其他

2013 年 9 月 13 日，美国航空航天局宣布：美国"旅行者一号"（Voyager-1）探测器于 2012 年 8 月 25 日前后成为第一个进入星际空间的人造物体。"旅行者"项目首席科学家斯通说："'旅行者一号'已经离开太阳风层，在宇宙海洋各恒星间遨游。"虽然它仍受太阳引力等影响，但美国权威专家认为进入星际空间是历史性飞跃，其意义堪比麦哲伦第一次环球航行或阿姆斯特朗首次载人登月。

到 2014 年年底，"旅行者一号"仍在飞往距地球 190 亿 km 以远的深空，据悉它能工作到 2025 年；"旅行者二号"也在飞往太阳风层边缘。

四、空间探测发展趋势及展望

全球未来空间探测活动的趋势是探测对象多元化、任务方式多样化、探测距离由近及远、观测手段不断扩展和丰富、参与空间探测的国家不断增多、国际合作更加广泛。

（一）概述

从发展态势看，为了配合机器人月球基地和载人火星探索等长远任务规划，月球与火星探测仍为未来全球空间探测的两大重点目标，小行星探测成为空间探测领域的另一个热点；木星和土星系探测将成为深空探测下一个远大目标；更多国家将参与深空探测活动，全球深空探测任务趋向采用国际合作模式。随着全球空间探测技术的不断发展，人类从太阳系进入更广袤的宇宙空间进行空间探测活动的梦想正在逐步实现。

从发展途径看，各个航天国家采取各不相同的发展路径，且具有不同的探测目的和侧重点。美国将更多地在火星探测领域投入，并将火星作为其未来载人深空探索的目的地，持续推进火星探测和其他行星探测。俄罗斯将借助月球探测技术优势，重筑空间探测能力，更注重发展月球探测，采取了"三步走"战略（资源勘查和着陆点选择、采样返回、机器人月球基地），未来几年将实施月球着陆、月球车巡视探测、月球取样返回等多种月球任务，为建造月球基地，开展月球天文观测，进行月球资源利用奠定基础。欧洲将依托国际合作紧跟美国，着重推进火星探测。日本与俄罗斯类似，并将深化小行星探测，并推进"月女神"后续任务。印度更加注重空间探测的政治意义，在成功发射火星轨道器之后，还将发射月球着陆器和漫游车、金星探测器等。我国将按既定的发展战略，继续深入探测月球，拟在2017年左右发射月球采样返回探测器，完成"嫦娥工程"三步走战略。

从技术水平看，空间探测将向以下几个方面发展：不断提高无人深空探测器的自主能力；探测器向小型化、功能集成、低功耗和轻质量的方向发展；星体表面巡视探测移动方式以轮式为主，新型的轮腿结合式也受到日益关注；控制方式以地面遥操作为主，自主控制为辅；深空通信频段由S、X频段逐步向Ka频段发展；电推进、太阳能推进和核能推进等新型先进推进技术是提升深空探测能力的重要方向；深空探测运载火箭向大型化、多级化、功能完善化、控制精确化、在轨工作时间长期化、地面发射快速化等方向发展。

随着空间探索的深入推进，人类将进入向地球以外的其他星球探取资源的时代。未来，空间探测活动与重大空间科学问题的结合将更加紧密，探测手段也将不断扩展和丰富。另外，随着参与空间探测活动的国家不断增多，国际合作将在未来空间探测活动中发挥关键作用。其特点是：科学目标更加明确，探测范围更加广泛，探测方式更加多样，探测技术更加先进，并广泛开展国际合作，进行载人深空探测。

（二）月球探测发展趋势及展望

月球探测的下一步将是利用机器人技术、先进钻岩技术、先进测量分析技术等对月球资源及其蕴藏量进行全面深入的勘察，为载人登月和建立月球基地获取重要的数据资料。俄罗斯、日本等已提出要在2020年左右建立自动化月球基地，勘探、开发和利用月球资源，并将月球作为进行天文观测的理想基地。

1. 月球探测发展趋势及展望

人类对月球探测的科学内涵将大大扩展，它包括三方面：月球的科学、月球上的科学和来自月球的科学。根据这样的理念，未来的月球探索不仅要发射大量的轨道器，还要进行更多的月面活动。人类探月的总步骤为探月、登月和驻月三大步，即"探、登、驻"。目前，美国已经完成了前两个阶段，未来将以第 3 阶段为主，即研究并发射无人或有人照料的驻月装置，或建造可供人居住、生活、工作、实验的条件，进行驻月的科学活动。苏联 / 俄罗斯走完了第 1 步，今后准备迈第 2 步。欧洲、日本、中国和印度等还都处在第一阶段，以"探"为主攻方向，并按照绕月、落月、返回三小步分步实施，逐步积累知识和经验，其中欧洲、日本和印度完成了第一小步，中国完成了绕月、落月探测前两小步。总之，世界各国或组织的最终目标都是在月球建立永久性载人基地，开发和利用月球的资源、能源和特殊环境，进行深入的科学研究和技术试验，为载人探测和登陆火星做准备。

（1）中国月球探测发展趋势及展望。

2020 年前，我国将发射与"嫦娥三号"相似的"嫦娥四号"落月探测器，目前正论证其落月地点，会选择着陆地点难度更大、技术挑战性更强的地点进行着陆，例如，落在月球背面着陆，因为之前其他国家都是落在月球正面。

在完成"绕、落"任务之后，我国正进行"回"的相关准备，它将由"嫦娥五号"任务实现，现正开展一系列试验，预计 2017 年发射。目前研制顺利，包括海南发射场、"长征五号""嫦娥五号"，还有很多试验要进行，包括它们之间的匹配性。

"嫦娥五号"采样返回器是我国探月工程三期的主任务，由上升器、着陆器、轨道器、返回器四个部分组成，将于 2017 年左右在海南文昌航天发射中心发射，完成探月工程的重大跨越——带回月球样品。

"嫦娥五号"不仅要完成落月，还要攻克"采样""封装""上升""对接""高速返回地球"等技术难题。在任务中，"嫦娥五号"四个部分被送到月球轨道后将两两分离，轨道器 - 返回器组合体留在轨道，着陆器 - 上升器组合体在月面上降落；着陆后，着陆器用两个机械手进行月面采样和钻孔取样，并将样品放入上升器携带的容器里进行封装；随后上升器从月面起飞，与轨道器 - 返回器组合体交会对接，把样品转移到返回器后分离；轨道器 - 返回器组合体踏上归途，以接近第二宇宙速度飞到距地球几千千米时分离；最后返回器在预定着陆点降落。

"嫦娥五号"在月面取样完成后要封装，要求不能有任何污染；上升器在月面上起飞是我国航天器第一次在地外天体升空；它在月球轨道与轨道器 - 返回器组合体的交会对接与"神舟"飞船与"天宫一号"交会对接不同，技术难度大、精度高；最后，"嫦娥五号"要以接近第二宇宙速度（11.2km/s）的速度，返回到地球上的中国可控范围，这是要突破的关键技术之一。

"嫦娥六号"是"嫦娥五号"的备份。

通过实施"嫦娥工程"，使我国的月球科学、比较行星学、空间天文学等基础研究领域取得了较大进展，提升了航天技术水平并促进了众多相关技术发展，为中国进一步开展深空探测以及未来载人登月奠定了基础。《2011 年中国的航天》白皮书介绍，我国正在开展载人登月前期方案论证，我国著名航天专家已建议在 2025 年或 2030 年进行载人登月。

（2）俄罗斯月球探测发展趋势及展望。

2016 年，俄罗斯计划于发射"月球二十五号"（Luna-25），它降落于月球南极，用于分析月球风化层和当地外大气层；2018 年发射月球中继卫星——"月球二十六号"，负责将位于月球表面的科研设备采集的数据传回地球；2019 年发射的"月球二十七号"装备钻机，以便在月球极地附近寻找冰。此后发射的"月球二十八号"用于完成取样返回任务，"月球二十九号"的任务是携带月球车着陆月球。它们用于完成"月球 - 资源"（Luna-Resurs）、"月球 - 水珠"（Luna-Glob）任务。接着，俄罗斯拟建立"机器人月球基地"，在 2030 年以后开始进行载人登月活动。

（3）日本月球探测发展趋势及展望

2018—2019 年，日本将发射首个落月探测器"月球调查智能着陆器"（SLIM），将把着陆点精确控制在距离目标区域数百米的范围内。落月过程中，它将实现月表地形的快速评估，迅速辨认可能的登陆障碍物。落月后，将研究月球材料和表面大气，以便为今后的载人登月做准备，并为无人探测器考察火星积累经验。

（4）印度月球探测发展趋势及展望。

2017 年，印度将发射"月船二号"（Chandrayaan-2）月球探测器，它由一个轨道器、一个着陆器和一辆月球车组成，任务的目的是演示验证在月球上的软着陆能力，对月球表面进行矿物和地质等方面的测绘和分析，对"月船一号"的探测成果进行核实和确认，并将探测月球上是否有水。

（5）欧洲月球探测发展趋势及展望。

2024 年，欧洲航天局拟在月球南极的沙克尔顿陨石坑打造一座名为"月球城"的首个月球基地，作为"国际空间站"退役之后的新太空基地。它将采用 3D 打印机、充气式生活舱等前沿技术，最多一次能够容纳 4 名航天员生活在其中。此前，欧洲计划在 2018 年向月球南极发送一辆月球登陆车，为建造月球基地打基础。

（6）韩国月球探测发展趋势及展望。

2017 年，韩国将与美国合作，发射试验型月球轨道器。2020 年，发射自主研发的月球轨道器和月球着陆器，后者将搭载采用核电源的月球车，大小相当于方便面箱子，重量仅为 20kg，可在着陆点 40km 以内进行各种探测活动。韩国原定计划在 2023 年和 2025 年研制出月球轨道器和着陆器，但朴槿惠总统在大选承诺中表示要在 2020 年前完成登月计划，让韩国太极旗在月球飘扬，所以研发日期也随之被大幅提前。

（二）水星探测发展趋势及展望

未来几年，只有欧洲和日本计划探测水星。2017 年，将发射由欧洲牵头的"贝皮·科伦布"（BepiColombo）水星探测器，它在进入水星轨道后，将展开为期一年的水星探测活动，研究水星表面特征、内部结构和磁场状态等，揭示这颗行星的构成和太阳对它的影响等。"贝皮·科兰布"由欧洲"水星行星轨道器"（MPO，主探测器）、日本"水星磁层轨道器"（MMO，次探测器）组成，其中"水星行星轨道器"携带 11 台仪器，用于研究水星表面和内部成分；"水星磁层轨道器"携带 5 台仪器，用于研究水星周围的磁层。它们将完成对水星迄今为止最广泛和最详尽的研究。

（三）金星探测发展趋势及展望

未来几年，有多个国家计划探测金星。

2016 年年底，美国将发射携带了大气成分探测器、表面地质学研究探测器以及表面成分与矿物学研究探测器的"表面和大气层、金星化学探索者"（SAGE），用于研究金星大气层、气候和表面演化的历史。

美国已设计出一种名叫"金星大气机动平台（Vamp）"的金星探测飞机。其翼展可能是波音 737 的两倍。"金星大气机动平台"可以承载 200kg 重的仪器设备，其中包括相机、大气采样器等。设计者认为，这款飞机也可以在其他星球上空飞行，例如，土卫六。它是充气式螺旋桨飞机，可由一颗人造卫星携载，之后进入金星大气层，计划 2021 年进入金星大气层，主要用于采集大气样本，研究金星表面状况。据悉，"金星大气机动平台"并不是首个设计的金星飞机，采用太阳能动力，同时配备螺旋桨推进器，可用于研究分析金星云层。

美国正在研制的"金星移动探索者"（VME）将用于在金星表面两个不同位置测量成分和矿物学特征。它分两步实施，先是在探测器下落过程中进行探测，然后是在两个不同着陆地点进行探测，具体发射时间不详。

2016 年，俄罗斯将发射金星 –D（Venera D）。它是通过一个轨道器、多个气球、一个着陆器和一个新发明的风力飞行器，探索很多与金星有关的重要科学之谜。俄罗斯在 2024 年以后还将向金星发射探测器。

欧洲拟研制"欧洲金星探索者"（EVE）。它包括一个轨道器、一个位于云层高度的气球探测器和一个着陆探测器，以便对金星立体探测，具体发射时间不详。

印度也计划于近年发射金星探测器。在进行了金星探索任务的评估研究后，目前正开展相关的研究工作。

（四）火星探测发展趋势及展望

火星是离地球最近的类地行星，具备了生命存在的必要条件，并有可能成为人类未来移民的理想星球。美国、欧洲已将火星作为未来太空探索蓝图的新目的地，都在稳步推进火星探测活动。随着火星飞行越来越频繁和任务规模日益扩大，人类会在火星建立功能齐全的火星基地。

2016年，美国计划向火星表面发射配备地震波检器和探热仪的"洞察号"（InSight）小型深度钻岩火星着陆器。与"好奇号"火星车主要探测火星表面结构不同，洞察号将用于探索火星内部的地质结构，研究火星早期的地质演变［它借鉴"凤凰号"（Phoenix）火星着陆器时的技术，以降低任务风险及成本］。2020年，美国还拟发射新的火星车，它将使用"好奇号"火星车成熟的平台，所以比"好奇号"的25亿美元要少花10亿美元，但配置了更先进的探测仪器，对火星表面进行进一步考察。2022年，美国有可能发射火星采样返回探测器，最终确认火星上是否有生命。此外，美国还计划在21世纪30年代派遣航天员登陆火星。

2016年，欧洲航天局和俄罗斯将联合发射"跟踪气体轨道器"（TGO），用于搜寻火星上甲烷和其他大气气体存在的证据，两者是存在活性生物或地质作用的标志，并为"火星生物学"（ExoMars）火星车着陆选址。

2018年，欧俄将联合发射"火星生物学"火星车，用于搜寻生命迹象。它将成为首个能在火星上钻探地下2m深的巡视探测器，采集不受辐射和氧化剂破坏的样品，然后把采集的灰尘样本返回地球进行分析，从而分析火星是否具备维持生命存活的重要元素。

2020年，俄罗斯将发射火卫一－土壤二号探测器。它与2011年升空但失败的火卫一－土壤类似，将采集火卫一上的土壤返回地球。

中国航天科技集团公司在2014年举行的第十届"珠海航展"上展出了火星探测器模型。中国航天科技集团公司有关领导透露，中国首次火星探测任务已完成论证，目标是通过一次任务实现火星环绕探测和巡视探测，获取自主火星探测科学数据，实现深空探测技术的跨越。中国火星探测器计划于2020年前后由"长征五号"运载火箭在海南发射场发射入轨，直接送入地火转移轨道。

（五）木星探测发展趋势及展望

未来几年，美国和欧洲计划合作探测木星。

2020年，将执行美国与欧洲合作的"欧罗巴木星系统任务"（EJSM，又叫"木卫二木星系统任务"），以探测木星、木卫一至四。它包括"木星木卫二轨道器"（JEO）和"木星木卫三轨道器"（JGO）2个探测器。"木星木卫二轨道器"主要由美国负责，携带9台科学仪器，以探查这里是否具有适宜生命生存的宜居环境，2020年2月发射。"木星木卫三轨道器"主要由欧洲负责，携带9台科学仪器，用于探测表征木卫三的海洋、深层内部、磁场、磁层、绘制其表面成分和地质特征，研究木卫四，观测木卫一，计划在2020年3月发射。

欧洲航天局还将于2022年发射"木星冰月探测器"（JUICE，与美国合作），2030年抵达木星轨道，对木星及其卫星进行3年的观测，探测木卫二、三、四存在生命的可能性，并研究行星形成和生命出现的条件是什么，太阳系是如何运转的。它是欧洲"2015—2025宇宙愿景"的首个大型任务。

（六）土星探测发展趋势及展望

未来几年，美国和欧洲计划联合探测土星。

2016 年，美国计划发射"土星海探测器"（TiME）。它将于 2022 年登陆并漂浮在土卫六的 Ligeia 湖面区域航行，该湖是土星最大的湖之一，表面积达 10 万 km^2。

2020 年 9 月，美国和欧洲将发射联合研制的"土卫六土星系统任务"（TSSM）探测器。定于 2029 年 10 月进入土星轨道，用于探索与地球系统类似的土卫六 、土卫二和土星的磁层。该探测器由轨道器、气球和着陆器三部分组成：轨道器载有 7 台仪器；气球在土卫六大气层距离表面 10km 高度飞行，携带 8 台仪器；着陆器的目标是土卫六北部的海，携带 5 台仪器，经轨道器的 X 频段遥测中继。

（七）小行星探测发展趋势及展望

未来几年，美国和日本计划探测小行星。

2016 年，美国将发射"源光谱释义资源安全风化层辨认探测器"（Origins Spectral Interpretation Resource Identification Security Regolith Explorer，OSIRIS-REx）探测器，它可增进对近地小行星的基本科学了解，研究小行星的物质，测绘 1999 RQ36 小行星的整体特性，测量非引力作用力，并提供观测数据以供与地面望远镜观测做比较，并于 2023 年携带至少 60 克 1999 RQ36 小行星表面物质返回地球。

2017 年 1 月，美国将发射"埃莫"（Amor）近地小行星探测器。它拟与一个由 3 颗小行星组成的 2001 SN263 小行星系统进行交会、着陆和探测，用于对未来载人小行星探测计划提供至关重要的实际考察数据。该探测器于 2021 年 11 月达到 2001 SN263，对这个小行星系统进行 8 个月的详细研究，包括高分辨率制图和至少两次着陆等。

日本将研制"隼鸟二号"的后继探测器——隼鸟 -2Mk（暂定名），无论是公用平台，还是有效载荷舱的设计，以及所要完成任务，与 2014 年发射的隼鸟二号相比，都有很大变化，可能要完成对两个乃至两个以上的天体进行观测、着陆、取样并返回地面；采样器要配备很长的"脚"，实现以钻探方式采集样品并确保所采集到的样品保持良好的层序性；还计划向小天体上投放会行走的着陆器，直接完成对小天体的详查乃至取样等任务。欧洲拟参与该项目。

初步观测、探测表明，小行星可能蕴藏着丰富的燃油和贵重金属等矿产资源。为此，2012 年、2013 年美国先后成立了行星资源公司和深空工业公司两家民间公司，准备在未来 20 ~ 30 年，利用无人机器人到小行星上开采贵重金属。

为了减少载人登小行星的技术风险，美国正在实施"小行星重定向任务"（ARM），计划发射无人航天器，从一颗大型小行星表面捕捉一块巨石并拖至月球轨道，它比捕捉一颗完整的小行星并拖至月球轨道更加复杂，但能验证更多登陆火星所需的技术。美国将于 2018 年确定目标小行星，并于 2019 年发射机器人探测器去捕获并拖至月球轨道，2020 年之后派航天员登陆。然后把小行星用作载人登火星的中转站。美国计划在 2035 年左右实施载人登火星计划。

（八）美国空间探测发展趋势及展望

美国是迄今为止唯一一个对太阳系内所有行星进行过探测的国家，还对太阳、小天体和星际空间开展过大量探测，实现了月球、火星、小行星和土卫六着陆，以及彗星粒子和太阳风粒子采样返回，在全球空间探测领域处于绝对领先地位，所以其空间探测战略规划代表了未来空间探测的发展趋势。

2014 年，美国航空航天局（NASA）发布了《2014 年战略规划》（Strategic Plan 2014），制定了美国航空航天局包括深空探测在内的各大领域的战略方向、战略目的和优先级。同年，美国航空航天局科学任务部发布了《2014 年科学计划》（Science Plan 2014），进一步明确了美国航空航天局未来科学探测包括深空探测的方向、目的和具体目标。

美国航空航天局行星科学的战略目标是探索并观测太阳系中的天体，理解它们是如何形成和演变的；进一步理解太阳系运行、作用和演变的化学与物理过程；探索并发现那些过去可能有过生命或现在存在生命的地方；进一步理解地球上生命的起源和演变，指导人们搜寻其他生命痕迹；鉴别并描述太阳系中可能威胁地球的天体，或为载人探测提供资源。面临着预算不足、技术投资削减等重大挑战。

按任务规模、技术复杂程度以及任务成本和周期，美国航空航天局把深空探测任务规划为三类，即"发现级"（Discovery，小型任务，每项成本约 5 亿美元）、"新疆域"（New Frontier，中型任务，每项任务成本 10 亿美元）和"旗舰"（Flagship，大型任务，每项任务成本 15 亿～25 亿美元）任务。美国《2014 年科学计划》在继续推进中、小型任务的同时，弱化大型任务。不过，美国科学界仍希望大力推进深空探测，尤其支持科学回报最高的"旗舰"任务。

美国国家科学研究委员会建议美国未来 10 年内实施的旗舰任务包括"火星天体生物学探测 – 收集者"（Mars Astrobiology Explorer–Cacher，MAX-C）火星车任务、木卫二（Europa）任务和天王星系任务。其中实现火星采样返回的"火星天体生物学探测 – 收集者"火星车任务具有最高优先级，木卫二任务次之。在预算允许的条件下，实施 1～3 项"旗舰"任务，即"火星天体生物学探测 – 收集者"火星车、木卫二轨道器和天王星轨道器任务；2 项"新疆域"任务；多项"发现"任务。在预算受限的情况下，可去掉一项"旗舰"任务，即木卫二轨道器任务。

美国航空航天局将"火星探测计划"单独归为一类任务，凸显了火星探测的重要性，其目标是：确定火星上是否曾经存在生命；研究火星气候；研究火星地质情况；为未来的载人探测火星做准备。

美国深空探测战略规划特点是：在进行太阳系科学探索的同时，为实现载人火星探测最终目标打下基础；以火星为重点，弱化月球探测；在突出火星探测重点的同时，兼顾覆盖其他行星和小天体的探测；高度重视国际合作，未来以提供仪器和任务支持的方式为主进行国际合作。

空间探索永远充满着风险与挑战，更有新的奥秘等待解答。尽管宇宙探索的道路崎岖不平，但人类走出地球，探索和利用太空的步伐永远不会停止。

参考文献

［1］东方星. 嫦娥–3 实现中国首次落月探测［J］. 国际太空，2013，12：1–8.

［2］诸葛炎. 新颖别致的嫦娥–3 着陆器［J］. 国际太空，2013，12：9–14.

［3］司马光. 灵活高效的玉兔号月球车［J］. 国际太空，2013，12：15–19.

［4］欧阳天. 嫦娥–3 勇闯三大险要关［J］. 国际太空，2013，12：20–32.

［5］叶培建，黄江川，孙泽洲，等. 中国月球探测器发展历程和经验初探［J］. 中国科学：技术科学，2014，44：543–558.

［6］庞之浩. 国外空间探测器发展概览［C］// 第二十五届全国空间探测学术交流会论文集. 内蒙古满洲里市，2012：45–51.

［7］庞之浩. 世界小行星探测概览［C］// 第二十六届全国空间探测学术研讨会会议论文集. 海南博鳌，2013：49–56.

［8］丁文华. 世界深空探测发展研究［C］// 第二十六届全国空间探测学术研讨会会议论文集. 海南博鳌，2013：1–14.

［9］庞之浩. 精彩纷呈的 2014 年国外空间探测活动［C］// 第二十七届全国空间探测学术研讨会论文集. 天津，2014：319–322.

［10］士元. 2013 年世界空间探测回顾［J］. 国际太空，2014，2：19–23.

［11］北京空间科技信息研究所. 国外航天发展年度报告（2013）［R］. 北京，2014：125–131.

［12］陈求发. 世界航天器大全［M］. 北京：中国宇航出版社，2012 年.

［13］博引. 信使号进入水星轨道［J］. 国际太空，2011，5：31–39.

［14］张莉敏.“贝皮–科伦布”——人类即将派往水星的使者［J］. 国际太空，2012，8：32–35.

［15］焦维新. 未来金星探测的计划和理念［J］. 国际太空，2012，8：15–23.

［16］张扬眉. 携带萤火–1 的“火卫一–土壤”探测器未能按计划变轨［J］. 国际太空，2011，12：18–24.

［17］吴爽，张扬眉. 国外地外天体漫游车发展状况研究［J］. 国际太空，2012，8：2–14.

［18］夏亚茜. 美国新一代木星探测器“朱诺”升空［J］. 国际太空，2011，8：31–36.

［19］夏亚茜，卢波. 木星和土星探测的未来发展态势［J］. 国际太空，2012，8：24–31.

［20］刘嘉宁. 欧洲“罗塞塔”8 月进入目标彗星轨道［J］. 国际太空，2014，8：18–24.

［21］http：//www.nasa.gov/mission_pages/grail/main/index.html.

［22］http：//www.nasa.gov/mission_pages/ladee/main/index.html.

［23］http：//www.jspec.jaxa.jp/e/activity/selene2.html.

［24］http：//www.nasa.gov/mission_pages/messenger/main/index.html.

［25］http：//www.esa.int/Our_Activities/Operations/BepiColombo.

［26］http：//www.nasa.gov/mission_pages/msl/index.html.

［27］http：//www.esa.int/Our_Activities/Space_Science/ExoMars_ESA_and_Roscosmos_set_for_Mars_missions.

［28］http：//www.nasa.gov/mission_pages/juno/launch/index.html.

［29］http：//www.esa.int/Our_Activities/Space_Science/Rosetta.

［30］http：//b612.jspec.jaxa.jp/hayabusa2/e/index_e.html.

［31］http：//www.nasa.gov/mission_pages/dawn/main/index.html.

［32］http：//www.esa.int/Our_Activities/Operations/Mars_Express_ready_for_comet_encounter.

［33］东方星. 2014 年世界空间探测回顾［J］. 国际太空，2015，2：32-41.

［34］司马. 走近冥王星的"新地平线"［J］. 国际太空，2015，3：35-43.

［35］伍晓京，张扬眉. 美国"黎明"小行星探测器抵达谷神星［J］. 国际太空，2015，3：44-48.

［36］Cosmic Vision：Space Science for Europe 2015-2025. www.esa.int.

［37］NASA. Venus Goals，Objectives，and Investigations. Washington：NASA，2011.

［38］NASA. Venus Exploration Goals and Objectives. Washington：NASA，2012.

［39］NASA.NASA Strategic Plan 2014. Washington：NASA，2014.

［40］NASA.Science Plan 2014. Washington：NASA，2014.

撰稿人：庞之浩

空间材料发展报告

一、引言

　　空间材料包括金属材料、高分子材料、无机非金属材料及其复合材料等，是现代高新技术和产业的基础与先导，它也是高新技术取得突破的前提条件。按照其发挥的作用，空间材料可以分为结构材料、功能材料及结构功能一体化材料三大类。结构材料主要用于制造飞行器的各种结构部件，包括铝合金、钛合金、镁合金以及复合材料等。功能材料以实现某种特殊性能为特征，发挥润滑、防护和催化等作用。结构功能一体化材料兼具结构和功能两方面或多方面特性，例如，透波天线罩集承载、防热、透波、抗烧蚀于一体，满足微波窗口的应用需求。

　　伴随着我国载人航天和探月工程的稳步推进以及国家安全的发展需要，我国空间材料的研究和应用取得了重大进展。本报告简单总结我国空间材料近年来的新进展，包括空间结构材料、功能材料以及结构功能一体化材料等。

二、空间材料最新进展

（一）空间结构材料

　　空间结构材料主要用于制造飞行器的各种结构部件。随着近年科学技术水平的迅速发展，航空航天领域中传统材料已经很难满足其需要，新型结构材料朝着轻质化、高强度、低成本、多功能的趋势发展，尤其是复合材料以其综合性能优异的特点，在研究和应用领域受到了广泛的关注。

1. 合金材料

（1）铝合金材料。

铝合金材料具有密度低、比强度高、耐蚀性好、抗疲劳性能良好等优点，并且无磁性，易于加工，成本低廉，是航天器机构中最常用的材料。随着飞行器损伤容限和耐久性方面的要求逐渐提高，对铝合金材料的强度、断裂韧性、耐蚀性、抗疲劳等综合性能提出了更高要求。而通过颗粒、短纤维、晶须等非连续相增强的铝基复合材料，因其良好的可再加工性及尺寸稳定性备受关注，成为近年来研究最多的复合材料。

在众多的铝合金材料中，7000 系列 Al-Zn 合金主要侧重于强度方面；2000 系列中，Al-Cu 合金则具有更优的抗损伤性能，2024 与 2014 牌号的 Al-Cu 合金因材料中含有 Al_2Cu 与 Al_2CuMg 共沉淀相而具有高强度、优异的耐损伤性能和防止产生疲劳裂纹的特点，在航空结构材料中有广泛的应用。通过改进材料制备工艺，可进一步提高铝合金材料性能。如7475 牌号铝合金（Al-Zn-Mg-Cu）是在高强度铝合金 7075 基础上改进制备的（降低合金体系中铁与硅总含量，并改变淬火与老化条件），该合金具有高强度和断裂韧性，在空气中和腐蚀性环境中还可抵抗疲劳裂纹的产生。

铝基体中加入的化学元素种类与含量均会影响铝合金材料的综合性能，如 Al-Zn 合金在全系列铝合金中强度最高，加入 2%Cu 可提高 7000 系列铝锌合金的强度，但其抗腐蚀性能较差。此外，在常规铝合金材料中加入其他元素，可以实现铝合金微结构、机械性能等方面的改善。例如，在 Al‐Zn‐Mg‐Cu 合金中加入 Zr、Er 和 Cr 元素，所得到的新合金中形成了连续的 Zn、Mg、Cu 以及含 Cr 的 Al_3（Zr，Er）相。尺寸在 15 ~ 25nm 的二次析出相有效地抑制了 Al 基质的重结晶，只保留了细小的亚晶界。结果表明，Zr、Er 和 Cr共掺杂形成的未重新晶化的 Al‐Zn‐Mg‐Cu‐Zr‐Er‐Cr 合金具有更好的耐腐蚀性能，同时其机械性能和断裂韧性有了明显的改善。

金属锂的密度很小（$0.54g/cm^3$），是少数几种在铝材中溶解度较高的元素之一。通过在铝合金中添加锂元素可以减少合金整体密度，达到对飞行器减重的目的。铝锂合金密度低、比强度高、比刚度高等优良特性使其成为新一代航空航天飞行器的主要结构材料，如Al-Li-Cu-X 合金。与常规铝合金材料相比，将锂元素添加到铝合金中形成连续低密度的Al_3Li 沉淀相，可提高合金模量，并进一步降低合金密度。

复合化是金属材料实现高性能化和功能化的有效途径，通过复合增强相可有效提高金属基复合材料（MMCs）的比强度与比模量。但增强相的加入往往会导致 MMCs 韧性和塑性的急剧降低。因此，如何提高基体与增强体的复合效益，实现强度、模量与韧塑性的优化配置成为开发轻质高强 MMCs 的关键科学技术问题。

上海交通大学通过纳米技术和复合技术的完美结合，实现 CNTs、石墨烯等纳米增强相与金属基体的仿生"砖砌"纳米叠层复合，制备出具有"砖砌"纳米叠层的碳纳米管 /铝、石墨烯 / 铝等复合材料。研究结果表明，纳米叠层 MMCs 充分发挥了仿生纳米尺度与复合构型的双重效益，实现了 MMCs 强度与韧塑性的优化配置，为高强韧金属复合材料的设计制备和应用提供了理论依据和使用途径。

（2）钛合金材料。

与其他合金相比，钛合金具有比强度高、线膨胀系数低、耐蚀性强、高温性能好等特点。在 300 ~ 500℃时，其强度约为铝合金的 10 倍。另外，与铝合金相比，钛合金与碳纤维的电位更为接近，具有较为相近的线膨胀系数，也更为适合作为金属接头与复合材料使用，广泛应用于航天航空领域。

钛合金材料的耐磨性能较差。在运动部件中，需对钛合金进行强化处理或通过钛合金的表面处理技术实现其材料的强化和机械性能的提高。国内主要通过添加其他硬质陶瓷相（如 TiB 等）以及加入其他元素和化合物（如 Zr、Si 等）来提高钛合金微观硬度和耐磨性能。另外，通过不同温度条件下的退火处理，可改变钛合金的微观结构，从而改善钛合金的机械性能。

钛合金的表面处理工艺可进一步改善其机械力学性能。比如通过微弧氧化、电子束熔炼技术、热等压近净成形技术以及等离子体表面钼化处理，可改善 TC4 钛合金力学强度和其他力学性能。现在开发的高性能钛板材合金，其强度是工业纯钛的 4 倍，而工艺特性则与工业纯钛相近。具有更高的热强性、热稳定性和使用寿命的"近 α 型"热强钛合金是钛合金的发展方向之一。第六代航空发动机将使用以固溶强化和金属间化合物综合强化的热强钛合金板材。开发热强合金可以采用金属间化合物强化的以 β 固溶体为基的合金。这种合金的特点是在 600 ~ 700℃下具有较高的热强性和令人满意的塑性性能。与现有钛合金相比，研发该类型的钛合金可使强度和热强性提高 25% ~ 30%。以钛铝化合物为基的合金，也是未来的研究方向之一。γ- 钛铝合金在 700 ~ 900℃下比热强性超过钢材及热强合金，可保护机械组件免受高机械压力和热负荷，具有广阔的应用前景。TiZrAlV 新四元合金因突出的力学性能也受到关注，其中 Ti–20Zr–6Al–4V 合金的抗拉强度达到 1317MPa，而伸长率则只有 8.08%。

（3）高强镁合金材料。

镁合金作为最轻的金属结构材料，其密度只有铝的 2/3、钢铁的 1/4，应用于航天器件减重效果将十分显著，应用意义重大。相比于其他金属材料，镁合金的强度、弹性模量及塑性都比较低，但具有高的比强度和比模量。但镁合金的化学性能活泼，耐腐蚀性能低，航天产品处于极端条件下工作，这对镁合金材料提出了苛刻的性能要求。

中国科学院在承担"973""863"项目、国家攻关项目、国家自然科学基金和重点基金项目等有关镁合金项目的研究基础上，经过多年的科研积累和攻关，在镁合金熔体净化、凝固组织控制、夹杂检测分析、热处理和热机械加工过程中的组织和性能调控等方面突破了多项关键技术，并在合金优化、组织性能表征、强韧化机理等方面开展了深入广泛的研究。成功研发出 G04 镁合金锻件，其具有优异的综合力学性能，同时相关物理性能也达到了国际先进水平，完全可以满足航天应用需求。现已可以稳定高效地生产出内部组织优异、表面质量达标、规格多样的锻件产品，并已在多个重要航天型号装备中获得应用，很大程度上减轻了航天器的重量，在运行过程表现出良好的稳定性。

（4）钢材。

航天器机构中使用的钢材料包括结构钢和不锈钢两类。结构钢具有高强度、韧性、抗疲劳性能和加工工艺性。在加工过程中，高强度钢的脱碳、腐蚀、除氢过程对其性能具有至关重要的影响。高强钢通常用在要求有高刚度、高比强度、高疲劳寿命，以及良好中温强度、耐腐蚀性的结构件中。无论是在半成品生产中，还是在复杂结构件的制造中，尤其是在以焊接作为最终工序的焊接结构件生产中，钢材都是不可替代的材料。目前在保持同样断裂韧性指标的条件下，已将钢材的最低强度提高到了1950MPa。高强钢的发展需进一步完善冶金生产工艺、选择最佳的化学成分及热处理规范，开发强度性能达到2100 ~ 2200MPa的高可靠性结构钢。在现在各种高强度钢材料中，马氏体类型的低碳弥散强化耐腐蚀钢和过渡类型的奥氏体——马氏体钢，其耐腐蚀性优，强度高，最有希望适用作为高强钢的材料。航天器机构上常用的钢材料除高强钢外，还包括不锈钢，如1Cr18Ni、1Cr17Ni2等，随着钢材表面处理技术，如表面氮化处理、表面薄膜沉积等技术的发展，钢材料的机械性能有望进一步提升。如1Cr18Ni用陶瓷涂层处理后，可明显提高使用寿命。

2. 复合材料

（1）碳纤维。

"十一五"以来我国的碳纤维研发和产业化取得了突破性进展，基本突破了T300级的产品研发；建成了几个年产千吨级的生产线；并正在向T700 ~ –T800更高性能级别的产品研发进军。以碳纤维增强树脂基复合材为重点的先进复合材料在卫星、火箭、飞船等空间领域得到越来越广泛的应用，同时在先进复合材料技术方面也取得了突破性进展。中航工业制造所面对国外复合材料铺放工艺与装备技术飞速发展，瞄准工程化应用，经过不懈努力，已基本掌握了复合材料自动铺放制造工艺及装备的关键技术，总体水平处于国内领先地位，为国内该项技术在先进复合材料领域的推广应用做了大量的技术储备，也为先进复合材料制造技术整体水平的提升打下了坚实基础。但我们的碳纤维研发还存在着许多问题，即产品性能不够高、质量不够稳、成本不够低和品种不够全。

（2）陶瓷先驱体。

陶瓷先驱体是指能够转化为陶瓷材料的元素有机聚合物，具有组成结构可设计、易于成型、陶瓷化温度低等优点，尤其适于先驱体浸渍裂解（PIP）方法制备特殊形状、结构和功能的陶瓷材料，是陶瓷纤维、薄膜、涂层和陶瓷基复合材料的关键原材料，在航空航天、武器装备和能源环境等领域具有重要且广泛的应用。

陶瓷先驱体最早由聚碳硅烷制备碳化硅陶瓷纤维发展而来，历经40余年的发展，已经形成了丰富的陶瓷先驱体家族。常见的陶瓷先驱体有聚碳硅烷、聚硅氮烷、聚硼氮烷、聚硼硅氮烷、聚碳硼烷等聚合物体系，广义的陶瓷先驱体还包括氧化铝、氧化锆、莫来石等溶胶体系。聚硅氮烷、聚硼氮烷和聚硼硅氮烷等先驱体是制备氮化物透波窗口的关键原材料。氧化铝和氧化锆等溶胶是飞行器高温隔热瓦的关键材料。聚碳硅烷是发展最早也是应用较为成熟的陶瓷先驱体，在空间光机结构、姿轨控发动机、航空发动机等装备中有重要应用。超高温陶瓷先驱体将在空天飞行器中发挥重要作用。

由于陶瓷先驱体敏感的应用范围，西方国家对我国实施严格的技术封锁和产品禁运。我国在上世纪 80 年代即关注了这一领域，并由国防科学技术大学开始探索陶瓷先驱体及其碳化硅纤维技术。历经 30 余年的技术攻关，自主开发了聚硅烷、聚碳硅烷的关键合成技术，并实现了吨级中试稳定生产。以此为基础，突破了连续碳化硅陶瓷纤维关键技术，打破了西方国家的封锁。国防科学技术大学率先建立了先驱体浸渍裂解（PIP）技术，支撑和推动了国内陶瓷基复合材料的技术进步，所研制的陶瓷先驱体已获得应用。同时，累计为国内多家单位研制生产了数十吨聚碳硅烷陶瓷先驱体。

已相继开发出数十种陶瓷先驱体，如含异质元素聚碳硅烷、聚硅氮烷、聚硼氮烷、聚硼硅氮烷、聚碳硼烷和锆基超高温陶瓷先驱体等，涵盖了耐高温、超高温和透波、吸波等结构功能一体化陶瓷体系。在空天技术迅猛发展的带动下，国内多家单位也相继进行了陶瓷先驱体研究，形成了各自的研究特色。目前，国内陶瓷先驱体研究已经引起广泛关注，形成了较为齐全的陶瓷先驱体研究体系，以聚碳硅烷为代表的部分先驱体已经达到国际一流水平。

以聚碳硅烷为先驱体进一步发展了 C/SiC、SiC/SiC 等轻质耐高温陶瓷基复合材料，已应用于空间光机结构和姿轨控发动机等空间技术领域。针对 C/SiC 复合材料在卫星相机光机结构中的应用，开发了低膨胀 PIP C/SiC 复合材料，应用于某型号卫星的镜筒和前镜筒。针对姿轨控火箭发动机喷管，突破了 C/SiC 复合材料喷管制备和精密成型关键技术，性能达到国际先进水平，相比传统高温合金可以实现发动机质量减重 30%～50%，工作温度提高 100～200℃，在空间运载、深空探测等领域发挥着重要作用。

（3）铝基复合材料。

非连续增强铝基复合材料（DRA）具有较高的比强度和比弹性模量、良好的耐磨损、耐疲劳与抗蠕变等性能，它的导热导电性能良好、热膨胀系数低、尺寸稳定性好。同时，还具有各向同性、价格便宜以及可进行二次成型加工等特点，是金属基复合材料中研究与应用最广泛的一种，占金属基复合材料产量的 60% 以上。在空间技术领域，DRA 的用途多作为承力结构、热管理以及精密仪器支架等零件使用，替代传统金属与树脂复合材料。在 DRA 应用规模方面，北美、西欧和日本用量占全球 60% 以上。

我国现已形成以粉末冶金、搅拌铸造与浸渗法为主的制备技术，以及对其的塑性变形加工与机加工技术，近年还突破了高质量焊接技术。已突破了 MMC（金属基复合材料）实际应用，但尚未形成货架产品和系列化的技术标准，而且没有生产企业真正掌握 MMC 制备加工核心技术。随着高分辨、载人航天以及深空探测等专项任务的开展，航天部门对 MMC 的需求大幅增长。但受产能、加工技术所限，真正实现成功装机的 DRA 产品寥寥无几。

（4）树脂基复合材料。

高性能树脂基复合材料作为空间飞行器结构部件材料发挥着不可替代的作用。运载火箭和导弹壳体、航天飞机与宇宙飞船部件、卫星天线、天文望远镜等航天飞行器的重要结构件正在越来越多地采用复合材料，目前和今后 20～30 年的发展主流是碳纤维增强树脂基复合材料。

碳纤维、碳纳米管作为一种高性能材料，因具有比强度高、比模量高、热膨胀系数小、密度低等特性而成为近年来树脂基复合材料中最重要的增强材料，被广泛应用在航空航天领域。对碳纤维、碳纳米管增强树脂基复合材料的研究主要集中在对碳材料、对树脂基体的改性和改善碳纤维、碳纳米管和树脂基体的黏接性能这几个方面。碳纤维、碳纳米管表面改性技术可以分为表面氧化处理、表面涂层技术、γ 射线辐照、等离子表面改性等技术。通过对碳材料表面的处理，可以实现碳纤维、碳纳米管增强树脂材料的机械性能的提升。另外，碳纤维增强体与树脂基体之间的界面结合状况对其性能有很大影响。哈尔滨工业大学通过对 T800 碳纤维增强 TDE85 环氧树脂复合材料界面性能研究发现，T800/TDE85 体系的界面形成了强的化学键，界面强度值高达 79.7MPa，比 T300、CCF300 体系分别高达 21% 和 24%。

（5）陶瓷（碳）基复合材料。

陶瓷（碳）基复合材料主要用于再入防热以及高温喉衬。再入防热复合材料的发展经历了烧蚀防热和非烧蚀型防热。烧蚀防热复合材料主要包括三种类型：碳纤维增强树脂基复合材料、碳/碳复合材料以及碳纤维增强石英基复合材料（碳－石英复合材料）。非烧蚀型防热复合材料主要包括抗氧化涂层 C/C 复合材料、C/SiC 复合材料以及超高温陶瓷改性的 C/C 及 C/SiC 复合材料。超高温陶瓷改性的 C/C 及 C/SiC 复合材料一方面保持了 C/C 和 C/SiC 的优势，同时超高温陶瓷的添加也进一步提高了材料的抗氧化能力和耐温性，是目前重点发展的一种防热材料。近年来，美国发展了一种集防隔热一体化功能新型的复合材料，即韧化单体纤维增强抗氧化复合材料，其密度仅为 $0.4g/cm^3$，耐温可达 1697℃。

国内在 C/C、抗氧化 C/C、C/SiC、改性 C/C 和 C/SiC 等方面均开展了大量工作，相关产品已应用于航天航空等多个领域，近年来在复合材料快速制备工艺方面取得重大突破，发明了快速化学气相渗技术，大幅度缩短了 C/C、C/SiC 复合材料制备周期，降低了制备低成本；在防热复合材料的结构构筑方面，设计出三明治结构材料、夹层结构材料等多种结构形式，满足了不同应用环境的需求。但防隔热一体化材料的研制目前仍处于起步阶段，还需大力发展。

（二）功能材料的新进展

航天器在发射、返回以及进入预定轨道执行飞行任务期间，机构需要在不同的环境条件下工作。在发射、返回经过大气层过程中，飞行器表面需要经历高温环境；在轨期间的空间环境主要包括高真空、微重力、高低温交变、强辐射、原子氧、微流星以及空间碎片等。在基体表面施加防护涂层或者进行基体表面改性处理，既能提高基体抗高温氧化与热腐蚀性能，又可保持基体的力学性能，防护技术已广泛应用于航空航天等领域。

1. 热防护材料

当航天飞行器以高速往返大气时，在气动加热下，其表面温度极高。因此必须采取有效的热防护方法，以保护内部结构在一定温度范围内正常工作。防热耐烧蚀复合材料是为了满足航天器极端高温要求而发展起来的一种新型复合材料，主要包括碳/碳复合材料、碳/酚醛复合材料、碳纤维/陶瓷复合材料等。同时对防热材料表面的进一步处理可实现其性能的提升。

碳基复合材料具有较低的密度，较低的膨胀系数、良好的热冲击性能，并且在空间环境中具有良好的惰性以及在高温环境下的良好机械性能，是航天设备中一种很有前景的热防护材料。超高温陶瓷材料具有良好的抗高温氧化能力，不过其密度相对较高。将两类材料的各自优势相结合，在 C/SiC 复合材料基体上制备了抗氧化热防护 ZrB_2/SiC 涂层，通过对材料的机械性能试验和耐烧蚀试验，结果表明，氧化试验后，防护涂层处理后的材料的质量损失有了明显的改善，机械强度性能保持能力明显提高。ZrB_2/SiC 防护涂层在 1973K 温度条件下对碳基复合材料有良好的防护作用，相比于未防护材料，通过有效的防护，材料的质量烧蚀速率减小接近 50%。

C/C 复合材料是航空航天领域中广泛应用的材料，但该材料在含氧气氛 723K 时会发生氧化熔融现象。目前已研制的 C/C 复合材料的涂层体系主要有玻璃涂层、金属涂层、陶瓷涂层以及复合涂层。碳化硅、氮化硅和各种氧阻挡涂层可在 1650℃ 以下较长时间保护 C/C 复合材料。铂族金属，铑、铱、钌及其金属间化合物可作为 C/C 复合材料的高温抗氧化涂层的候选材料，尤其是 Ir/C 复合体系具有高强度、高熔点、好的化学稳定性、优异的抗氧化性和在低于 2280℃ 时不和碳反应，并能有效阻碍碳扩散等一系列优异性能。在 2200℃ 的温度下，Ir 还具有较低的氧渗透率和极低的氧化物挥发率。同时微米级厚度的 Ir 涂层没有块体 Ir 的难加工、较强脆性等缺点，其表现出一定程度的韧性，在显著降低成本的同时，满足 2200℃ 长时间服役的要求。通过等离子体溅射制备的 $MoSi_2$–W 涂层可作为防熔材料。此涂层会在高温下生成包含二氧化硅、氧化钼和 Mo_5Si_3 的物质，并且随着时间的延长，氧化钼会在高温下发生挥发现象，二氧化硅含量逐渐降低，且涂层呈现网状结构。

2. 原子氧防护材料

原子氧具有很强的氧化性，特别是航天器在低地球轨道飞行过程中，与原子氧的相对速度达到 7 ~ 8 km/s，原子氧以此高速撞击飞行器表面，束流可以达到 10^{13} ~ 10^{15} atom/s，平均撞击动能达到 4 ~ 5eV，这一能量会使许多材料的化学键断裂并发生氧化。因此，对易于受原子氧侵蚀的材料，原子氧防护显得尤为重要。通过对基体材料涂覆或沉积一层耐原子氧作用的防护涂层材料，可有效防止原子氧防护侵蚀，常见防护涂层材料主要有 Al_2O_3、SiO_2、SiC，聚硅氧烷等。

对碳/碳复合材料耐原子氧侵蚀能力的研究表明，通过对碳/碳复合材料表面化学气相沉积一层 SiC 薄膜，可显著提高碳/碳复合材料的耐原子氧性能。

聚酰亚胺（kapton）具有优良的化学稳定性、耐高温性、坚韧性、耐磨性。通过对其表面的处理，可提高其耐原子氧、耐辐射能力。通过溶胶凝胶技术在 kapton 表面分别沉积了 SiO_2、Al_2O_3 以及 SiO_2-Al_2O_3 复合薄膜，分别研究了防护涂层的耐原子氧侵蚀能力，研究发现，经历原子氧侵蚀试验后，单纯 SiO_2 或 Al_2O_3 薄膜表面均出现了较多的裂纹以及微孔，而 SiO_2-Al_2O_3 复合薄膜由于形成了 SiO_2 和 Al_2O_3 稳定的界面，并且薄膜具有良好的韧性和致密性，呈现出了良好的耐原子氧性能，相比 kapton 材料，表面 SiO_2-Al_2O_3 复合薄膜处理后的 kapton 的表面原子氧侵蚀率降低了两个数量级，在经历原子氧试验后，光学性能未发生降低的现象。

通过溶胶凝胶法在 kapton 表面制备了有机硅 / SiO_2 杂化涂层。采用空间环境地面综合模拟实验装置测试了涂层的抗原子氧侵蚀性能。实验结果表明：原子氧暴露实验后涂层表面可形成富 SiO_2 保护层，有效地提高聚酰亚胺的抗原子氧侵蚀性能；经通量密度为 2×10^{16} atoms/（$cm^2 \cdot s$）的原子氧辐照 24 小时后，有机硅 / SiO_2 杂化涂层的抗原子氧侵蚀系数为 $5.9 \times 10^{-26} cm^3/atom$，较聚酰亚胺基体下降了 2 个数量级。

3. 空间润滑材料

随着空间科学技术的发展，航天器及有效载荷的服役期限逐渐延长，长寿命的服役要求需要运动部件处于稳定的有效润滑状态。而航天飞行器中电子元件、电池、光和热学系统部件的改进，使得机械润滑失效成为限制航天器寿命的主要因素，开发高效空间润滑剂成为各国研究的重点内容。

过渡族金属二硫属层状结构化合物（如 $2H$-MoS_2、$2H$-WS_2 以及 $2H$-$NbSe_2$ 等）作为一类固体润滑材料，具有良好的真空润滑特性，在航空航天、核工业等领域有着广泛的应用，也一直是固体润滑材料研究的热点之一。

采用射频共溅射技术制备了几种 WS_2 基复合薄膜：WS_2- 软金属（Ag 或 Cu）复合薄膜、WS_2-Ni 复合薄膜、WS_2-Al 复合薄膜、WS_2-Sb_2O_3/Cu 纳米多层薄膜、WS_2/Cu 纳米多层薄膜，系统研究了添加相种类及其含量对 WS_2 基复合薄膜结构、力学及其摩擦学性能的影响规律，考察了薄膜在不同环境条件下（真空、干燥空气、潮湿空气）的摩擦学性能，并开展了摩擦磨损失效机理研究，并进一步探索了不同结构的 WS_2 基薄膜耐原子氧侵蚀性能和抗潮湿大气浸蚀性能的研究工作。主要研究结果如下：①采用射频共溅射方法分别在 WS_2 基质中引入了不同种类的软金属相。制备出的 WS_2- 软金属复合薄膜结构随着添加金属种类的不同而表现出较大差异：添加金属 Ag 在一定程度上诱使了 WS_2 柱状晶的细晶化，但未能够有效阻碍 WS_2 柱状形式的生长，因而 WS_2-Ag 复合薄膜结构疏松；金属 Cu 含量较低的 WS_2 基薄膜同样具有疏松结构，金属 Cu 含量较高的 WS_2 基薄膜结构致密，随着金属 Cu 含量的增加，WS_2 基薄膜的非晶化与致密化程度均逐渐升高。在摩擦过程中，结构迥异的两类复合薄膜经历了不同的摩擦磨损机制，然而均有利于发挥 WS_2 基质的低摩擦、高耐磨特性。②采用射频共溅射技术制备了 WS_2-Ni 复合薄膜。金属 Ni 以非晶态形式弥散分布在 WS_2 基质中，添加少量的金属 Ni 即可有效阻碍粗大 WS_2 柱状晶的生长，随着金属 Ni 含量的逐渐增加，这种阻碍效应越显著，复合薄膜的细晶化、非晶化与致密化程度越高。薄膜的致密化以及金属 Ni 诱使的固溶强化效应是 WS_2-Ni 复合薄膜硬度提高的关键因素。在不同的环境条件下，与 WS_2 薄膜相比，结构优化的 WS_2-Ni 复合薄膜均表现出优异的摩擦学性能与良好的环境适应性。③在 WS_2-Sb_2O_3/Cu 纳米多层薄膜中，单纯采用添加少量氧化物 Sb_2O_3 并未达到抑制棱面取向 WS_2 晶体生长的目的，通过进一步引入金属 Cu 纳米层，则可使 WS_2 柱状晶趋于非晶化和致密化，获得的 WS_2-Sb_2O_3/Cu 纳米多层薄膜具有较高的硬度与承载能力。在真空环境中，此类 WS_2 基纳米多层薄膜表现出优异的摩擦学性能，在保持较低摩擦系数的同时，实现了较长的耐磨寿命。④研究了不同结构的 WS_2 薄膜与 WS_2-Al 复合薄膜在模拟空间原子氧辐照条件下及 WS_2 薄膜与 WS_2/Cu 纳米多层薄膜在高湿度大气环境中储存时的氧化失效机理。研究发现，在大剂量原子氧辐照条件下，致密结构的 WS_2-Al 复合薄膜表面衍生出一层致密 WO_3 保护膜，可有效阻止原子氧向其内部的大剂量扩散，从而避免了膜层内部深度氧化现象的发生；开放结构的纯 WS_2 薄膜单个柱状晶表层同样出现了致密 WO_3 保护层，薄膜避免了遭受原子氧的严重侵蚀。在高湿度大气环境中储存时，致密结构的 WS_2/Cu 纳米多层薄膜避免了其内部遭受水汽浸蚀现象的发生。

在提高摩擦副润滑性能和延长其磨损寿命方面，将固体润滑薄膜和液体润滑剂结合，构建新型的固液润滑体系，有效实现固体和液体润滑性能的协同效应，成为目前摩擦学领域的一大研究热点。

研究了 WS_2 润滑薄膜以及氮化钛硬质薄膜与空间用液体润滑剂构成的复合润滑体系的空间环境条件下的摩擦学性能。研究结果表明，溅射 WS_2 薄膜与全氟聚醚（815Z）和 WS_2/聚烯烃取代环戊烷（P201）两种固/液复合润滑体系表现出不同的真空摩擦学性能。WS_2 薄膜/P201 表现出良好的相容性和协同效应，WS_2/P201 复合润滑体系的磨损率较 WS_2 薄膜干摩擦和 WS_2/815Z 复合润滑体系分别降低了 2 个和 3 个数量级。将氮化钛薄膜与空间液体润滑剂（114 硅油、MACs、P201、PFPE）复配组成复合润滑体系，对其摩擦学性能和润滑机理进行了系统的研究。结果表明固液复合体系的摩擦系数明显低于干摩擦状态，同时，氮化钛薄膜与不同的液体润滑剂形成的复合体系具有不同的摩擦学性能。通过具体的研究分析，发现液体润滑剂的润湿性、运动黏度及自身固有的润滑性能是影响复合体系润滑性能的主要因素。通过液体润滑剂的最佳匹配，可以实现摩擦副润滑性能和磨损寿命的提高。

4. 聚酰亚胺绝缘材料

聚酰亚胺（PI）是近几十年来发展起来的一种性能优异的功能性材料，其特有的酰亚胺环使 PI 分子具有优良的热稳定性、耐溶剂性及力学性能，已被广泛应用在航空、航天、机械和电子等诸多领域。聚酰亚胺薄膜可作为航天电子产品的绝缘和舱外热控层。

随着近年来新型航天器如太阳帆、空间太阳能电站、充气式卫星以及长寿命卫星等的发展，需要聚酰亚胺薄膜材料更轻薄、更大幅宽，且具有更优异的抗原子氧能力和透光性能。通过对聚酰亚胺薄膜进行磷改性和硅改性处理，当遭受原子氧辐照时，可在表面生成含磷或硅的钝化层，从而使其具有抗原子氧性能。具有更强的透光型 PI 薄膜主要有含氟芳香型聚酰亚胺薄膜和脂环族聚酰亚胺薄膜两大类。前者的聚合物链中含有脂环族链节或链段，且因材料具有柔韧特性主要用于柔性电池和柔性显示器领域。后者 PI 分子中的 C–H 键用 C–F 键取代，或引入含氟大体积基团（如 –CF₃）制备而成。氟原子具有原子半径小、电子极化率低、电负性大等特点，因此可显著降低聚酰亚胺分子结构中电荷的转移作用，同时增加聚酰亚胺分子间及分子内的自由体积，进而降低材料的介电常数与介电损耗，提升材料在远紫外和近红外区光的透过性。在刚性聚酰亚胺分子结构中引入异构化醚键等柔性基团，可在保持材料力学性能、抗空间辐射性能等综合性能的前提下，改善聚酰亚胺材料的熔融加工性能。

此外，通过在其单体中加入 F、S、Si、P 等功能基团可以进一步改善表面性质、流动性及阻燃性能，从而在空间飞行器中可以更加广泛地应用。在微电子与光波通信中应用的含氟 PI 可改善聚酰亚胺材料的介电常数、溶解性、吸湿性、适光性等。在 PI 中引入氟原子有多种方法：用氟取代氢、用三氟甲基取代甲基、在苯环上用三氟甲基取代氟。近期研究结果表明，对称性氟取代可通过降低电子极化度、增大自由体积来降低介电常数，但若是不加选择的氟取代可能会产生负面的影响，研究发现氟非对称性取代氢反而造成相反的结果，每个取代的环平均可使介电常数增加约 0.05。高折射率聚合物材料在光学传感器中有广泛应用，但传统聚合物材料的折射率通常在 1.3 ~ 1.7，难以满足先进光学领域的发展要求。在 PI 分子结构中引入柔性含硫链节，如线型硫醚、环状噻吩及噻蒽等基团，可显著降低分子链刚性，在提高折射率的同时降低其双折射。高折射率源自硫含量高、分子致密且没有庞大基团的结构；而相对较小的双折射率源于二元胺灵活弯曲的硫醚链接结构。将 Si 元素添加到 PI 中，可在不损失良好力学性能的基础上，改善复合材料的可加工性、抗原子氧性能、黏附性、气体渗透率、溶解性等，并降低界面张力。而 P 元素添加到聚酰亚胺中，可提高复合材料的阻燃性。

变频技术和微电子技术的发展需要聚酰亚胺薄膜具有更高的热导率和耐电晕寿命。对高耐电晕的聚酰亚胺的研究主要集中在纳米粒子改性聚酰亚胺。近年来我国研究人员以纳米掺杂制备为主，制备出了 Al_2O_3/PI 掺杂、纳米 SiO_2/PI 复合薄膜。优化其纳米粒子含量，可使其耐电晕性能提高 10 ~ 25 倍。

5. 填充式 Whipple 空间碎片防护材料及结构

空间碎片是指人类在航天活动过程中遗留在空间的废弃物，是空间环境的主要污染源。频繁的空间活动制造了数以亿计的空间碎片，目前近地轨道直径小于 1cm 的空间碎片总数就已过千万，空间碎片与在轨航天器的平均相对速度为 10 ~ 15km/s，两者一旦相撞，将导致航天器损伤、失效甚至毁灭。为了避免或者缓解撞击事故的发生，对于大尺寸的空间碎片可以通过探测、监视、预警和航天器轨道机动进行躲避，对于无法探测和预警的小尺寸空间碎片，则只能通过设置防护结构的方法进行防护。

Whipple 防护结构是一种基本的防护结构，该结构是在舱壁外面一定距离处设置一层防护屏，空间碎片撞击防护屏后会碎成更小的碎片，减轻了对于后板的损伤。随着航天技术的发展和航天器空间碎片防护要求的提高，典型的 Whipple 防护构型已经远远不能满足要求，因此发展出多种改进的防护构型，如双层铝防护结构、多层冲击防护结构、铝网双层缓冲防护结构和填充式防护结构等。填充式 Whipple 防护结构是在 Whipple 防护屏和舱壁之间增设一层由若干层陶瓷纤维和高强有机纤维的叠层织物组成的防护屏，由于其综合性能较好，目前该结构已在国际空间站上获得应用。

填充式 Whipple 防护结构中国外最常用的陶瓷纤维和高强有机纤维分别为 Nextel 和 Kevlar。Nextel 是由美国 3M 公司生产的一种陶瓷纤维，因其高强高模和耐高温等优异性能，能在军事上广泛应用，美国将该产品及技术对我国实施封锁。而我国连续氧化铝纤维制备技术仍处于研究阶段，产品的性能和数量均无法满足空间碎片防护研究和应用的需求。因此，有必要依托现有国产高性能纤维材料，设计制备填充式 Whipple 防护结构，满足我国载人航天等空间工程对空间碎片防护的需求。

由于无法得到空间碎片先进防护结构的主要纤维材料 Nextel，我国空间碎片防护结构的发展受到制约，对我国开展航天器防护结构的工程设计产生了不利影响。从材料结构来看，由溶胶凝胶法制备的 Nextel 纤维中含有 $\alpha-Al_2O_3$、SiO_2 及其他成分，属于混合多晶纤维。玄武岩纤维的主要成分为硅、铝氧化物构成其骨架结构，纤维有高的化学稳定性和较高的强度，其强度高于 Nextel，但模量比 Nextel 要低。国产 KD 型 SiC 纤维拉伸强度和弹性模量则均优于 Nextel312。玄武岩纤维的最高使用温度为 600℃，比 Nextel 要低 500℃左右，KD 型碳化硅纤维的最高使用温度为 1100℃，与 Nextel 相当。三种纤维的最低使用温度都在 -300℃左右。玄武岩纤维和碳化硅纤维的密度比 Nextel 都要低。可见，玄武岩和 SiC 纤维与 Nextel 纤维一样，也是一种高性能陶瓷纤维。虽然玄武岩纤维的模量和耐温性能与 Nextel 相比稍差，但强度比其要高很多，密度比 Nextel 也要低。而 SiC 纤维的各项性能指标与 Nextel 相当或者更好。可见，玄武岩和 SiC 两种国产纤维都具备了成为空间碎片防护材料的基本条件。

哈尔滨工业大学最早开展了玄武岩陶瓷纤维填充式防护结构的研究。通过多年的研究发现，玄武岩陶瓷纤维在抗超高速撞击性能方面主要有以下几点优势：①基本具备了 Nextel 纤维材料破碎弹丸的能力；②基本具备了 Kevlar 纤维材料的耗能特性；③具有在较低撞击速度下软化及熔化铝合金弹丸的能力。国防科学技术大学用国产碳化硅纤维织物作为填充层，与北京空间飞行器总体部合作制备了填充式 Whipple 防护结构，在中国空间动力研究与发展中心超高速空气动力研究所进行了轻气炮炮击试验，并选用同样面密度的玄武岩纤维、铝板和 Nextel 织物进行了对比研究。结果表明：SiC 纤维织物为填充层的填充 Whipple 防护结构性能良好，其弹道极限曲线走势和 Nextel 织物的一致，抗撞击性能比 Nextel 织物更好。

"十二五"期间，以我国航天器空间碎片防护材料开发研究和防护结构体系设计应用为工程背景，以国产玄武岩纤维和 SiC 陶瓷纤维材料作为国外先进纤维材料 Nextel 的替代品进行科研攻关和工程应用研究，通过制备陶瓷纤维及其纤维编织件，研究陶瓷织物的纤维性能、纤维形态、织物组织结构、纤维组合形式、织物编制工艺等对防护性能的影响，突破了陶瓷纤维织物损伤特性及其防护性能评价技术、陶瓷纤维填充式防护结构方案的优选等关键技术。研究结果表明，碳化硅纤维织物为填充层的填充 Whipple 防护结构性能良好，其弹道极限曲线走势和 Nextel 织物的一致，抗超高速撞击性能比美国的 Nextel 织物提高约20%。针对空间站的模拟结果表明，采用三层碳化硅纤维织物时，10 年 PNP 为 0.9667。而哪怕采用 10mm 厚的铝板，其防护增重增加了 7 倍，PNP 也只有 0.8744，总击穿数比用碳化硅高一个数量级。

目前，我国已基本建立了国产高性能陶瓷纤维织物填充防护结构撞击极限，能以较少的防护重量较大幅提高航天器的防护能力，具备了设计制备与国外性能相当的同类型填充防护结构的能力，为我国载人航天等航天器防护材料筛选、防护结构设计及优化提供了技术支持。

6. 航天催化剂的新进展

航天催化剂起着分解推进剂、将其化学能转化为动能的作用，是火箭姿态控制和卫星飞船精确入轨动力系统的核心材料，对于动能输出、动力大小等技术指标至关重要，是航天航空动力领域的核心关键技术之一。

肼分解催化剂技术是最为成熟和稳定可靠的航天姿态控制技术，在国内外航天航空领域应用非常广泛，70% 的卫星姿态控制技术均采用肼催化分解技术。但是由于肼本身有毒，随着人类对环境的日益关注，无毒推进剂催化分解技术已经成为空间动力发展的主要方向。

不同于石化工业的催化反应，航天催化剂不仅需要具有极高的反应活性，保证推进剂在瞬间完全分解转变为动能，还需要具有优异的工作稳定性、耐高温高压性能和较长的工作寿命，因此，航天催化剂的研制是极具挑战性的课题。

"十二五"期间，我国对卫星的发展做出了明确部署，提出卫星在轨寿命需大幅提高，催化剂作为制约单组元推力器寿命的关键材料之一，也必须达到相应年限。因此，研制新一代长寿命肼分解催化剂成为航天催化剂发展的主要方向。

大连化物所从催化反应与化学反应工程出发，开展了特种氧化铝载体材料研制、活性组分高分散催化剂制备工艺研究和模拟催化剂高空使用条件下的热试性能试车考核，突破了催化活性组分高温气氛下的长效稳定性、承载活性组分载体的物理化学结构稳定性和微量杂质的中毒污染等关键技术，研制成功了 SLQ/SLH 新型冷启动长寿命肼分解催化剂组合，该新研催化剂组合满足某新型卫星的使用需求，已跟随总体单位推力器产品完成了力学环境性能振动试验考察。同时，发展了高分散合金催化剂制备技术，首批 WXQ/WXH 组合催化剂正样已交付总体单位装机使用并随推力器通过各项性能考核，寿命达设计任务目标。

无毒推进剂催化分解技术近年来受到高度重视，特别是过氧化氢催化分解技术，具有无毒、无污染、高密度比冲、高燃料混合比、常温贮存等特点，既可以用于单组元推进，也可以作为氧化剂用于双组元推进，满足大推力、快速响应、重复使用和长时间在轨运行等任务需求，极具发展潜力。

"十二五"期间，面对可重复使用天地往返运输和火箭先进上面级需求，大连化物所研制了网基高效过氧化氢分解催化剂床，解决了动力系统高床载、大变比变推力、小型化等一系列关键问题，与航天部门合作，成功完成 1.2t 泵过氧化氢/煤油压式巡航变推力发动机地面整机演示验证，达到了工程化转段研制的技术要求。

7. 电接触材料

航天器的太阳能帆板驱动机构是实现太阳电池对日定向，并提供航天器本体和太阳帆板间的功率和信号的传输通道。太阳帆板驱动机构主要由驱动电机和导电滑环组成。导电滑环为航天飞机、卫星、载人飞船、载人空间站等航天器提供在真空中连续多年的信号和功率传输，导电滑环的功能是通过电刷–滑环系统完成的，除了需要在结构上保证其高的可靠性外，还应选择适用于空间环境的电接触材料。中国科学院兰州化学物理研究所通过优化工艺条件，采用物理气相沉积技术，在导电滑环基体材料表面沉积了 Au 基多层复合薄膜，通过摩擦学、电学试验的测试，表明 Au 基多层复合薄膜作为滑动电接触材料具有良好的综合性能，为新一代大功率、长寿命空间导电环产品提供了有力的支撑。

（三）结构功能一体化材料

1. 纳米气凝胶高温隔热材料

气凝胶被认为是隔热效果最好的固体材料之一，是近年来发展起来的一种热导率极低的新型隔热材料。它是由纳米量级超微颗粒相互连接构成纳米多孔三维网络结构，在网络的纳米孔隙中充满气态分散介质的轻质纳米固态材料。

气凝胶的纳米多孔网络结构所产生的纳米尺寸效应，使其具有极低的固相热传导和气相热传导，常温下 SiO_2 气凝胶的热导率约为 $0.015W/（m·K）（0.15g/cm^3）$，比空气的热导率还低。

新型高速航天飞行器的高马赫、长航时、远距离机动飞行，致使机体气动加热环境异常严酷，其热防护技术遇到了前所未有的挑战。工业热力设备、窑炉和管道等对高温隔热保温也有更高使用要求。传统的陶瓷纤维类隔热材料高温热导率较高，具有纳米孔径和高孔隙率的气凝胶是一种新型的隔热保温材料，常温热导率低，但其强度低、高温热导率高，高温低热导率和良好力学性能兼容的气凝胶隔热材料制备技术是世界性难题。研发新型耐高温、轻质、可靠的纳米气凝胶高温隔热复合材料势在必行。

国内相关单位的研究主要集中在 SiO_2 气凝胶材料性能优化及制备工艺优化上。在新材料体系研究和开发方面，主要集中在对各种氧化物（Al_2O_3、ZrO_2 等）气凝胶材料的研究上。为进一步增强气凝胶基体的力学性能，相关研究单位主要是采用纤维与溶胶搅拌混合或粉体与短纤维模压成型工艺，材料具有较好的隔热性能和力学性能。

国防科学技术大学在国内率先开展了长纤维增强纳米气凝胶高温隔热材料的研究工作，创造性地提出以长陶瓷纤维为增强体，控制纤维与气凝胶的界面，确保材料具有良好的力学性能；采用溶胶凝胶和超临界干燥工艺，确保材料具有均匀的高孔隙率和低热导率。研制出的纳米气凝胶高温隔热材料具有耐高温、轻质、高效隔热和力学性能良好等特点，比传统隔热保温材料的隔热保温效果提高 3～10 倍，在石油化工、消防、工业炉体、高档家电、低温冷冻等多个领域具有广泛的应用前景。

最近研制的纳米气凝胶高温隔热材料工程样件顺利通过相关单位的地面模拟考核，各项性能满足型号指标要求，该材料具有优异的隔热保温和加工性能，可适应强振动、大过载等使用工况，解决了我国载人舱内有害气体处理装置的高温隔热保温关键技术难题。这也是我国气凝胶高温隔热材料首次应用于载人航天领域。此外，该校研制的多种纳米气凝胶隔热材料在其他领域也已经获得较大批量的应用。

2. 高温透波窗口材料

透波窗口是飞行器上集承载、防热、透波、抗烧蚀等结构／功能于一体的部件。随着飞行器速度不断提高，对微波窗口材料提出了耐高温、宽频带透波的要求。石英陶瓷材料由于其使用温度小于 1000℃，已经不能满足新型飞行器的发展需求，必须寻找新的材料满足微波窗口高温、宽频带透波的要求。近年来，西方国家对微波窗口材料的研究逐渐把目光投向氮化硅、氮化硼等一批新的介质材料。

氮化硅陶瓷在高温和常温下都具有良好的力学性能，同时还具有良好的热稳定性、低介电损耗、耐腐蚀等优异性能。但其介电性能不能满足实用的要求，必须通过微结构设计使材料同时满足力学和电学性能的要求；从应用的角度来考虑，微波窗口是薄壁大尺寸陶瓷部件，成型和烧结都会遇到很多问题，解决成型和烧结过程中出现的变形开裂是该课题面临的又一课题。飞行器在高速飞行过程中，局部瞬时高温、氧化等引起的热应力变化，氮化硅材料的氧化等引起的材料力学性能，介电性能的变化都是亟待解决的问题。

目前国内把主要精力集中在新一代耐高温陶瓷微波材料氮化硅陶瓷的研究上。上海硅酸盐研究所对高性能氮化硅透波材料及其天线罩的研究有多年的经验和技术积累，实现了性能调控和大尺寸成型等多项关键技术突破，已经制备出介电常数（2～6）和力学性能（室温强度 50～200MPa，1200℃强度保留率 ≥ 85%）的氮化硅天线罩材料，解决了成型和烧结过程中出现的变型开裂等一系列问题，并使之获得实际应用。为我国下一代高温天线罩和天线窗的应用提供了升级换代产品。

3. 可见 - 中红外透明陶瓷材料

随着我国"空天一体，攻防兼备"战略目标的确立，高速或超高速飞行器在现代国防中显示出举足轻重的地位。而红外成像、红外制导等红外光学系统就相当于这些飞行器的"眼睛"。窗口和整流罩则是保证"眼睛"是否能够正常工作的关键部件，既要保证光电传感器的光学性能，以确保其红外成像质量；又要保护红外传感器及其光电装置不被外界环境损伤。

目前，红外窗口和整流罩材料有 Ge、MgF_2、蓝宝石单晶、$MgAl_2O_4$、AlON、Y_2O_3、YAG、MgO、ZnS 和 ZnSe 以及金刚石等。在中波红外，目前成熟的 MgF_2 仅能用于低速飞行器，难以满足复合制导整流罩对材料的宽波段、高机械强度和热冲击性能及耐风沙、雨水和冰雹侵蚀。蓝宝石单晶因为具有很高的硬度、机械强度以及高温稳定性，能承受新一代飞行器高速度产生的热冲击力，而且其透过波段从紫外、可见到红外，透过波段宽，能够适合电子制导系统的多种方式制导要求。但是蓝宝石单晶生长的高昂成本和难于加工的局限性，使得大尺寸单晶窗口和整流罩的制备非常困难。因此，可见 – 中红外的透明陶瓷如 AlON、$MgAl_2O_4$ 近年来受到了各国研究机构的广泛关注。

AlON 是 $AlN-Al_2O_3$ 二元体系中的一个稳定单相固溶体，可简单看作是由 AlN 固溶进入 Al_2O_3 晶格形成的，接近组成为 $Al_{23}O_{27}N_5$（即 $9Al_2O_3 \cdot 5AlN$）。与蓝宝石相似，AlON 在宽的波段（紫外至红外）具有良好的透过率，且具有优异的物理和化学性质，因而是优选的光学窗口材料。

我国正在积极开展 AlON 透明陶瓷的研究。解决了陶瓷粉体的合成与处理、异型陶瓷部件的成型和烧结等关键技术，小尺寸样品的光学透过率接近 Surmet 公司的水平，且能够提供 100mm 的平板窗口，可见透过率为 80%（600nm），红外透过率接近 84%（理论透过率），抗弯强度 300MPa，努氏硬度 18.5GPa，热膨胀系数 5.83×10^{-6}/K，光学折射率 1.78（632.8nm），介电常数 9.9，结果与 Surmet 公司的 AlON 产品性能相当（表 1）。但是光学均匀性还存在数量级的差距。要想进一步突破并获得应用，亟须开发新型的陶瓷成型和制备技术，完成大尺寸及异型透明陶瓷部件的近净尺寸成型、干燥以及烧结工艺，在提高材料的光学均匀性的同时降低生产及加工成本。

表 1 AlON 性能数据对比

参数 \ 生产商	美国 Surmet 公司	上海硅酸盐所
热膨胀系数，10^{-6}/K	5.8（303 ~ 473K）	5.83（303 ~ 473K）
抗弯强度，MPa	380	300
折射指数	1.78（632.8nm）	1.78（600nm）
热导率，W/（m·K）	12.6（300K）	9.26（300K）
介电常数，ε	9.28（35GHz）	9.52（13GHz）
介电损耗，$\tan \delta$	2.7×10^{-4}	3.29×10^{-4}
努氏硬度，kg/mm^2	1950	1850

4. 超高温陶瓷材料

随着航天飞机的可重复使用天地往返运输系统、高超音速航空飞行器（速度 5Ma 以上）、超燃冲压发动机等的快速发展，需要一类在 1500℃ 以上能在有氧环境下使用的材料，这就是超高温材料。超高温材料的研究已成为材料领域的一个新热点。

由于对超高温材料性能要求十分苛刻，如高的热稳定性（熔点或分解温度）、抗超高温氧化烧蚀、高的高温强度和抗蠕变性能等，因此研究的体系有限，目前主要集中在三种类型上：C/SiC、C/C 以及超高温陶瓷（UHTC，如 ZrB_2-SiC）。每类材料都存在明显的缺点，C/C 材料的抗氧化烧蚀性能差，C/SiC 的使用温度受限，而 UHTC 的韧性和抗热震性较差。目前，主要研究方向是通过优化制备工艺、材料体系以及表面施加防护涂层等方面来进一步改善材料性能，同时深入系统地了解超高温氧化烧蚀和力学失效机理等。

国内有针对性的系统研究始于本世纪初。目前，已经对超高温材料的制备技术、新体系的筛选、超高温测试技术、氧化烧蚀与力学失效、防护涂层技术等方面开展了大量研究。建立了电弧风洞、等离子风洞、氧－乙炔火焰、直接通电加热、感应加热等测试与评价装置；并在超高温力学、氧化烧蚀、热－力－氧耦合失效模式、表面催化与热模拟等方面有了系统的认识；在材料体系方面，通过多组元复合、纤维强韧化、表面热防护系统（TPS）等措施极大地改善了材料的性能。例如，针对 C/C 复合材料，通过添加 ZrC、ZrB_2、SiC 等，或者表面施加多层复合涂层，其抗氧化温度从约 500℃提高到了 1800℃以上。

三、国内外研究进展比较

（一）空间结构材料

1. 合金材料

在空间结构材料研究方面，国外研究机构针对材料的机械加工、材料的机械性能、不同环境条件下性能的稳定性开展了系统的研究工作。特别是针对铝合金、钛合金等轻质金属合金材料，对材料的机械加工、处理过程、不同条件下材料的疲劳性能以及耐腐蚀性能均进行了深入的研究。同时，通过对合金的表面处理技术，比如激光处理、离子渗氮处理以及表面不同的薄膜沉积技术，全面提升材料的机械性能以及其他特殊的功能。

2. 陶瓷前驱体

上世纪 70 年代由矢岛法开创了聚碳硅烷先驱体转化制备陶瓷纤维技术，由于其具有重要的军事用途，日、美、德、法等国投入巨资，形成了多个以陶瓷先驱体为特色的研究机构，多家公司开发了一系列的陶瓷先驱体产品，目前已形成了系列化、商品化的品牌产品。日本 Nippon Carbon 公司开发了 PC 系列的聚碳硅烷并由此发展了 Nicalon 系列碳化硅纤维，成为国际最重要的碳化硅纤维制造商。美国从事陶瓷先驱体研究的院所包括了麻省理工学院、宾夕法尼亚大学等研究机构，主要进行商品化开发的有星火（Starfire）、杜邦（Dupond）、联信（Allied Signal）等跨国公司，代表性的产品有 SMP 系列 SiC 陶瓷先驱体、Ceraset 系列的 SiCN 陶瓷先驱体和 Blackglass 系列的 SiOC 陶瓷先驱体。德国比较著名的先驱体研究机构有马普研究所、Fraunhofer 硅酸盐研究所等，在 SiCN 和 SiBNC 等陶瓷先驱体研究方面技术先进，并开发了 SiBNC 连续陶瓷纤维。总的来说，国外从事陶瓷先驱体研究的机构和进行陶瓷先驱体商品化开发的公司都很多，已经形成了较成熟的产学研用技术产业链，并且具有数十种成熟产品，适用于不同的工艺和材料体系，成为波音、洛克希德马丁等公司的原材料供应商，在航空航天和武器装备等领域获得了广泛应用。

相比国外，国内陶瓷先驱体技术水平、创新能力和产品质量都较大差距，主要体现在：研究的种类多，形成的品牌少，研发与应用脱节，整体上仍处于跟踪仿制阶段，自主创新能力仍待提高。国内研究报道的陶瓷先驱体的种类与国外基本相当，但是国外已经形成了数十种先驱体商品牌号，国内大多数先驱体仍处于实验室研究阶段，没有真正实现商品化。

（二）功能材料

1. 热防护材料

由于空间环境的特殊性，空间防护材料的研究受到了世界各国研究机构的重视。针对不同材料的防护以及特殊功能的实现，需要不同的表面处理技术、表面处理涂层以及新材料的研究来实现其性能的提升。总体而言，一方面，针对不同的需要，新的防护材料的研究显得格外重要；另一方面，优化技术手段、加强材料微结构的控制，实现性能的优化也是一条重要的发展方向。

2. 空间碎片防护

美国天体物理学家 Fred Whipple 于 1947 年最早提出了 Whipple 防护构型，这是空间碎片防护方案的最基本形式，上个世纪 80 年代以前的"阿波罗"号飞船、"礼炮"号空间站、"天空实验室"空间站等均采用典型 Whipple 防护方案。随后发展出各种变型，如双层铝防护结构、多层冲击防护结构、铝网双层缓冲防护结构和填充式防护结构等如双层铝防护构型，但比较成功的是填充式防护结构，这层防护屏通常是由若干层陶瓷纤维和高强有机纤维的叠层织物组成，最常用的陶瓷纤维和高强有机纤维分别为 Nextel 纤维和 Kevlar 纤维。用超高速撞击实验得出，此结构能比同质量的双层铝防护结构多阻挡 50% ~ 300% 重量的碎片撞击，其防护效果要优于单独的将铝板、Nextel 织物、Kevlar 织物用于中间层的结构，并分析了 Nextel 纤维织物和 Kevlar 纤维织物提高结构防护效果的机理，提出了用于评价此结构防护效果的撞击极限方程。目前，NASA 已将填充式防护结构成功应用于国际空间站。我国的高性能纤维填充式防护结构还处于地面试验阶段，还未在航天器上获得应用。

3. 航天催化剂

肼分解催化剂由美国 Shell 公司和 NASA-JPL 于 1964 年率先联合开发，代号 Shell 405。该催化剂在多相催化领域独树一帜，具有极高的金属含量，含 31 ~ 33 wt% 的金属 Ir（商业催化剂一般只有 0.5 ~ 5wt%）；应用温度极高，达 1150℃（传统催化剂一般在 700℃以下）；性能极其活泼，在 0℃的较低床温即可在毫秒时间内分解肼，且稳定可靠。2002 年，Shell 公司停产，该催化剂技术转移给了 Aerojet 公司，更名为 S-405。目前，该催化剂仍然在 NASA、USAF 和商业飞行器的单组元推力室和航天飞机的辅助动力系统上广泛应用。新型催化剂如低成本非贵金属催化剂受到一定的关注，但未见应用报道。

过氧化氢推进技术研究起步很早，可以追溯到 20 世纪 30 年代。最早的过氧化氢分解催化剂为高锰酸盐或高锰酸钙溶液，利用其分解浓度约为 80wt% 的过氧化氢产生动力，应用于潜艇、鱼类和火箭发动机战斗机。第二次世界大战后，过氧化氢催化剂技术得到进一步促进和发展，可耐受较大过氧化氢流量而流阻较小的银网催化剂床被成功开发出来，成功应用于黑骑士和黑箭飞行器，成为过氧化氢应用的成功范例。此后，由于肼推进技术的崛起，过氧化氢被取代。进入 90 年代，环境保护的要求日益严格，过氧化氢又迎来了新的发展契机。俄罗斯和美国先后启动了过氧化氢推进技术研究，用于联盟运载火箭、上面级飞行实验（USFE）和 Future-X 空间机动飞行器等计划。高性能网基催化剂与过氧化氢自燃的匀相催化剂均得到了长足的发展。

中国科学院大连化学物理研究所目前正在研制高性能网基催化剂，希望助力过氧化氢推进技术在我国的航空航天领域取得实际应用。

（三）结构功能一体化材料

1. 纳米气凝胶高温隔热复合材料

国外较早期的纳米孔隔热材料主要由微孔 SiO_2 粉末添加红外遮光剂和增强纤维之后压制而成，典型的产品有 Microtherm 和 Mink（明克）隔热材料。该类材料使用温度可以达到 1000℃，密度为 0.32g/cm³，由于红外遮光剂（TiO_2 粉）的加入量较大，所以高温热导率很低。例如，800℃下的热导率为 0.0343W/（m·K）。气凝胶隔热材料按照成分可分为 SiO_2、Al_2O_3、SiO_2-Al_2O_3、ZrO_2 等气凝胶，其中关于 SiO_2 气凝胶隔热材料的研究最多，目前已经实现了产业化。最典型的生产厂家是美国 Aspen Aerogels 公司，主要生产纤维毡增强 SiO_2 气凝胶柔性隔热材料。其产品主要有 Cryogel、Spaceloft 和 Pyrogel 三个系列，分别用于低温领域、服装领域和工业领域，在航天和民用领域（如石油管道、建筑保温等）都有大量应用。其余生产 SiO_2 气凝胶隔热材料的厂家还有日本 Matsushita Electric Works，瑞典 Airglass，美国 NanoPore、Cabot、American Aerogel 等公司。

在气凝胶隔热复合材料性能方面，国内相关单位研制的纳米气凝胶高温隔热材料综合性能水平显著提高，与国外相比差距越来越小，某些性能甚至已经超过了国外的气凝胶隔热材料。例如，国内近年来发展起来的，以高体积纤维分数陶瓷纤维棉作为增强相制备的纳米 SiO_2 气凝胶隔热复合材料，从根本上解决了气凝胶隔热材料力学性能和隔热性能难以兼容的世界性难题，综合性能处于国际领先水平。但在新型气凝胶隔热复合材料体系研究和开发方面，国内自主创新能力还有待进一步提高。此外，在气凝胶隔热复合材料的应用领域和力度方面，有待进一步拓展和提高。

2. 高温透波窗口材料

从 20 世纪 70 年代起，西方主要国家就把开发高强度耐高温和低瞄准误差的 Si_3N_4 陶瓷天线罩（窗）作为主要目标之一。美国和以色列联合研制了一种类似泡沫 Si_3N_4 的天线窗材料，它内部是一种低密度多孔 Si_3N_4，外层是高密度 Si_3N_4，其介电常数为 2.5 ~ 8，介电损耗 < 0.0003，且强度高、耐雨蚀性良好，可耐 1600 ~ 1850℃的高温。目前国外高温宽频 Si_3N_4 天线窗已在美国的"哈姆"反辐射导弹、俄罗斯的"AS–17"反辐射导弹及以色列的"星–1"等多种型号导弹上取得了应用。国内还处于 Si_3N_4 天线罩研究的起步阶段，Si_3N_4 陶瓷天线罩也还未获得广泛应用。

3. 可见 – 中红外透明陶瓷材料

美国 Raytheon 公司于上世纪末发展成为世界上唯一能够生产高质量 AlON 光学透明陶瓷的机构。2002 年 8 月，美国 Surmet 公司从 Raytheon 公司获得了 AlON 光学透明陶瓷的技术转让，其研究重点是通过改进工艺以降低大尺寸 AlON 光学陶瓷的生产成本。经过几年产业化努力，目前成品包括大尺寸平板型（430mm×760mm）和半球形的部件，计划应用于红外光窗或透明装甲系统等，美国的国防报告显示，3 万 ~ 4 万个 AlON 光学头罩不久将获得应用。

我国 AlON 透明陶瓷的研究粉体还没有商业化，陶瓷的透过率和尺寸与美国相比差距很大。

4. 超高温陶瓷

美国在上世纪五六十年代开展超高温材料（如抗氧化石墨，超高温陶瓷等）研究。进入 21 世纪以来，一系列的高超声速飞行器的探索计划（如美国空军开发的猎鹰无人驾驶高超音速试验飞行器 HTV–2，NASA 开发的超音速燃烧冲压发动机实验机 X–43A 和欧洲联合开发的航空运输机 LAPCAT）的实施，又掀起了新的超高温材料研究的热潮。由于美欧、俄罗斯等航天大国开展工作较早，知识积累深厚，技术基础雄厚，在超高温材料研发与应用上较我国具有明显的优势。例如，美国的 HTV–2，速度达到 20Ma，表面温度超过了 2000℃，这必须是在超高温材料和热防护系统方面有突破性进展的基础上才能实施的。

四、空间材料发展趋势及展望

（一）空间结构材料

随着我国空间站建设、探月计划的稳步推进以及未来空间探索的发展需要，对空间结构材料的发展提出了更高的要求。

1. 陶瓷先驱体

陶瓷先驱体作为高性能复合材料的关键原材料，是国防关键技术"五大瓶颈"之一，是支撑高性能纤维及其复合材料等新材料技术进步的重要物质基础。随着武器装备的发展，现有的陶瓷先驱体体系越来越难于满足武器装备发展的要求。面向航空、航天和核能等高技术领域，高性能化、多功能化和低成本化是陶瓷先驱体的发展方向，陶瓷先驱体的结构与功能的剪裁、组装与调控仍是需要长期关注的科学问题。

2. 树脂基复合材料

碳纤维树脂基复合材料在空间领域的需求将持续上升。复合材料技术不断进步，包括纤维和基体在内的新材料技术、高效自动化整体构件成型技术（AFP 和 ATL）、数字化成型技术等，各种型号、规格的自动化成型设备不断得到研发和利用。以低成本为主导的理念对相关技术的创新将产生巨大推动，大幅提高生产效率和降低成本。另外，新概念的复合材料技术将不断得到研发，如纳米复合材料技术、高功能和多功能、结构/功能一体化、智能化结构等，将成为复合材料的重要研究内容。高性能热塑性复合材料是先进树脂基复合材料今后发展的一个重要方面。

3. 铝基复合材料

急需突破深加工技术、检测技术以及批量低成本制备技术。针对空间环境多样性的特点，该材料将向耐高温、超高强以及力学与物理综合性能方向发展，利用新型铝合金基体、碳纳米管、功能陶瓷增强相以及开展非晶与纳米晶结构制备等将是针对此材料的发展思路。为了应对未来航天器长时高超声速飞行、重复使用、高效费比、高可靠性的技术挑战，防热复合材料的总体发展趋势是高性能化、轻质化、多功能化、低成本化。同时，热防护系统也将由单纯的材料研制发展到材料与结构相结合的新型热防护系统；从传统的防热、隔热分开设计向防热－隔热一体化的轻质方向发展。

4. 陶瓷基复合材料

纤维增强的陶瓷基复合材料集轻质、耐高温、抗氧化等性能于一体，是最有前途的空间材料之一。

总之，空间结构材料总的发展方向是轻质化、高强度、高模量、耐高温、低成本，从而不断满足人类对太空探索和开发利用的战略需要。新材料的研发以及材料自身性能的优化将会推动空间科学进一步发展。

（二）功能材料

1. 空间碎片防护材料

随着人们对空间碎片威胁认识的进一步加深，空间碎片防护将在防护结构创新、新型防护材料开发、撞击损伤特性及防护效果评价与方法等方面进一步开创新的研究与应用。填充式防护结构将向多层纤维填充、可膨胀、阻抗梯度材料填充、防隔热/防碎片等多功能一体化等方向发展；防护材料将会有泡沫材料，如泡沫陶瓷、泡沫铝、聚亚氨脂泡沫等，它在捕获二次碎片方面将发挥重要作用。纤维织物材料方面，除现有的 Nextel 纤维和 Kevlar 纤维将继续发挥主要作用以外，氧化铝、碳化硅、氮化硅纤维等为主的陶瓷纤维以及聚芳脂纤维和聚烯烃类等高性能有机纤维将会投入使用。

2. 航天催化剂

航天催化剂在航天航空动力系统中所发挥的作用各不相同，其发展趋势也不同，总体可以概括为高性能、高可靠性和长寿命。对肼类推进剂分解催化剂来说，延长寿命、保证飞行器更长时间在轨运行是其发展应用的关键，而对于过氧化氢推进剂分解催化剂来说，尚需进一步提高稳定性、可靠性和相关技术的成熟度，以实现在航空航天领域的实际应用。

总之，功能材料朝着高性能、多功能、多品种、多规格的方向发展。针对现代高性能飞行器发展的需要，结构功能一体化和智能化也是材料发展的一个重要方向。

（三）结构功能一体化材料

1. 纳米气凝胶高温隔热材料

纳米气凝胶高温隔热复合材料作为一种超级隔热材料，在航天航空、军事以及民用等领域有广阔的应用前景，在某些领域已经获得了规模化应用。进一步提高其高温隔热效果（如何在气凝胶中均匀引入遮光剂）、耐高温性能（纳米孔径结构控制、新材料体系开发等），实现材料的可重复使用，以及降低材料的研制成产成本（如采用常压干燥工艺实现连续生产）是纳米气凝胶高温隔热材料发展趋势之一。

2. 高温透波窗口材料

随着飞行器向高速飞行发展和各种新型雷达的不断出现，未来将出现两套或者多套天线共用一个天线罩的局面，即未来 10 ~ 20 年 Si_3N_4 陶瓷天线罩也将向着宽频制导的方向发展。宽频制导（2 ~ 18GHz）覆盖了绝大部分地面雷达的工作频段，它能在较宽频率范围内准确捕获和跟踪目标，提高命中精度。目前单一介电常数的材料还无法实现宽频带透波，宽频透波主要是通过天线罩的夹层结构设计实现的。通常外层致密、内层多孔的 A 夹层结构在制备工艺上相对比较容易实现，是目前常用的实现宽频带透波的方法。由于致密（5 ~ 8）和多孔（2 ~ 4）Si_3N_4 陶瓷具有不同的介电常数，因此相对不同材料制备的 A 夹层结构，由多孔和致密 Si_3N_4 陶瓷制备的夹层结构有更好的宽频透波性，是新一代宽频天线罩技术的发展趋势。

3. 可见 - 中红外透明陶瓷材料

AlON 透明陶瓷是我国目前尚缺的一种具有重要战略价值的国防新材料。AlON 的大尺寸和复杂形状样品制备是未来发展趋势。一旦取得关键制备技术的突破，将使我国成为继美国之后第二个掌握该材料制备技术的国家，也将为我国航空航天等相关领域高新技术的设计提供支撑，必将提升我国国防实力。另外，AlON 陶瓷还具有优异的抗冲击性能和较低的密度，使其成为一种理想的透明装甲材料，在军用和民用领域都显示出巨大的应用前景，其潜在的经济效益不可估量。

4. 超高温陶瓷

航天技术不断发展，特别是高超声速飞行器特有的"长时飞行、大气层再入、跨大气层飞行"工作条件对超高温材料的性能要求越来越高，这对材料科技工作者是一个严峻的挑战。但是，基于航天与国防的战略背景，世界各大国都对超高温材料的研发十分重视，预期超高温材料研究会得到更大的发展。

<h1 style="text-align:center">—— 参考文献 ——</h1>

［1］ Dursun, T., C. Soutis. Recent developments in advanced aircraft aluminiumalloys［J］. Materials & Design, 2014, 56: 862–871.

［2］ Fang, H.C., H. Chao, K.H. Chen. Effect of Zr, Er and Cr additions on microstructures and properties of Al–Zn–Mg–Cu alloys［J］. Materials Science and Engineering: A, 2014, 610: 10–16.

［3］ Mou, H., et al.Investigation of surface integrity of aluminum lithium alloy in high speed machining［J］. Scientia Sinica Technologica, 2014, 44（1）: 89–98.

［4］ Ahmed, B., S. Wu.Aluminum Lithium Alloys（Al–Li–Cu–X）–New GenerationMaterial for Aerospace Applications［R］// Advanced Materials & Sports Equipment Design, 2014: 104–111.

［5］ Wei, H., et al. Towards strong and stiff carbon nanotube–reinforced high–strength aluminum alloy composites through a microlaminated architecture design［J］. Scripta Materialia, 2014, 75: 30–33.

［6］ Qin, D.Y., et al.Effects of Si addition on mechanical properties of Ti–5Al–5V–5Mo–3Cr alloy［J］. Materials Science and Engineering a–Structural Materials Properties Microstructure and Processing, 2013, 561: 460–467.

［7］ Pang, L.J., M. Tang. Impact of Heat–treated Microstructure on Milling Performance of Ti–6Al–4V Alloy［J］. Materials Processing Technology, 2012, Pts 1–3: 418–420, 1175–1179.

［8］ Mohammadhosseini, A., et al.Microstructure and mechanical properties of Ti–6Al–4V manufactured by electron beam melting process［J］. Materials Research Innovations, 2013. 17: 106–112.

［9］ Ye, C., et al. Application of Titanium Alloy HIP Near Net Shape Technique in Aerospace［J］. Materials Review, 2012. 26（12A）: 112–114, 145.

［10］ Liang, W.–p., et al. Tribological behaviors of Ti–6Al–4V alloy with surface plasma molybdenized layer［J］. Surface & Coatings Technology, 2013, 228: S249–S253.

［11］ Klocke, F. et al. On high–speed turning of a third–generation gamma titanium aluminide［J］. International Journal of Advanced Manufacturing Technology, 2013, 65（1–4）: 155–163.

［12］ Jing, R., et al. Structure and mechanical properties of Ti–6Al–4V alloy after zirconium addition［J］. Materials Science and Engineering, 2012, 552: 295–300.

［13］ 吴迪, 等. 航天用高强镁合金锻件的制备与表征［C］// 中国空间科学学会空间材料专业委员会 2014 学术交流会, 2014.

［14］ E. Ionescu, H.–J. Kleebe, R. Riedel. Silicon–containing polymer–derived ceramic nanocomposites（PDC–NCs）: preparative approaches and properties［I］. Chem. Soc. Rev., 2012, 41.

［15］ M. Zaheer, T. Schmalz, G. Motz, R. Kempe. Polymer derived non–oxide ceramics modified with late transition metals. Chem. Soc. Rev., 2012, 41: 5102–5116.

［16］ F. Monteverde, A.Bellosi, L.Scatteia. Processing and properties of ultra–high temperature ceramics for space applications［J］. MaterialsScience and Engineering, 2013, 34: 90–99.

［17］ Swift C. Metal matrix composites in the 21st century: market and opportunities［R］. 2005.

［18］ 吴良义. 先进复合材料的应用扩展: 航空、航天和民用航空先进复合材料应用技术和市场预测［J］. 化工新型材料, 2012, 40（1）.

［19］ Zhang, L., L. Zheng, B. Chi. STUDY OF INTERFACIAL PERFORMANCE OF T800/TDE85 COMPOSITE［J］. Fiber Reinforced Plastics/Composites, 2013（3）: 58–61.

［20］ D. Schawaller, B. Clauß, M. Buchmeiser. Ceramic filament fibers – A Review［J］. Macromol. Mater. Eng, 2012, 297: 502–522.

［21］ Yang, X., et al. ZrB$_2$ / SiC as a protective coating for C/SiC composites: Effect of high temperature oxidation on mechanical properties and anti-ablation property ［J］. Composites Part B: Engineering, 2013. 45（1）: 1391–1396.

［22］ Wu, W., et al. Review on High-Temperature Oxidation-Resistant Iridium Coating for Refractory Metals ［J］. Rare Metal Materials and Engineering, 2013. 42（2）: 435–440.

［23］ Liu, Y.B., et al. Anti-ablation properties of MoSi$_2$-W multi-layer coating system deposited by atmospheric plasma spray ［J］. Materials Research Innovations, 2014, 18: 1017–1022.

［24］ Liu, X.C., et al. Behavior of pure and modified carbon/carbon composites in atomic oxygen environment. International Journal of Minerals, Metallurgy, and Materials, 2014, 21（2）: 190–195.

［25］ Zhang, X., et al. Atomic oxygen erosion resistance of sol-gel oxide films on Kapton ［J］. Journal of Sol-Gel Science and Technology, 2014, 69（3）: 498–503.

［26］ Xu, S., et al. Dependence of atomic oxygen resistance and the tribological properties on microstructures of WS$_2$ films ［J］. Applied Surface Science, 2014, 298: 36–43.

［27］ Xu, S., et al. Morphology evolution of Ag alloyed WS$_2$ films and the significantly enhanced mechanical and tribological properties ［J］. Surface and Coatings Technology, 2014, 238: 197–206.

［28］ Xu, S., et al. Microstructure Evolution and Enhanced Tribological Properties of Cu-Doped WS$_2$ Films. Tribology Letters, 2014, 55（1）: 1–13.

［29］ Xu, S., et al. Comparative study of moisture corrosion to WS$_2$ and WS$_2$/Cu multilayer films ［J］. Surface and Coatings Technology, 2014, 247: 30–38.

［30］ 姜栋，等. 氮化钛薄膜 / 空间润滑剂复合体系的真空摩擦学性能研究 ［C］// 中国空间科学学会空间材料专业委员会 2014 学术交流会，2014.

［31］ Zhang, M., X. Ma, J. Zhang. Research and Application Advances of Novel Functional Polyimide ［J］. The Journal of Engineering Plastics Application, 2013, 41（1）: 109–113.

［32］ Zhang, Y., et al., Review on F, Si and P-Containing Polyimides with Special Properties ［J］. Science of Advanced Materials, 2014, 6（1）: 44–55.

［33］ Wang Yingde, Gou Haitao, Han Cheng, et al. Space Derbris Research ［J］. Special, 2014: 38–44.

［34］ Zhou Xiangfa, Xiao Hanning, Feng Jian, et al. Preparation, properties and thermal control applications of silica aerogel infiltrated with solid-liquid phase change materials ［J］. Journal of Experimental Nanoscience, 2012, 7（1）: 17–26.

［35］ Shi Duoqi, Sun Yantao, Feng Jian, et al. Experimental investigation on high temperature anisotropic compression properties of ceramic-fiber-reinforced SiO$_2$ aerogel ［J］. Materials Science and Engineering A, 2013, 585: 25–31.

［36］ LinXu, Yonggang Jiang, Junzong Feng, et al. Infrared-opacified Al$_2$O$_3$ - SiO$_2$ aerogel composites reinforced by SiC-coated mullite fibers for thermal insulations ［J］. Ceramics International, 2015, 41 : 437–442.

［37］ Feng Jian, Feng Junzong, Jiang Yonggang, et al.Fiber-Reinforced Aerogel Composites for High Temperature Thermal Insulatiom［J］. The 7th NUDT-CNU Joint Symposium Chemistry and Materials, 2012.

［38］ D. X. Yao, Y. P. Zeng, K. H. Zuo, et al. Porous Si$_3$N$_4$ ceramics Prepared via nitridation of Si powder with Si3N4 filler and post-sintering, International ［J］. Journal of Applied Ceramic Technology, 2012, 9（2）: 239.

［39］ D. X. Yao, Y. F. Xia, Y. P. Zeng, Porous Si$_3$N$_4$ ceramics prepared via partial nitridation and SHS ［J］. Journal of the European Ceramic Society, 2013, 33: 371.

撰稿：空间材料专业委员会

微重力科学发展报告

一、引言

微重力科学是研究物质在微重力环境中的运动、变化、现象与规律的知识体系。以美、俄、欧、日为代表的国家和地区，其微重力科学研究已经进入以空间站为主的时代，相关的科学研究活动进入一个相对稳定发展时期。近两年，我国在微重力科学方面的发展已经进入载人航天二期工程的尾声，在流体科学、材料科学、空间物理与技术以及生命与生物技术等领域都取得了一定的发展。

目前许多在地面实验室进行的物理学前沿实验已经实现了一定的测量精度，充分利用空间微重力环境进行基础物理学研究是精密测量物理的发展趋势。同时，随着"天宫二号"以及"实践十号"任务的成功发射，空间材料、流体等领域将会产生更多的新成果，同时证明我国空间技术发展的实力。下一步我国微重力科学研究的发展将进入空间站阶段。

二、我国微重力科学领域的研究进展

（一）生命科学与生物技术

20世纪90年代以后，特别是进入21世纪，我国的空间研究有了飞速的发展。载人航天一、二期工程（921工程）的实施，以及返回式卫星计划与"天宫一号"实验室的发射等，为我国微重力生命科学与生物技术研究提供了空间实验的机会。开展了多种蛋白质结晶实验，获得一批尺寸较大的空间蛋白质晶体；进行了有制药前景的动植物细胞的空间培养；开展了多项中德合作空间生物学效应研究；开始从基因组、蛋白质组水平上研究生物学问题的尝试等，取得了一批有意义的学术成果。

2010 年，空间科学战略性先导科技专项启动，一度停滞的"实践十号"（SJ-10）返回式科学实验卫星上的项目被重新复审，并于 2012 年年末正式启动，它为空间生命科学领域的 9 个项目 11 个课题提供了空间实验的机会，包括空间辐射效应、重力生物学效应、空间生物技术方面各 3 项，主要以植物、动物、微生物、细胞等为研究对象，揭示微重力及空间辐射环境影响重要生物学过程的分子机制，并应用于动物早期胚胎发育、干细胞生长、分化、组织三维构建等过程。经 2013 年关键技术攻关和地基实验准备工作，2014 年 12 月按计划完成了初样阶段匹配试验。目前各项目正在进一步努力，以期高质量完成 2015 年阶段任务，向着 2016 年太空实验的目标奋进。可以期望本次实验将会获得一批高水平的学术成果。与此同时，近年来，我国科学家也开始利用中科院落塔开展哺乳动物早期胚胎发育等方面研究，或是在地面实验室采用模拟微重力环境的方法开展研究，如胰岛素微纳晶体颗粒的制备等。

（二）空间材料科学

最近几年我国的空间材料科学研究活动主要是按两个国家专项中所规划的方向开展：载人空间站空间材料科学发展规划的制定及基于载人空间站规划的方案开始实施，包括在"天宫二号"飞船上开展综合材料实验、空间站高温实验平台研制等；空间科学先导专项的 2016—2030 微重力科学规划研究中空间材料科学发展的规划制定，基于空间科学先导项目的"实践十号"微重力科学实验卫星上 8 种样品的空间熔体材料科学实验从初样到正样阶段的研制工作。由科技部和中国科学院支持研制及空间科学先导专项关键技术攻关支持的我国第一台静电悬浮装置通过了验收评审。此外，中国科学院和俄罗斯科学院发起的、探讨中 - 俄联合开展包括空间材料科学在内的空间科学研究活动，已经进行了多次双边交流讨论。上述这些活动为我国未来的空间材料科学研究与发展奠定了良好的基础。

1. "天宫二号"综合材料科学实验项目地面研制

主要安排了 11 个课题的科学实验，包括高质量化合物半导体材料的单晶体生长 3 项，金属合金及其亚稳复合材料 3 项，功能半导体及铁电晶体 2 项，深过冷非平衡相变与相选择 1 项，纳米复合材料及薄膜材料 2 项。其中前 8 项侧重于与应用相关的实验研究，后 3 项侧重于与基础科学问题方面的研究。此外，为配合未来空间站上材料科学实验装置研制，还在"天宫二号"的综合材料实验装置上安排了与材料实验炉的热特性相关的实验测量。这 11 个课题的科学实验都安排在 1 台综合材料实验装置上进行，也是第一次研制我国有人参与的空间材料科学实验的装置。综合材料实验装置工作模式（无人时炉内真空环境和有人时炉内大气环境）的特殊性等原因，使装置的研制需要解决一些新的技术问题。2013 年 6 月完成初样研制工作并进入正样阶段，目前完成了装置正样产品的生产与加工调试，开展了部分正样研制阶段的匹配试验工作。

2. "实践十号"科学实验卫星上的空间材料科学

"实践十号"科学实验卫星上安排了 10 个课题的空间材料科学实验，包括化合物半导体4项，金属合金凝固1项，润湿与界面现象研究1项，金属基复合材料的空间生长2项，胶体有序排列及新型材料研究1项，颗粒物质动力学1项。其中化合物半导体中有1项是中日合作课题，最后2项是分别与复杂流体及流体物理相交叉的。这10个课题需要研制3台实验装置，其中前8个课题集中在1个多用途的材料实验装置上开展实验。目前地面研制工作已经完成了装置正样产品的交付，拟于2016年初入轨实验。

3. 空间站上高温实验平台研制工作开始启动

2013年载人空间站任务规划的高温实验平台研制工作开始启动，并于2014年年底通过了方案设计评审。

（1）静电悬浮无容器材料加工装置。

分别于2014年通过科技部支持的装置研制验收及2015年中国科学院重大仪器专项的竣工验收评审。这为我国未来在空间开展无容器材料加工等研究奠定了技术基础。

（2）空间科学先导专项预先研究课题。

先导专项中微重力材料科学分领域（轻飔计划）支持的2项预先研究课题"空间高温材料科学实验装置关键技术研究"和"材料样品悬浮实验装置关键技术研究"完成了地面2年期的研究工作，于2015年5月通过了课题的结题验收评审。这两个课题的完成为我国未来空间实验技术的发展与能力的提升提供了重要基础。此外，作为技术的发展需求，先导专项还设置了支持基于静电悬浮等无容器加工技术的液滴振荡与热物性测量的技术公关课题，于2015年起进入研制工作。

（三）空间基础物理

在空间基础物理研究方面，我国已陆续开展空间相对论和引力实验、高精度星载原子钟、空间冷原子干涉仪、玻色－爱因斯坦凝聚（BEC）和空间低温凝聚态等领域的研究工作。中国科学院和相关科研单位已经开展空间引力波探测方案研究，并针对星间激光干涉测距、高精度惯性传感等关键技术开展预研究。国内某高校提出空间等效原理实验概念于2009年开始方案论证，并已开展部分关键技术研究，所研发的高精度星载加速度计已经在轨运行。在冷原子干涉仪地面实验研究方面已取得不错进展，预计未来将会有空间冷原子物理项目开始立项执行。国内多家科研院所和高校都具备BEC研究能力。利用空间站进行低温凝聚态物理研究已列入我国空间站工程空间应用系统科学任务指南，目前已开展在地面进行自组装形成胶体晶体相变研究，未来将可利用我国空间站进行空间BEC和低温凝聚态相关物理研究。

近几年，我国在空间引力物理、空间时频技术和空间冷原子物理方面有较大的研究进展。

2013年，星载原子钟取得技术突破，为达到精度10^{-16}的星载原子钟奠定了基础；相关科研单位已经研制了一天稳定度分别为5×10^{-14}和7×10^{-15}的星载铷原子钟和星载氢原子钟，将用于北斗二代全球定位导航系统。

近期完成静电悬浮加速度计在轨测试，开展了微力推进器和无拖曳控制的研究，以及空间稳频激光的预研究。并对于星间激光干涉测距研究也积累了一定的研究经验，干涉仪的位移测量精度可达到 10^{-12}m/Hz$^{1/2}$。这些空间实验关键技术的研究成果将为下一步进行空间等效原理实验检验、空间引力波探测等空间引力实验打下基础。

将于 2016 年发射的"天宫二号"飞船上，目前策划了综合材料实验装置，用于高温材料的微重力实验研究，该装置采用多温区加热的方式，进行样品的多批次实验，有航天员参与材料样品的更换操作设计，这是自 1987 年我国第一次空间材料实验装置问世以来，第一次将有航天员参与实验过程的控制，在实验技术上上升了一个层次。这套实验装置的设计和研制任务自 2012 年就已经开始，截至 2014 年年末，已完成了飞行件产品的各项地基试验和材料匹配试验。

自 2013 年年初，中国科学院先导专项正式启动了"实践十号"返回式科学实验卫星项目，该星上规划了流体实验、燃烧实验、生命实验、材料实验等多台微重力科学实验装置，其中用于高温材料科学实验的有效载荷——多功能材料合成炉，同样采用多温区加热的方式，在轨将进行一批次样品实验（6 个安瓿，8 个材料样品，含中日合作样品 1 个），将尝试在同一个安瓿中放置两个不同样品，并按照不同的温度工艺曲线进行空间实验，相对于我国前期服役过的空间实验装置来说，这项在实验方式上的新尝试，也会为我国以后的空间微重力科学实验技术改进提供新的思路。

我国将建成的空间站实验舱中，规划了空间材料实验、空间流体实验、空间燃烧实验、空间生命实验等十几个微重力实验的机柜，2014 年完成了其中多个机构的方案设计评审工作。这些机柜中包括两个进行高温材料科学实验的机柜，分别是高温材料科学实验柜和静电悬浮无容器实验柜。相比较于我国前期空间材料实验装置最高温度小于 1300℃的现状，上述两个实验柜最高温度均高于 1600℃，达到世界先进水平，同时还将规划在轨进行材料实验过程的 X 射线实时观察功能，利用 X 射线在空间进行材料制备过程实时观察技术，除了欧洲曾在探空火箭上进行过尝试外，尚没有在飞船、卫星等高轨道空间飞行器上正式应用。日本曾经花了多年时间研制在空间进行材料实时观察的 X 射线透视装置，但由于种种原因而没有正式运行。先导预研的轻飏计划二期和三期项目中，均规划了空间实验装置关键技术方面的内容，特别是三期项目指南中，制定了集高温、高分辨率光学实时观察、高精度控制等一体的综合技术研发方向，这是属于国际前沿的发展方向。

三、国内外研究进展比较

（一）生命科学与生物技术

随着载人航天活动的不断深入，长期空间飞行特别是载人深空探测对人类挑战巨大，失重、隔离、昼夜节律改变等空间环境对宇航员生理、心理、认知等的影响成为越来越迫切需要研究与解决的重要问题，它不但是一个航天医学问题，更是一个基础生物学问题。

空间生命科学问题已成为世界多国面对的重大基础科学问题之一。

美国正在制定计划，推动太空探索的生命和物理科学研究。包括减轻空间环境对宇航员健康和性能不良影响的有效对策方案，更深入了解重力对生物系统调节机制的机械作用等。优先支持开展国际空间站微生物种群的动态研究，植物和微生物生长与生理反应，以及长期生命支持系统中微生物和植物系统的作用研究等。在生命科学实验方面，美国的商业化趋势比较明显，主要利用 ISS 和航天飞机开展生物学、生物技术、人类等方面的研究，涉及细胞复制、分化，微生物培养，疫苗制备，基础生物学，宇航员生理、心理反应等研究。蛋白质晶体生长是其空间生物技术研究的主要内容之一，并向纳米生物材料方向发展。

俄罗斯利用在国际空间站上的 3 个俄罗斯实验舱，以及货运飞船和美国的航天飞机开展空间生命科学基础和应用研究。其中包括：细胞和组织培养，微生物培养，辐射遗传学效应，以及蛋白质等生物大分子结晶等方面的研究。近年来俄罗斯的空间研究逐渐向重视技术应用方向发展。

欧空局在 ISS 的 Columbus 实验舱上，设有一个生物学实验室，用于研究微重力和空间辐射对单细胞和多细胞有机体的影响，包括细菌、原生生物、昆虫、植物种子、细胞等。此外，还设有流体科学实验室等，并与 NASA 密切合作。2010 年 9 月公布了从 148 项生命科学项目中选出的 39 项作为 2011—2016 年的支持项目。

日本宇宙航天开发机构（JAXA）用 2009 年建成的在 ISS 上的"希望号"实验舱 JEM（又称 Kibo），按计划开展微重力下的医药、生物、生物技术以及通信等六个方面的实验，它将有助于进一步推动月球和火星探测工程。在空间生命科学研究方面，日本有较好的一致性，水生生态系统研究是其优势领域，空间制药是其空间生物技术方面的重点发展方向。日本的空间研究比较注重实际应用与开发方面，一个新动向是开展空间纳米生物技术的研究。安放于实验舱内的 Saibo 实验机柜，包含有洁净台、CO_2 培养箱、离心机等，可用于活细胞生物学实验。

意大利则遵循其既定空间战略，向七个方面继续推进。利用 ISS 的生命科学设施继续开展宇航员长期反常效应、生物医学、骨质疏松与肌肉萎缩、心肺功能紊乱和运动控制等方面的研究。

（二）空间材料科学

在 ISS 上用于微重力空间材料科学研究的电磁悬浮无容器加工装置已经在 2014 年成功地安装于 ESA 的 Columbus 舱里，并于 2015 年进行了多项材料科学样品的加工与测量实验。在 NASA 于 2014 年 7 月底选出并公布的 2013 年在 ISS 上取得的 14 项顶端研究与技术成就奖中，微重力领域的 3 项发现奖中的 2 项是关于空间材料科学的。美欧等的空间实验计划已经安排到 2024 年的 ISS 扩展寿命期末。作为未来的发展，俄罗斯除了安排在 ISS 上的微重力材料科学研究之外，2014 年 9 月宣布，正在建造的依附于 ISS 的宇航员操控 OKA-T 自由飞行平台将于 2018 年发射，其用于进行高微重力水平下的材料制备与相关科学研究；俄罗斯也已经考虑了后 ISS 时代的微重力科学研究活动，如在 2014 年起草的下一个十年俄罗斯的空间计划（FKP-2025）中谈到，着手（2019 年）建造 OKA-T-2，其将作为 2024 年 ISS 完成使命之后俄罗斯自己的新一代空间站的一部分。

国际上近几年在空间（微重力）材料科学研究方面的主要进展包括晶体生长形态演化、化合物半导体晶体生长等方面。

（1）定向凝固过程中的三维胞状晶形成与演化动力学。

法国和美国学者共同组成的研究团队在 ISS 上使用 DECLIC 装置 DSI 和三维成像技术，对透明的丁二腈-莰酮（樟脑）二元模拟合金进行了胞状组织的形成与演化的大量实时观察。

（2）凝固过程中柱状到等轴晶转变（CETSOL）。

以欧洲学者为主的研究人员在 ESA 的柱状到等轴晶转变的凝固研究项目中，自 2009 年起对多个成分的 Al-7wt%Si 合金样品在 ISS 上的材料科学实验室低梯度炉（MSL-LGF）中开展了关于柱状到等轴晶转变等方面的实验。

在 2013—2014 年还在材料科学实验室凝固淬火炉（MSL-SQF）中，开展三元共晶合金的凝固（SETA）和在扩散和磁控对流条件下铸造合金的微结构形成（MICAST）实验，部分实验后的样品已经返回地面，但尚未见公开报道的结果。

多年来，美国学者在 ISS 上对固液混合物（Sn 作为固体相，Pb 作为液体相）的粗化过程进行系列实验，仅 2013—2015 年 2 月，就利用安装在手套箱中的专用实验装置对不同 CSLM-2（6 个样品，含少量枝晶的 Pb-Sn 固液混合物）、CSLM-3（6 个样品）和 CSLM-4（6 个样品）进行了 10 多次的实验。该项目旨在微重力下实验研究并结合计算机相场模拟等方法理解温度和时间是如何控制枝晶的生长，以便找到更有效和经济的方法生产高质量铸造产品。

（3）胶体晶体生长。

胶体体系相变与动力学等一直是国际空间微重力科学研究富有成果的一个方向，其涉及材料、流体、凝聚态物理及化学等多个学科的交叉。在美国于 ISS 上进行"二元胶体合金试验"（BCAT）的一系列实验并不断取得丰硕的结果之时，从 2012 年开始，美国学者在 ISS 上的流体与燃烧实验柜中光学观察模块（LMM）进行"先进的胶体实验"（ACE）系列实验，该项目分为 ACE-M、ACE-H、ACE-T 和 ACE-E 共 4 个系列，初步计划到 2020 年完成。已经开展了 ACE-M-1 ~ ACE-M-3 的实验。

欧洲学者在 ISS 的手套箱中完成了"可选择性光学诊断仪器-胶体"（SODI-Colloid）项目的实验。获得的最主要结果是，在理想的扩散限制聚集的条件下，直接获得了在广泛的颗粒吸引强度范围内胶体颗粒聚集的内部结构。

日本在 ISS 上继重水的结冰（晶）等系列实验之后，从 2013—2014 年进行了"冰晶体 2"-冰晶体的自振荡生长实验，实验重复进行了多次（124 次）。冰晶体在含有抗冻蛋白（AFGP）的过冷（过冷度范围在 0.1 ~ 1 K）水中自由生长，用新改进的光学观察系统（形成干涉条纹）原位进行观察。研究者认为，该微重力下的实验中冰晶基底面生长速度随时间变化的扰动，是由于 AFGP 分子在生长界面处吸 – 解附过程产生的生长速度自振荡。

（4）二元半导体晶体生长过程中的组分均匀性。

日本 JAXA 自 2011 年初将梯度加热炉（GHF）送入 ISS 的"希望"号压力舱中，经过近 2 年的排障于 2013 年 3 月开始进行半导体晶体的生长实验。在 GHF 炉中采用移动液相区方法对 Si0.5Ge0.5 进行了生长工艺的研究，虽然在微重力下生长的晶体中 Si 和 Ge 的成分比地面的均匀，但在所设定生长条件下晶体的成分与期望的还是有明显的偏差，分析认为是空间晶体生长时的温度梯度高于地面的所致。JAXA 最近在 GHF 炉中又完成了多个合金半导体的晶体生长实验，但未见对具体结果的公开报道。

俄罗斯 Foton–M4 上的材料科学实验。2014 年 7 月俄罗斯发射了一个专门用于生物与材料科学实验的微重力科学实验卫星，22 项科学实验中的 8 项为俄罗斯及德国的微重力材料科学实验项目。高温材料实验炉为 Polizon–2，材料科学实验的内容包括金属间化合物的定向凝固及共晶合金转变的热特性研究，石墨富勒烯晶体的生长，Ge 及 GaSb、CdZnTe：In 半导体单晶的生长，振动对液相和凝固过程中的热和质量输运影响研究，多孔复合材料自蔓燃高温合成，还包括两项高质量蛋白质晶体生长实验。

（5）材料的无容器悬浮加工。

ESA 的电磁悬浮（EML）加工装置于 2014 年送入 ISS，已经基本完成安装调试工作，将于 2015 年的 5 月之后开始用于实验工作。这是 ISS 上第 2 台无容器悬浮加工装置，为空间站上热物理实验室（ThermoLab）的主要设备。EML 用于在微重力环境下实现对液态金属的无容器加工和热物理性质的精确测量，旨在通过理解如何控制金属 / 合金的凝固过程，更好地发展加工模型的性能数据库，这些都将帮助人们实现控制材料的微观组织结构从而实现对性能的调控。第 3 台无容器加工设备是日本的静电悬浮（ESL）加工装置，由于种种原因，其进 ISS 的日期被年复一年向后推迟。日本近几年主要还是在地面开展了包括熔体热物性、界面和深过冷熔体中的晶体生长等方面的工作，韩国最近在静电悬浮的地基研究的熔体表面性质、热力学性质、深过冷与形核等方面做了一些有特色的工作。

俄罗斯、美国、欧洲和日本都对未来至 2020 年或更长时间内的空间材料科学与应用研究发展做出了规划。

（三）基础物理

随着空间科学和技术的发展，进行空间精密测量实验的许多关键技术已经逐渐成熟。高精度加速度计和无拖曳控制技术已经在 GOEE（Gravity Field and Steady–State Ocean Circulation Explorer）、GP–B（Grvaity Probe B）等科学卫星中使用；星载低温设备、制冷装置和超导传感仪器也已经在 GP–B 任务中发挥关键性作用；星载高精度激光干涉仪和激光测距系统将在预计于 2016 年发射的 LISA–Pathfinder 任务中进行验证试验；具有更高稳定性的稳频激光光源、光钟、原子钟、光（频率）梳也将开始由地面实验室原理样机升级成星载系统；星载原子干涉仪还在实验室研发阶段，由于具备极高的潜在灵敏度，预计将成为下一代空间重力场测量研究中的重要关键技术。

目前影响地面实验精度的因素多半直接或间接地与地面实验室噪声相关，而且实验精度已经接近难以突破的噪声水平。另一方面，在空间微重力环境中进行基础物理科学研究的条件已经日趋成熟，未来 10 年，将进入空间基础物理科学研究的关键发展时期。例如：欧空局的 Cosmic Vision 2015—2025 空间科学任务规划聚焦四个最重要科学问题开展研究，问题中就包含"宇宙的基本物理规律是什么？"规划中排定的相关科学任务是大型任务 L3 - 激光干涉空间引力波天线 e-LISA（evolved Laser Interferometer Space Antenna），主要科学目标是探测 1Hz ~ mHz 频段的引力波源，预计在 2034 年发射。

如果按照科学目标对国际上正在进行或规划中的空间基础物理科学研究进行分类，大致可分为三个研究领域：

1. 相对论与引力物理研究

主要是对爱因斯坦广义相对论和其他引力理论进行实验验证，具体研究课题包含：等效原理实验检验、万有引力常数变化、牛顿反平方定律实验检验、后牛顿参数的精密测量和空间引力波探测。

等效原理是爱因斯坦广义相对论的基本假设之一，因此对等效原理的实验验证具有非常重要的科学意义。等效原理又分为弱等效原理（不包含自身引力效应）和强等效原理（包含自身引力效应），一般采用测量具有不同物理性质的检验质量之间的自由落体加速度差来验证。MICROSCOPE 空间任务将利用无拖曳控制技术屏蔽外部噪声对检验质量的干扰，并利用高精度电容传感技术在室温下测量检验质量之间的加速度，从而对弱等效原理进行实验检验，预期精度为 10^{-15}，发射时间预计为 2016 年。月球激光测距（Lunar Laser Ranging）是目前对强等效原理检验精度最高的实验，利用 Apollo 登月任务放上月球表面的反射镜和地面高功率脉冲激光观测站，已经将地月间距测量精度推到厘米水平，根据测量数据推算的强等效原理实验检验精度为 $(-0.8 \pm 1.3) \times 10^{-13}$。更高精度的强等效原理实验检验将考虑在月球上重新放置具更高效能的反射镜，或进行火星激光测距实验。

发展中的大统一理论和一些引力理论提出牛顿万有引力常数随空间或时间变化的想法，而月球激光测距是目前对万有引力常数变化量测量最精确的实验，实验结果为 $\triangle G/G = (5 \pm 6) \times 10^{-13}$/ 年。预期下一代的月球激光测距技术将会进一步提高实验精度，并作为验证这些理论正确性的判据。

最新的量子场理论提出，如果引入新的基本相互作用或额外维度空间（extra-dimensions），有可能会使得万有引力违反牛顿反平方定律。先锋 10 号和 11 号航天飞船的无线电追踪数据也显示了一个固定指向太阳的异常加速度，$a_p = (8.74 \pm 1.33) \times 10^{-10} \text{m/s}^2$，间接暗示牛顿反平方定律可能破缺，现被称为先锋号异常（Pioneer anomaly）。为了在更高精度上检验牛顿反平方定律，NASA 提出 ISLES（Inverse Square Law Experiment in Space）任务概念，计划使用星载超导加速度计在 100μm 范围内检验牛顿反平方定律，预计实验精度（异常相互作用力的耦合常数）可优于 10ppm，比目前地面实验结果高 3 个数量级以上。

埃丁顿参数（Eddington parameter，γ=1）是最基本的后牛顿参数，在广义相对论中表示时空曲率，目前最好的测量值是根据 Cassini 航天飞船的无线电追踪数据得到的，测量结果为 $\gamma-1=(2.1\pm2.3)\times10^{-5}$。BEACON（Beyond Einstein Advanced Coherent Optical Network）任务概念计划在 80000km 高度的地球轨道上用四颗卫星组成共面四边形卫星编队，利用高精度星间激光测距技术测量此共面星座偏离欧氏几何的程度，从而决定地球附近时空曲率。预计 γ 参数的测量精度可达 10^{-9}。

由于地面震动和重力梯度噪声的影响，地面引力波天线无法测量低于 1Hz 的引力波，因此必须建造空间引力波天线，以探测更多具有重大科学意义的低频引力波源。LISA 任务计划利用三颗卫星构成等边三角形卫星编队，在地球后方 20° 的地球绕日轨道上飞行，卫星间距 500 万千米，测量频段为 0.1mHz ~ 0.1Hz，引力波应变测量水平在 0.01Hz 需达到 10^{-23}。LISA-Pathfinder（LISA 探路者）试验卫星于 2015 年发射，将针对无拖曳控制、高精度激光干涉仪等 LISA 关键技术进行验证。虽然 NASA 已经终止对 LISA 项目的支持，欧空局仍计划将空间引力波探测任务（现称为 e-LISA）排入 Cosmic Vision 2015—2025 空间科学任务规划。

2. 超高精度空间时频研究

第二个领域是研发超高精度的空间时频系统，并利用此技术开展精细结构常数的变化、引力红移精密测量、洛伦兹对称破缺等基础物理学研究。原则上，利用超稳定的时频标准（时钟）可以进行基本物理常数的时变测量；透过比对处于不同引力势下的（自由下落状态）时频系统，可以检验引力红移的普适性；通过比对稳定的空间时频和地面时频，可以检验光速的不变性和同向性。

关于精细结构常数的时变测量，Rosenband 等人在地面实验室比对精确的铝离子和汞离子光钟，得到 $\Delta\alpha/\alpha=(-1.6\pm2.3)\times10^{-17}$/ 年，而未来在空间微重力环境下运行的光钟将把实验精度再提高至少 1 个数量级。光钟在近几年发展迅速，准确度已到达 10^{-17}。由于空间实验环境的优势，未来在空间微重力环境运行的光钟预计将可以达到 10^{-18} ~ 10^{-19} 的潜在稳定性和准确度。

NASA 原计划了 PARCS（Primary Atomic Reference Clock in Space）和 RACE（Rubidium Atomic Clock Experiment）等实验，建立空间时频系统，用以检验狭义相对论和标准模型（standard model），但上述实验已经于 2004 年全部取消。欧盟后续规划 ACES（Atomic Clock Ensemble in Space），计划在国际空间站 ISS 上安装数个高稳定空间钟进行比对，精密测量钟的时频与引力势中的位置和速度的关系，研究洛伦兹对称破缺和 CPT（电荷 – 宇称 – 时间）对称破缺等高精度实验检验。

3. 空间冷原子与低温凝聚态物理研究

第三个领域是关于空间冷原子物理以及低温凝聚态物理研究。主要工作是研发星载冷原子干涉仪并开展相关应用，以及在微重力环境下深入研究玻色－爱因斯坦凝聚和临界现象。

基于物质波干涉的冷原子干涉测量技术在地面实验室中已经达到 $10^{-9}\mathrm{m/s^2/Hz^{1/2}}$ 的加速度测量灵敏度，以及 $10^{-10}\mathrm{rad/s/Hz^{1/2}}$ 的转动测量灵敏度。在地面实验中，由于地表震动和磁场引入的噪声是影响测量精度的重要因素；这些噪声在空间微重力环境下都可以被忽略，因而测量灵敏度还将进一步提升。利用冷原子干涉测量可以进行牛顿反平方定律实验检验、万有引力常数测量、弱等效原理实验检验等基础物理学研究。此外，研发基于冷原子干涉测量的加速度计、陀螺仪、重力梯度仪等量子传感器也将对基础科研和工程应用，例如：空间导航、大地测量等，产生巨大影响。

玻色－爱因斯坦凝聚（BEC）是由于系统温度降低后，经典热噪声不再是主导因素，因而使得原子或分子的波动性开始凸显而表现出集体量子行为。BEC 是一种量子气体系统，其研究内容极为丰富，涵盖了原子、分子与光物理（AMO，Atomic Molecular & Optical Physics）和凝聚态物理。实现 BEC 首先要利用激光冷却原子或分子，接着借由蒸发磁势阱中的粒子使得剩余粒子进一步冷却下来。在地面实验过程中，由于势阱中引力的压缩作用，冷却过程会从三维势阱表面慢慢被限制在二维空间内并最终停止。在空间微重力环境下，由于引力效应大为降低因而使得冷却过程可以持续到更低的温度（约为 $10^{-9}\mathrm{K}$）。此外，透过精确控制的光晶格可以使 BEC 原子从连续量子流体转变成离散的原子格点，此现象即为量子相变。由于 BEC 原子的物质波波长较大，使得 BEC 系统对于微弱的长程相互作用非常敏感，是研究临界现象的理想物理系统。

临界现象和相变仍然是空间凝聚态物理的研究热点，而传统低温技术对于研究宏观低温系统仍是不可替代的手段。为了在国际空间站进行长期的低温凝聚态物理实验，喷射推进实验室（JPL）设计了低温微重力物理设施（LTMPF，Low Temperature Microgravity Physics Facility）。利用 LTMPF 可以进行超导振荡器、临界现象、低温有序相变等研究，而这些研究成果将可以在未来的工程系统获得应用。

（四）微重力科学实验技术

微重力科学是研究物质在微重力环境中的运动、变化、现象与规律的知识体系。微重力科学的发展离不开微重力实验技术的发展，微重力科学实验技术总体来看，可分为两个层次。第一个层次是提供微重力环境的空间飞行器发展技术，第二个层次是空间飞行器中的载荷实验装置。

1. 空间飞行器技术

空间飞行器，如空间实验室、飞船、卫星、探空火箭、抛物飞机等，这类空间飞行器的作用是提供微重力环境，其技术先进与否主要体现在微重力水平的高低、微重力保持时间的长短、可提供载荷重量大小等方面，地面的落管落塔也属于这类微重力技术范畴。

目前，国际空间站是可提供微重力时间最长的、微重力水平最高的飞行器，它可提供

6个专用实验室模块，适应不同的生活和微重力科学研究。国际空间站预计将于2020年将退役。我国目前尚没有与其媲美的空间飞行器，我国规划至2020年建成自己的空间站，规划了两个空间科学实验舱，舱内规划了空间材料实验、空间流体实验、空间燃烧实验、空间生命实验等多个微重力实验的机柜，届时它可能是世界上唯一在役的可提供长时间微重力效应的空间飞行器。

国际上以美国NASA、欧洲ESA、日本JAXA为代表的研究机构，每年都会向太空发射各种型号的飞行器，其中不乏用于微重力科学实验的项目。飞行器能力不断提高，采用的技术不断更新。以探空火箭为例，ESA自1987年开始的材料科学实验火箭（MASER）在2005年之前采用的Skylark7可搭载250kg的科学设备，提供6min的微重力时间，自2006年开始采用VBS-30火箭，可搭载270kg的科学设备，提供6～7min的微重力时间，该型号探空火箭任务最近一次是2012年2月发射的MASER-12，进行了高温合金凝固过程的X射线观察实验。而瑞典的MAXUS火箭可搭载载荷480kg，提供12～13min的微重力水平。而我国目前探空火箭的搭载载荷尚不足100kg，长时间、重载荷技术的发展将是我国空间微重力实验用载荷飞行器技术发展的一个重要方向。

2. 微重力实验设备技术

另一个层次的微重力技术是在空间飞行器上具体实现空间实验的实验装置，这类装置可提供微重力科学实验所需的工艺参数和条件，如实验温度、实验气氛、实验压力、实验样品的尺寸、可进行实验样品的种类、可进行空间实验的方式等，它们与微重力科学实验的具体进程息息相关，因此这类实验装置的技术先进性是微重力科学研究者更为关心的。

国际空间站上安装了多种类型的微重力科学实验装置。如日本JAXA研制的Saibo实验机柜就是进行微重力下活细胞生物学研究的专用机柜，美国NASA研制的燃烧集成实验柜和流体集成实验柜均在空间站上运行。ESA的材料科学实验室内的材料科学研究机柜MSRR-1可为材料混合、晶体生长、淬火、合金凝固等实验提供条件。MSG（微重力科学实验舱）里的PFMI（the Pore Formation and Mobility Investigation）设备，可共享MSG的数据采集、摄像、控制系统等，可提供一种快捷的、代价低廉的途径来研究丁二腈的空隙形成和迁移率。EXPRESS机柜内的DECLIC模块是一个CNES/NASA联合研究项目，2006年开始在ISS运行，它的指令与控制通过地面执行，它的模块化设计使它适合存在很大不同的实验，既可进行材料科学研究，又可对流体运动进行观察。

日本在国际空间站"kibo"的日本实验舱中设计了原位观察微重力下蛋白质晶体生长的实验装置、高温熔体材料实验用的梯度炉、用于水结晶机理研究的观察实验装置，近几年来已开展了百余次微重力实验。其中JAXA设计的空间材料实验用梯度炉（GHF）有3个加热区，最高温度可达到1600℃，由于种种原因，该实验设备长时间未能正式运行，直到2013年3月才进行空间高温材料科学实验，成功完成了1250℃温度下的锗硅材料空间实验。另外，日本自2009年即在微重力实验室研制了用于气泡润湿性和成核研究的观察实验装置，近几年一直进行实验，2014年利用落塔和抛物飞机进行了多次验证性实验。

除空间站外，针对国际上利用的其他空间飞行器提供的微重力环境，也研制了各种不同型号的实验设备。如俄罗斯 FOTON 卫星上的 POLYZONE 实验装置，具有 7 段加热区，是目前空间微重力实验装置中加热区最多的设备，最高温度达 1300℃，且具有旋转磁场功能。ESA 自 2006 年启动的 XRMON 计划，研制在微重力条件下进行合金熔体定向凝固的 X 射线实时观察装置，该项设备空间分辨率达到 4μm，采集频率 2fps，2012 年 4 月在 MASER –12 火箭上成功完成首次实验，实验结果于 2013 年正式发表。

四、空间微重力科学发展趋势

（一）生命科学与生物技术

进入 21 世纪，国际航天发展步调加快，竞争愈加激烈。事实上，无论是太空飞行、深空探索，或是登月、火星探测计划等，无一不是为了探索神秘莫测的宇宙，拓展人类活动的疆土，开发和利用无尽的空间资源，服务于人类，它从根本上与国家利益和国家安全息息相关。这些计划或研究无一例外地包括或涉及关系到人类太空飞行健康安全的空间基础生物学和对地外生命探讨的重大问题。微重力生命科学与生物技术研究是其中重要的不可或缺的组成部分。

未来 5 年，在微重力基础生物学研究方面，应充分利用国家有限资源和经费，包括"神舟"系列载人飞船，返回式科学卫星，TG 系列空间实验室和 2020 空间站；注意增强从基因组、蛋白质组等水平上开展研究的尝试，加强空间生物材料制造技术研究，包括空间制药、纳米生物技术的研究以及细胞三维培养与组织构建等，并将空间研究所得结果用于促进地面生物工程的开展。

微重力是空间环境独有的"资源"，在地面难以实现。然而，空间或微重力研究耗资巨大。从目前各空间国家的现状来看，NASA、ESA、日本、韩国等无一不是彼此密切合作开展有关试验的。我国前期的空间研究，以及我国与欧空局联合遴选并实施小型空间科学卫星任务，均对国际空间合作起到了良好的促进作用。

此外，从美、俄、日等国家来看，其空间研究比较注重实际应用与开发，尤其是美国空间研究的商业化趋势比较明显。我国作为一个发展中的国家，在未来空间研究中更应注重这一点。

我国成功实施的"嫦娥工程"月球探测计划；不间断进行的载人航天飞行计划（"神舟"系列）；陆续发射的货运飞船；"十二五"期间空间科学战略性先导科技专项的启动，"实践十号"（SJ–10）返回式科学实验卫星的即将发射；空间实验室（站）计划（"天宫"号）的建立，国际合作的日渐增强等，都将给空间生命科学与技术研究提出新的问题，创造很多新的机遇。展望未来，可以预期，"十三五"期间，我国微重力生命科学与生物技术研究必将会登上一个新的台阶。

（二）空间材料科学

2016 年至未来 10 多年内，我国空间材料科学的发展趋势和目标如下。

1. 发展我国在空间从事系统深入的空间材料科学实验研究的能力

包括专门的材料科学实验研究基地；基本的空间材料科学实验研究装置和模块，其应该具有复杂的液体和气体管理操作能力，具备对物质施加外场和对实验过程在地面进行人工干预的能力，还包括超高真空环境的利用与实现能力等。特别是材料形成和变化过程的原位实时观察和表征能力、过程控制能力，要从根本上改变空间材料科学研究受制于研究条件的局面。在空间空间材料科学实验能力方面，我国还只是刚起步，无论是在功能方面，还是在性能方面，都与国外及与我们的需求有巨大差异，这是未来 5～15 年的首要任务。

2. 晶体生长与合金凝固过程中的界面稳定性与形态转变的理解与控制研究取得突破

建立或改进控制对流条件下相关的晶体生长理论，实现关键材料过程技术和材料品质的切实提高。界面稳定性与形态转变既与材料形成过程中的本征性质相关，也与非本征的性质相关，而这些可以通过对熔体或液体中物质的输运行为或方式控制来进行研究和理解。借助微重力条件，将影响材料输运行为的具体因素突显出来加以研究，主要是基于原位观察实验技术获取对物质输运行为和效应的深入认识。应用空间材料科学的研究成果，促进一些关键材料加工技术的突破。切实可行且有重大应用价值的方向包括：晶体生长和凝固过程中实现对缺陷与界面稳定性控制，金属泡沫技术，与熔化凝固有关的焊接（空间）冶炼技术，空间物质加工技术等。

超高真空和超高微重力水平结合，实现完善化合物半导体晶体薄膜的生长及与性能关系研究是一个有待开发和探索的研究方向，既有重要的空间研究价值，也对地面的材料科学研究与应用具有重要的指导价值。

3. 获得对重要合金体系深过冷非平衡相变机理的认识及实现对合金熔体热物理性质的测量与研究

在空间中，基于静电和电磁悬浮的无容器环境与技术，为多元合金的深过冷与非平衡相变过程研究提供了较理想的条件，这不仅为发展非平衡相变理论奠定了基础，也为探索具有新异性能的材料开辟了新途径。同时，空间无容器技术也将为获取更为精确的材料热物理性质数据，深入开展热物理性质随温度变化的机理及重要应用价值的材料加工设计，进而更为有效的材料形成过程的模拟计算奠定基础。

4. 颗粒物质间的作用、聚集与相变规律的发现

这里所涉及的颗粒物质体系包括尘埃等离子体、胶体类和聚合物体系，以及固体的颗粒物质体系等。在地面，尘埃等离子体、胶体类和聚合物体系中发生的弱作用力或熵驱动的自组织过程，明显受重力引起的沉降和对流作用。已有的地面和空间微重力环境下的实验研究表明，这类物质体系在合适的条件下许多方面表现出与原子分子物质组成的液态或熔体体系中发生的相变（如结晶）相分离现象。因此，对其研究为人类认识和理解凝聚态

物质中发生的过程和现象提供了新视角，也为地面新材料的发现或合成、工业加工过程的改进提供了重要的理论和技术指导。

5. 发展合成和制备材料的新的物理化学方法

这是与物理、化学及流体物理和燃烧等学科有重要交叉的方向。材料科学的发展表明，新合成和制备材料的物理和化学方法是发现和制备具有新异性能材料的基本途径之一。分子束外延气相生长半导体多层异质结、自蔓燃高温合成新材料、溶液中合成纳米颗粒材料、复合胶体晶体自组装等都是空间材料科学研究的重要内容，同时这些方法的发展对空间技术的发展和地面应用发展具有重要的应用和指导价值。

（三）基础物理

1. 相对论与引力物理研究

在空间微重力环境进行相对论和引力物理实验检验是基础物理学研究的发展趋势。由于所需的关键技术逐渐成熟，等效原理实验检验和引力波探测等具有重大科学意义的空间科学研究项目将可以逐步推进。

利用高精度光学干涉仪取代电容传感的等效原理检验空间实验，同时配合电荷管理和无拖曳控制技术，预计可以将等效原理破坏的测量精度比地面实验再提高 $1 \sim 2$ 个数量级，达到 $10^{-16} \sim 10^{-18}$，实验结果将对引力理论和大统一理论的发展起到关键性的指引作用。此外，为满足空间精密测量实验需求所研发的高性能卫星平台将使我国的卫星技术再上一个台阶。

空间引力波探测是极具挑战性的空间科学任务，由于所需关键技术的研发难度很大，投入的时间和资源都相当可观，因此必须采取适当的发展策略，才能在有限的时间和资源投入情况下保证任务的可行性。目前最合适的做法是将下一代重力卫星任务和空间等效原理实验当成是空间引力波探测的试验卫星项目，由技术较为成熟的空间项目逐步推进到技术难度较大的空间引力波探测项目。

2. 超高精度空间时频研究

空间时频技术对于基础物理研究和尖端工程应用都具有非常重要的价值。精度为 10^{-16} 的星载原子钟，将使得北斗全球定位导航系统的定位精度达到厘米水平，授时精度达到 0.03ns 水平；同时还可将星钟的比对周期延长 100 倍，降低卫星运动控制的复杂度。此外，利用精确的星钟比对技术还可以进行地球重力场测量、对地观测、高精度的相对论效应和引力物理实验检验。

未来，将以长期频率稳定度为 10^{-16} 的星载原子钟网络建构卫星时间，以长期频率稳定度为 10^{-17} 的原子钟网络建构地面授时系统，以频率准确度为 10^{-18} 的光钟作为地面时频基准。

3. 空间冷原子与低温凝聚态物理研究

由于具备波长短、传播时间长等优点，冷原子干涉仪的测量灵敏度非常高。在空间微重力环境下，预期利用空间冷原子干涉进行惯性传感，能突破现有精密重力测量仪器的测量精度。使用空间冷原子干涉仪进行引力磁效应精密测量实验和精细结构常数精密测量实验是下一阶段可以考虑的重点研究课题。此外，应该考虑善用我国在 BEC 研究领域已经积累的经验、成果和研究团队，规划未来在空间站进行 BEC 研究的重点支持研究课题。

空间低温凝聚态物理研究属于交叉学科研究领域，具有重要的应用前景。建议应该与空间材料和空间工程技术研究一并进行全盘规划，才能有效利用资源，并发掘出具有重要科学意义或重大应用潜力的最前沿研究课题。

（四）微重力科学实验技术

我国未来空间材料实验技术应以空间站这样的长时间微重力平台为主要着眼点，发展功能多样化、结构集成化和模块化的实验装置，同时重视材料科学实验过程中的物性检测和现象的观察分析，重视航天员进行材料实验过程干预的人机工效技术，还应发展遥科学技术，实现空间材料实验的地面遥现和遥操作等先进实验功能。

当然，也不能忽视卫星、飞船、探空火箭等飞行器上的微重力试验装置及实验技术的发展，这类飞行器相较于空间站来说，灵活性强，每次可根据需要携带不同形状或功能的实验载荷，且也具有一定长的微重力时间，可作为空间站实验载荷的有利补充。从实验技术的层面看，这类科学实验主要需突破如下技术瓶颈：发射成本昂贵，空间实验少；不能控制或改变飞行器中的实验条件，实验结果难以重复；多数样品分析只能在飞行器返回地面后再进行。因此，不管是从飞行器层面还是从实验装置层面，我们均应该进行新技术的应用，努力提高飞行的寿命及微重力稳定性，同时实验装置上需多引入在线观察诊断功能和遥操作科学功能。

在目前国际上运行中的落塔技术中，美国 NASA Lewis 研究中心的 5.18s 微位重力时间落塔，德国布莱梅的 4.7s 微位重力时间落塔，均为塔内真空技术方案落塔。我国国家微重力实验室（NML）的 3.5s 落塔，为双套舱技术方案落塔，塔内压力为常压，微重力达到 $10^{-5}g$ 量级。中国科学院金属研究所拥有的落管设备，管内为真空，可实现 $10^{-6}g$ 的高质量微重力环境，微重力时间约为 3.2s。进一步改进我国的落塔技术，包括延迟微重力时间，提高微重力水平，应是我国微重力地面模拟技术发展的一个重要环节。

悬浮技术是目前在地面上进行微重力研究的主要技术，包括静电悬浮、电磁悬浮、声悬浮等。目前，日本宇航局（JAXA）的静电悬浮材料实验装置和实验研究已处于国际领先的水平，研制有多套常规的地面实验装置，并配有 X 射线、中子扫描的地面实验装置，还进行了探空火箭搭载实验、抛物线飞机搭载实验，原计划 2014 年在国际空间站（ISS）日本实验舱内搭载静电悬浮炉（ELF）装置，但出于不知道的原因，至今尚未进行搭载。欧空局在无容器方面的研究主要在使用两种无容器悬浮技术：电磁悬浮和静电悬浮。例如，德国 DLR 自行研制的静电悬浮装置也早已投入实验之中。它们不仅用其进行材料的表面张力等热物性测量，还用于与中子技术相结合开展高温熔体的黏度、结构随温度变化的关系等研究。

近年来，我国也先后研制出了静电悬浮装置。但是，在静电悬浮无容器材料实验的研究才刚刚起步，才达到日本 2001 年的研究水平，完成了样品悬浮和熔化，实现了深过冷，但非接触测量只有温度值。今后的发展重点应致力于获得全面的材料参数值，包括从图像获得体积，从振动获得黏度，从旋转获得表面张力等，地面上还可以用 X 射线、中子束等观察液态金属内部原子的结构，这些都迫切需要用到非接触测量的技术，也是未来我国载人空间上的静电悬浮装置以及其他用到非接触测量装置的关键技术。

除了发展在空间微重力下进行科学研究的实验技术外，还应时刻重视转移空间研究的关键技术，总结空间实验结果和现象，用以指导地面上的科学实验，改进地球上的工业和商业活动，促进地基高科技的发展。

参考文献

［1］ 中国科学技术协会 . 2011—2012 空间科学发展报告［M］. 北京：中国科学技术出版社，2013.

［2］ （美）空间生物和物理科学十年调查委员会 . 面向空间探索的未来：新时代的生命和物理科学研究 2016-2030［R］. 2015.

［3］ 2016-2030 空间科学规划总体研究之空间科学国内外发展现状与趋势调研报告［R］. 2015.

［4］ 10th Asian Microgravity Symposium［C］. 2014.

［5］ 921-2 空间生命科学方案设计报告等［R］.

［6］ N. Bergeon, et al. Spatiotemporal Dynamics of Oscillatory Cellular Patterns in Three–Dimensional Directional Solidification［J］. Phys. Rev. Lett，2013，110.

［7］ F.L. Mota, et al. Initial transient behavior in directional solidification of a bulk transparent model alloy in a cylinder［J］. Acta Mater.，2015，85.

［8］ D.R. Liu, et al, Structures in directionally solidified Al－7 wt.% Si alloys Benchmark experiments under microgravity［J］. Acta Mater.，2015，64.

［9］ James W. Swan, et al. Buckling Instability of Self–Assembled Colloidal Columns［J］. Phys. Rev. Lett.，2014，113.

［10］ M. A. C. Potenza, et al. Dynamics of colloidal aggregation in microgravity by critical Casimir forces［J］. Eur. Phys. Lett.，2014，106.

［11］ Y. Furukawa, et al. Self–oscillatory growth of ice-Ice crystal 2 experiments carried out in "KIBO" of ISS［R］. 2014.

［12］ K. Abe, et al. Numerical simulations of SiGe crystal growth by the traveling liquidus–zone method in a microgravity environment［J］. J.Crys. Growth，2014，402.

［13］ 2016—2030 微重力科学领域发展规划研究报告［R］. 2015.

［14］ NASA Request for Proposal NO. CASIS 2014 Materials Science in Space, Center for the Advancement of Science in Space, Space Life Sciences Lab, 505 Odyssey Way, Exploration Park, FL 32953, 2014.

［15］ Francis Chiaramonte. NASA Physical Sciences Overview Presentation to：Committee on Biological and Physical Sciences in Space［R］. 2014.

［16］ The Kibo Utilization Promotion Committee, The Scenario Examination Working Group in Physical Science. JAXA Kibo Utilization Scenario toward 2020 in the field of Physical Science［R］. 2013.

撰稿人：刘秋生　潘明祥　王彬彬

空间生命科学发展报告

一、引言

宇宙中的生命现象是普遍的吗？生命如何起源？作为智慧生物的人类是否是孤独的？空间环境的特殊性对生命运动和演化规律的影响又是什么？诞生于地球系统的生命，特别是人类在太空能否长期生存？回答这些重大问题绝非易事，更离不开空间生命科学持续、深入的研究。

空间生命科学是随着人类空间探索活动，特别是载人空间探索而产生和发展的新兴交叉学科，它属于空间科学和生命科学的交叉学科，是"空间科学"的一个重要分支学科，同时也是与之相关的生命科学学科在空间特殊环境下的延伸。

迄今为止，人类在空间站和航天飞机上开展了上千次实验，实现了进入太空长时间生活工作的目标。500 多位航天员进入太空，航天员单次太空停留最长达 438 天。航天医学取得显著进展，获得了对各类生物在空间特殊环境下的响应、生长发育和节律变化机制的重要认识，发现了动植物重力感知的可能机理；发现空间辐射对生物组织的旁效应；空间生物技术和转化研究也成效显著。同时，地外生命探索取得一系列进展，拓展了对生命存在条件的认识。迈入 21 世纪后，人类向太空进军的脚步明显加快，空间生命科学得以蓬勃发展。

二、我国空间生命科学近年的进展

随着中国载人航天及空间探索研究的深入发展，已有多项与空间生命研究相关的重大科研项目获得批准和立项，并取得了一系列的重要成果，如"973"项目"长期空间飞行环境下人体运动操作能力的变化规律及其与骨丢失和肌萎缩的交互作用研究""微重力影响细胞生命活动的力学—生物学耦合规律研究""基于空间微生物变异规律探索重要感染疾病防控"等。2013 年，中国航天员中心从事航天失重生理学研究的李英贤研究员获得国家杰出青年项目资助，其团队关于小分子核酸 miR-214 的研究结果发表在国际顶级学术期刊 *Nature Medicine* 上。2014 年，美国《科学》杂志出版了增刊 *Human Performance in Space — Advancing Astronautics Research in China*，系统地介绍了中国载人航天及航天工效学领域的研究成果。

近三年来，我国也多次承担或主办了空间科学相关的国际学术交流盛会，比如第 64 届国际宇航大会于 2013 年 9 月在北京召开，并由航天员中心组织了"航天医学与大众健康"全球网络论坛活动；第 27 届太空探索者协会（ASE）年会于 2014 年 9 月在北京召开。2014 年 3 月，西北工业大学年举行了"Symposium for Space Biology and Biomedical Engineering"会议，德国夏洛特医科大学、德国宇航中心以及日本宇宙航空研究开发机构等多个国家的空间研究机构的科学家参加了本次会议。随着空间站工程的推进，我国空间生命科学的国际交流和地位将不断提升。

（一）航天医学领域

我国于 2012 年（神舟九号）、2013 年（神舟十号）两次成功实施了载人交会对接任务。以此为标志，航天医学取得了丰硕成果，解决了短期在轨飞行的失重生理效应防护和航天员健康保障相关问题，开展了人体生理学和医学空间实验，航天基础医学、航天环境医学持续深入发展，丰富了对载人航天发展规律的认识，为中国载人空间站工程实施不断进行理论和技术的积累。

1. 重力生理学及航天员健康保障技术

以交会对接组合体驻留期间航天员健康保障问题为核心，中国航天员科研训练中心重点从失重生理效应防护、医监医保、航天食品与营养保障、心理保障等方面开展研究，形成了有特色的航天员健康保障理论和技术体系。

（1）失重生理效应与防护技术研究。

1）针对失重环境中心血管功能障碍、前庭功能紊乱、骨质丢失、肌肉萎缩、免疫功能下降等生理效应，开展动物学和人体实验，多系统、多层次研究模拟失重的生理学效应机制，初步形成了不同重力环境生理机能的适应与再适应理论；

2）针对交会对接任务飞行时间延长和女性航天员参与的特点，组织了 30 天、女性 15 天头低位卧床实验，系统验证了套带、企鹅服、下体负压筒、拉力器、自行车功量计及骨丢失对抗仪等失重生理效应对抗防护措施的有效性，提出失重生理效应综合防护空间应用方案，为交会对接任务提供了重要支撑；

3）通过整合运动心肺功能测试系统、等速肌力测试系统、足底应力测试系统以及肢体运动生物力学测试系统，建立了先进的零重力运动锻炼系统，为我国空间站在轨跑台的设计验证、锻炼方案研制和锻炼中人体的运动生物力学研究提供核心技术平台。

（2）健康状态监测及保障技术。

1）通过地面卧床等模拟失重实验和神舟系列飞船历次任务实践，建立了航天员医监数据库，掌握大量的失重（模拟失重）前后生理指标、内分泌指标、生化指标以及心理状态变化等核心资料，为形成航天员健康状态监测及保障技术奠定了基础；

2）通过系列卧床实验、中法失重飞机合作实验等进行技术验证，形成了涵盖动态心电监测、无创心功能监测、运动肺功能检查、医监生化检测等技术的航天员在轨健康监测和保障技术，为航天员健康维护与评估提供技术支撑；

3）女性头低位卧床实验是探索我国女性航天员参与航天飞行任务防护方法的重要平台。组织实施了我国首次女性15天头低位卧床实验，用于评价、比较和改进女性航天员健康评估与失重生理效应防护方法，建立了女航天员在轨健康保障技术；

4）研究狭小封闭环境和睡眠剥夺等因素对人体情绪和认知的影响，并探索对抗负性影响的心理训练方法。研究表明，小组心理训练方法能够有效地对抗睡眠剥夺所致的负性影响；

5）结合"火星500"（Mars 500）等大型国际航天医学合作实验，开展了如下三项研究，为中长期飞行航天员身心健康监测、评估及干预提供了支持。

①Mars 500长期密闭环境人体中医辨证研究：采用数字化四诊仪采集Mars 500试验中6名志愿者的身体信息，进行四诊合参中医辨证，并基于脉图参数对其健康状态进行综合评估，总结长期密闭环境整体功能状态特点和规律。该结果为中长期飞行航天员健康监测、评估及干预提供了支持；

②Mars 500计划长期密闭环境及不同文化对乘组成员非言语交流的影响研究：了解长期密闭环境、不同文化对乘组成员非言语交流状况及其有关影响因素，取得了志愿者在长期隔离、自主、跨文化情境下情绪状态、非言语行为、人际互动等宝贵的数据；

③地面模拟环境对近日生物节律与氧化应激的影响研究：对乘组人员近日生物节律、基本生理节律与激素分泌节律变化模式以及氧化应激相关生物化学指标变化状态开展研究。初步总结了生理表型以及生化和分子生物学指标的变化规律，筛选出可能受长期飞行条件影响且对人体健康监测与干预具有潜在应用价值的生理、生化与分子生物学指标。

（3）营养保障技术研究。

1）研究了女性志愿者15天头低位卧床实验期间主要膳食营养素摄取情况。从三大营养素供热构成来看，女性志愿者整个卧床期间蛋白质摄入偏高，碳水化合物摄入偏低，脂肪摄入基本满足要求；头低位卧床对照组（CON）的能量摄入随卧床时间的延长而增加，下体负压锻炼组（LBNP）和自行车功量计联合下体负压综合锻炼防护组（ERGO+LBNP）的能量摄入随卧床时间的延长减少或基本没有变化；

2）观察拟定的复合营养素配方对模拟失重大鼠骨代谢指标变化的影响。实验筛选出的复合营养素配方对模拟失重大鼠的多项骨生物力学指标、血生化指标以及骨密度均有改善作用，且绝大部分指标与阳性对照药物改善作用相近，个别指标要优于阳性对照组。

2. 航天基础医学

中国航天员中心航天医学基础与应用国家重点实验室在微重力生理效应、响应机制、防护技术方面提出了"空间骨丢失的器官相互作用机制"假说；首次识别出长期卧床模拟失重对立位应激反应的三种症型；提出细胞骨架调控力学信号感知–传递和响应的新机制，以及蛋白质硝基化产物是应激损伤监测的特异性标志物的新观点；在辐射损伤修复机制方面获得了组蛋白单甲基化修饰的新发现。李英贤团队在研究中发现和阐释了一个同时参与造成失重和增龄性成骨能力降低的小核酸的功能。获取的失重心血管变化特征、细胞因子重力响应等阶段性理论成果，为阐明失重条件下航天员生理、心理变化提供了支持，其成果在国际学术期刊上发表了系列文章。2013 年 1 月，在 *Nature Medicine* 杂志发表了 *miR-214 targets ATF4 to inhibit bone formation*。在失重性骨丢失方面，发现细胞骨架和 Integrin 参与的对成骨细胞分化的协同调控作用；在 microRNA 调控领域，发现循环 microRNA 在骨组织的微环境中所介导的破骨细胞对成骨细胞的重要调控作用；在失重肌萎缩分子机制研究方面，通过深入挖掘人体卧床实验数据，发现血清因子 TGF-β1、IL-1 和 IL-18 增加和 MCP-2 下降与失重肌萎缩形成具有显著相关性；证明了 TGF-β1/Smad3 是失重肌萎缩发生、发展的关键信号转导通路；Smad3 磷酸化激活入核调控 MHCIIa 肌纤维亚型基因转录；发现红景天苷可通过选择性抑制失重肌萎缩发生的关键信号转导通路 TGF-β1/Smad3。

3. 航天环境医学研究

获得了对空间环境对人体生理功能影响的更加深入的认识，为空间环境的医学防护以及空间站工程的医学要求与评价设计提供了重要支持与技术积累。

（1）通过 60 天载人试验的环境复合效应试验研究，验证了长期飞行乘员舱内污染物、噪声、非电离辐射环境医学要求的合理性以及噪声防护标准和防护措施的有效性，提出了长期飞行载人航天器舱内 3 种环境因素复合作用的综合评价方法，为制定中长期飞行的医学要求、建立评价技术提供理论支撑。

（2）人体代谢产生的挥发性组分是载人航天器乘员舱内有害气体的重要来源之一，通过对 20 名受试者的人体皮肤挥发物、呼出气以及汗液进行定性、定量分析，确定了中国式饮食结构的人体自身代谢给密闭环境带来的污染物种类，研究了人体在安静状态、轻度运动状态和中度运动状态三种负荷下代谢产物的释放速率，为密闭环境中医学要求设计提供科学依据。

（3）根据空间飞行的辐射环境特点，开展了空间辐射环境生理效应的机理及防护措施研究和空间辐射对人体淋巴细胞影响效应研究空间实验，建立了符合中国航天员体征的空间辐射剂量计算人体模型，尤其是基于表观遗传学理论，创新性地开展了辐射效应机制研究，为后续任务辐射监测与防护奠定了良好的基础。

（4）研究了葛花多糖（Pueraria Lobata Flower Polysaccharide，PLFP）对 X 射线照射小鼠的影响，结果初步证实了葛花多糖能够减轻辐射对小鼠的射损伤，其作用机制可能与提高机体抗氧化能力和保护 DNA 有关；针对红景天中苷（苷元）类成分，从辐射防护的抗氧化机制和免疫保护作用两个角度切入，通过建立体外抗氧化模型和辐射所致的淋巴细胞损伤模型，对红景天中苷（苷元）类成分进行辐射防护活性评价，筛选得到抗辐射活性成分。

4. 航天医学空间实验技术

在"神九"飞行任务中，首次系统开展了航天医学空间实验，围绕失重生理效应与防护技术、航天员健康状态监测及保障技术、医学及工效学要求与评价技术研究开展了 15 项在轨医学实验；在"神十"任务中，增加了航天员在轨施力特性测试实验、航天员味觉和嗅觉变化规律研究以及噪声对航天员的影响研究。

（1）首次获取了我国航天员在轨飞行心肺功能、营养代谢水平、脑功能等生理功能数据、情绪变化和生物节律等数据，初步了解了短期航天飞行条件下航天员生理心理变化特征。

（2）建立了在轨认知及操作能力测试方法，首次获取了航天员在轨基本认知能力、眼手协调性等作业能力数据，初步了解了航天员飞行中的认知能力特性和眼手协调能力的变化特征。

（3）面向长期载人飞行的空间骨丢失防护需求，通过飞行任务航天员骨密度和骨代谢水平的检测，开展骨丢失对抗仪空间适用性验证，验证了骨丢失对抗防护技术的有效性。

（4）针对新研飞行器长期无人 / 有人交替飞行有害气体蓄积、组合体舱内环境控制问题，开展环境监测技术研究，获取了舱内微量有害气体环境、热和噪声环境等与工程设计密切相关的参数，为飞行任务医学评价及后续任务工程设计医学要求制定提供了重要依据。

（5）创建了能够在轨开展失重生理效应、重力响应机制研究的空间实验装备体系，为开展航天医学实验研究提供了技术平台。

集成生理学、细胞学、分子生物学、流体力学、材料学、光学、微电子学等学科前沿技术，攻克了复杂电磁环境下微弱脑电等生理信号拾取和细胞密闭培养环境控制等技术难题，创建了能够在轨开展航天员失重生理效应、重力响应机制研究的空间实验技术体系和装备，失重生理效应装置 I 和 II 已经形成了较成熟的在轨生理学和细胞学技术平台。

（二）空间基础生物学领域

1. 空间微生物学

微生物是自然生态系统中的重要成员。微生物在生物链中，既是生产者又是分解者，作为分解者对生态系统乃至整个生物圈的能量流动、物质循环、信息传递都起着不可替代的作用。对空间微生物的适应、变异和机理的研究与生命起源及航天医学都有密切关系。在狭小的飞行器密闭舱内，微生物生长代谢的变化（Van Mulders，等，2011；Huang，等，2015）以及个体间的近距离接触，都会增加航天员感染疾病或航天器材生物性腐蚀的机率，成为航天活动中最令人忧虑的潜在危害，因此受到高度重视。

解放军总医院刘长庭牵头的"973"项目以病原菌在空间环境下的变异规律为主线，选择大肠杆菌、铜绿假单胞菌、金黄色葡萄球菌、肺炎克雷伯菌、蜡状芽孢杆菌和分枝杆菌等临床常见、耐药问题突出和空间站曾检出过的病原菌为研究对象，利用"神舟十号"飞船搭载开展空间实验，设立了五个课题进行联合攻关，取得了一系列成果。李佳、郭英华等证实空间环境可以使肺炎克雷伯氏菌生物学性状和基因组、转录组发生改变。郭军等对空间环境下甲氧西林耐药金黄色葡萄球菌（MRSA）菌株核苷酸结构变异进行了初步分析。西北工业大学师俊玲、黄庆生、杨慧等利用回转器模拟失重环境，以嗜酸乳杆菌为模式菌，考察了模拟失重对于嗜酸乳杆菌生物学效应的影响，发现模拟失重可加快嗜酸乳杆菌的生长繁殖，对于嗜酸乳杆菌的耐酸性能没有显著影响，但可能促进了细菌素等一些抑菌活性物质的生成。四川大学李雨庆等研究了模拟微重力环境对变异链球菌生物膜结构的影响。

2. 空间植物学

2008年11月，利用我国的"神舟八号"飞船，首次开展了空间科学实验领域的国际合作项目——中德合作通用生物培养箱。此次任务共有17项空间生命科学实验，其中包括了7项空间植物科学实验，由我国科学家承担项目5项，分别是："植物细胞微重力效应的转录组学研究""植物细胞骨架作用的分子生物学基础研究""水稻响应微重力变化的蛋白质组研究""高等植物在空间的代谢生物学""高等植物在空间的发育遗传学"；德国科学家承担2项，分别是："微重力条件下植物基因和蛋白质表达研究"和"拟南芥微重力调节基因网络分析"。该项实验在空间微重力条件下进行了近17天，实验样品包括了拟南芥和水稻两种，大部分样品都实现了在轨固定，再返回地面分析，该项实验设计空间1g离心对照和1g地面对照。通过解析返回地面样品获得了微重力影响植物蛋白质与基因表达的大量数据（Zhang，等，2014），加深了微重力对高等植物生长发育作用机制的理解。

3. 空间动物和细胞生物学

中国医学科学院刘新民、航天员科研训练中心曲丽娜、李莹辉等观察了模拟航天失重大鼠自主活动的改变，发现尾吊21天后大鼠昼夜节律逐渐消失。大连海事大学徐丹、孙野青等利用三维回旋仪研究了miRNAs调控模拟微重力下线虫运动和行为的变化，确定了6种miRNAs（cel-mir-52，56，81，84，124，230）有可能参与了在微重力下线虫运动和产卵行为变化的调控。西北工业大学商澎等采用随机回转仪（RPM）和离心机模拟微重力和超重环境，研究证实长期回转培养抑制成骨样细胞的矿化能力；2g超重离心培养抑制成骨细胞MC3T3-E1的矿化形成，而促进前骨样细胞MLO-A5的矿化能力。第四军医大学张舒等，采用尾吊大鼠模型进行miRNA差异和细胞学验证研究，发现模拟失重导致股骨组织miRNA表达谱发生改变，可以诱导成骨细胞中miRNA-132-3p表达增高，过表达的miRNA-132-3p可以抑制成骨细胞的增殖、分化和矿化能力，还可以通过抑制EP300

的蛋白翻译过程而降低 EP300 与 Runx2 的协同调控作用，从而参与成骨细胞分化调控。哈尔滨工业大学魏力军、李钰等以增殖期的哺乳动物细胞为材料探究了模拟微重力效应对细胞染色体不稳定性的影响机制，发现模拟微重力 72 小时可以影响人骨肉瘤细胞和成骨细胞纺锤体微管的结构、促进多中心体和多极纺锤体的形成，并通过上调细胞周期检验点蛋白表达，引起细胞周期阻滞，揭示了模拟微重力通过抑制 DNA 的合成和降低 DNA 修复能力来增强染色体结构不稳定性的机制。北京航空航天大学樊瑜波、孙联文等利用自主研制的回转在线加载力学载荷体外细胞培养系统，发现模拟失重效应显著改变了骨细胞和骨髓间充质干细胞（rBMSCs）对力学刺激的响应，并可能部分与 Wnt/β-catenin 通路的变化有关；对比研究了回转在线剪切（5dyne/cm²）与回转后剪切（5dyne/cm²）对细胞影响，结果提示 rBMSCs 对重力改变的响应可能没有骨细胞敏感。利用自主研制的尾吊大鼠主 / 被动运动训练系统，对比研究主、被动对抗失重性骨丢失效应的异同，结果表明，主动运动训练确实优于被动运动的对抗效果，为提出的假说"运动对抗航天员骨丢失效果不佳的原因可能是在空间主动运动在某种程度上转化为被动运动的原因"提供了依据。

4. 空间辐射生物学

太空辐射与微重力是不可避免的两大空间环境因素，对生命的影响极为重要。而研究空间辐射环境引起的生物体损伤、遗传变异机制及其防护，涉及空间辐射监测、空间辐射生物学效应机制、空间辐射风险与医学防护、空间辐射损伤评估和预警，以及辐射资源开发等多学科交叉的基础和应用问题。这些问题的解决和关键技术的突破，为未来空间站和载人登月的空间辐射医学和辐射防护领域提供理论和技术支持。

北京理工大学马宏、邓玉林等，研究了重离子辐射引起心肌细胞 SSAO 表达上调及调控机制。以 Wistar 大鼠为模型，经一次性脑局部 $^{12}C^{6+}$ 重离子 15Gy 辐照（能量为 290 MeV/u，剂量率为 0.3 ~ 0.5 Gy/min），分别于 1，2，3 个月后分取心脏组织，检测其中 SSAO 和 IL-6 的含量。结果发现，脑局部辐射引起的心脏细胞损伤，使炎症相关因子 IL-6 和 SSAO 表达升高，而 SSAO 具有调节 IL-6 表达的作用。中国航天员中心蒋睿、许峰、吴大蔚、李莹辉等，通过空间辐射剂量监测观察了空间飞行对人体淋巴细胞染色体畸变、微核率、H2AX 蛋白等各项生物指标的影响，取得了重要的空间飞行的实验数据。杨芬、张华等，开展了重离子辐射在 DNA 损伤及损伤后修复的分子机制、电离辐射致基因组不稳定性的分子机制等研究，探索了空间辐射损伤的机理，初步开展辐射敏感基因筛选研究，为后续寻找合适的生物学对抗措施奠定了基础。大连海事大学宓东、孙野青等提出了基于雅格否定算子的靶效应模型，通过对不同 LET 及细胞类型下的剂量 – 存活曲线进行拟合，结果发现，基于雅格否定算子的靶效应模型较经典模型具有较好的拟合度。

5. 亚磁生物学

亚磁场生物学研究，在一定程度上能够揭示亚磁场及其复合环境对不同生物的影响和机制，有助于认识地磁场和重力场在生命起源和演化活动中的作用和机制。利用空间亚磁环境，开展生物磁效应研究对于航天员健康保护，以及医疗保健、临床医学诊断和治疗、农业育种、生物工程等均具有广泛的应用前景。

近年来，中科院生物物理研究所赫荣乔率领团队在亚磁生物学领域开展了多项研究。刘缨等构建了多功能模拟空间亚磁生物培养实验平台，可提供高水平的亚磁环境和可控强度的多种磁场环境，开展不同亚磁场、不同磁场强度稳态和交变磁场中神经细胞的生长发育、不同模式动物（如小鼠、果蝇等）胚胎神经发育和行为分析实验。付晶鹏等研究发现，连续一个月亚磁场处理可降低小鼠的运动能力和代谢水平。莫炜川等对亚磁场加速人类神经母细胞（SH-SY5Y细胞系）增殖的分子机制进行了研究，筛选到了1276个候选的亚磁响应基因。这些基因富集于基础代谢、转录调控、大分子运输、脑功能和迁移黏附等过程，同时还研究了亚磁场下细胞的黏附、迁移和actin的组装，证明人类神经母细胞在亚磁场（小于200nT）处理2天后，细胞的黏附和迁移能力显著降低，同时伪足数量和结构发生了明显的退化。通过体外组装实验，进一步验证亚磁场能够扰乱F-actin的组装。中科院电工研究所宋涛等在亚磁空间环境（小于500 nT）中培养不同初始状态的趋磁螺菌AMB-1，发现亚磁空间抑制AMB-1在平台期的生长，提高了含成熟磁颗粒细菌的百分比，对磁小体链的排列也有影响，亚磁空间下细菌内磁小体链排列不如地磁场中的整齐有序。

6. "973" 项目

中科院力学所龙勉研究员作为首席科学家负责的"973"专项"微重力影响细胞生命活动的力学－生物学耦合规律研究"（见图1），主要研究内容包括三个基本科学问题：①地球生物如何感知（微）重力信号及其信号的转导？②地球生物如何适应微重力环境？③从生命科学与生物技术视角如何利用（微）重力环境资源？

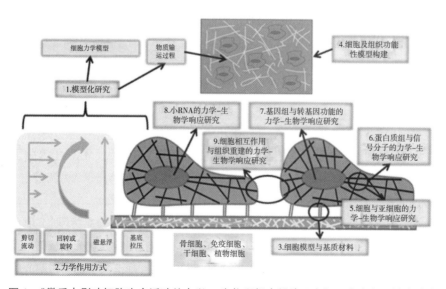

图1 "微重力影响细胞生命活动的力学－生物学耦合规律研究"研究内容及技术路线

该项目集中了来自力学所、上海生科院（植生所）、动物所、遗传与发育所、植物所、以及西北工业大学、北京航空航天大学、北京师范大学、第三军医大学等单位的空间生命科学研究团队，执行至今已发表论文140余篇，其中SCI/EI收录论文120多篇，包括在 *Nature Immunology*、*Nature Communications*、*J. Cell Research*、*Molecular Aspects of Medicine*、*Blood*、*Journal of Molecular Cell Biology*、*Biomaterials*、*Arthritis & Rheumatology*、*Stem Cells*、*Nanoscale*、*The Plant Journal*、*Plant Physiology* 等国际一流杂志发表数十篇论文。建立软件平台1项，申请专利近20项。其主要研究内容及进展包括：

（1）建立（动物、植物）细胞生物力学模型，开展数值模拟分析及其虚拟实验。建立模拟骨组织内流体传输过程的力学模型，研究重力环境改变对模型骨结构内物质输运过程的影响及其定量规律；针对重力环境改变所致的亚细胞结构位形和分布改变，开展数值模拟及其虚拟实验研究。

（2）设计、研制新型微重力、超重力地基模拟实验装备和细胞力学加载实验装置。完善细胞抗磁悬浮生长装备，并验证其可用性。发展基于模式化表面、微流控、微制作、磁悬浮等新技术的空间细胞生物力学新方法，建立适用于两类细胞二维和三维可控生长的新型地基研究仪器及空间实验装置。

（3）建立拟南芥细胞、骨细胞、免疫细胞以及各类干细胞的力学–生物学耦合研究体系。基于拟南芥细胞体系，开展淀粉体响应重力变化的分子–细胞学机制研究，蛋白质组与信号分子的力学–生物学响应研究，基因组与转基因功能的力学–生物学响应研究，着手构建微重力效应刺激前后的两个小RNA库。

（4）启动细胞力学–生物学耦合的生物学验证，初步研究模拟微重力环境下细胞形态、结构等的生物学变化。制备脱钙骨胶原或其他生物材料的三维支架，控制和优选材料参数，并评价其生物相容性。基于骨系细胞，建立骨微结构与骨系细胞耦合的生物力学模型，开展（微）重力下流体传输和物质输运过程对骨细胞生物学响应、骨组织生长和重建的验证性研究。应用芯片技术及生物信息学方法，通量筛选骨系细胞中对（微）重力敏感的关键调控分子。研究（微）重力对细胞增殖、分化、凋亡的影响；利用适合干细胞生长的脱钙骨胶原或其他生物材料的三维支架进行模拟体内干细胞生长环境的细胞培养实验。基于免疫细胞模型，考察（微）重力环境与生理流动（血流或淋巴液流动）环境协同作用影响免疫细胞聚集和黏附动力学的耦合规律及其分子调控机制。

（5）利用旋转培养器和强磁悬浮微重力模拟装置研究PKD2、MACF1等分子或通路在细胞响应不同力学因素中的表达特征及生物功能。同时研究钙离子/钙调蛋白、Rho和Wnt/β–catenin等信号通路在不同力学因素中的调制变化情况。

以陈善广研究员为首席科学家的国家重大基础科研计划（"973"计划）项目"面向长期空间飞行的航天员作业能力变化规律及机制研究"是我国载人航天领域第一个"973"项目。该项目由中国航天员科研训练中心牵头，整合了北京师范大学、中科院心理所、中山大学、北京大学、上海交通大学、复旦大学、兰州大学等相关研究团队，围绕"长期空间飞行的特有环境因素对航天员认知、决策能力和运动、操作能力的影响及变化规律和机制"这一关键科学问题，设置了五个方向的研究内容：①航天环境下人的基本认知功能与情绪的变化特征及其相互影响；②航天复杂任务与应急条件下人的决策特征及其机制；③长期空间飞行环境下人的运动、操作能力的变化规律及其与空间骨丢失、肌萎缩的交互作用；④近地轨道飞行条件下人的生物节律的变化规律及其对作业能力的影响；⑤长期空间飞行环境下航天员作业能力变化规律的建模与仿真，开展了持续的研究，在研究方法、研究平台以及模型体系等方面取得了一系列成果。

2014—2015 年，项目组在前期研究成果基础上取得了一系列新的进展，例如：通过分析头低位卧床模拟微重力实验数据，首次发现模拟微重力环境对风险决策及脑功能存在负面影响，主要表现在表征价值计算能力的腹内侧前额叶皮层（VMPFC）的负激活程度在卧床后显著降低，卧床前获益结果所引发的 VMPFC 激活程度显著地高于损失结果所引发的激活程度，但卧床后获益和损失之间 VMPFC 的激活没有显著差异。研究结果发表在 *Frontiers in Behavioral Neuroscience* 上。首次揭示空间飞行状态下航天员躯干活动显著减少、节律消失。在"神舟十号"任务中项目组采集了航天员活动和心率数据，2014 年度通过深入分析发现，航天员在飞行期间的心率振幅显著降低，躯干活动节律基本丧失，并首次发现，在空间飞行状态下，航天员躯干活动显著下降，降低至飞行前的约 1/10。这一发现对于研究微重力条件下航天员的肌肉萎缩，以及发展相应的治疗和对抗措施也具有重要意义，对于指导航天员在轨时的锻炼防护具有重要意义，研究结果发表在 *Life Sciences in Space Research* 上。2014—2015 年，"973"项目团队进一步开发和完善了航天员建模仿真平台（Astronaut Modeling and Simulation System，AMSS）这一多层次多体系的人的能力建模仿真系统。该平台从特性层、行为层、绩效层等层面对人的作业能力进行建模仿真，包含认知绩效建模仿真、生物力学建模仿真、作业可视化、负荷预测与绩效分析等功能。所构建的平台具备对长期空间飞行中航天员作业能力与绩效的预测分析能力，在手控交会对接任务与界面设计、航天员选拔训练以及在轨开舱门操作的工效设计分析中进行了实际应用。中山大学郭金虎课题组通过与中国航天员中心、西北工业大学等单位进行合作，揭示了在卧床及在轨飞行等条件下人体睡眠、心率、排尿、排便等生理和行为昼夜节律的变化规律。还通过抛物线飞行及水下实验揭示在超重和失重条件下，人体躯干的运动会显著减少，这一发现对于今后深入研究航天员的运动模式改变、骨肌退化及脊椎疾病等方面可能具有重要意义。

截至 2014 年年底，项目组发表学术论文 400 多篇，其中 SCI 检索论文 150 余篇，EI 或中文核心期刊论文 160 余篇；专利申请 30 余项。以该"973"项目成果为核心，国际顶级学术期刊《科学》杂志在 2014 年首次为中国载人航天领域出版专刊—— *Human Performance in Space*：*Advancing Astronautics Research in China*《人在太空的能力与绩效：中国航天人因工程研究进展》。

（三）空间生命起源领域

1. 有机大分子起源与进化

生命的化学起源，即有机大分子的起源与进化一直是研究的重点。大自然为何选择核糖为核酸的组成，为何选择 α–氨基酸作为蛋白质的组成，维护选择磷作为核酸的骨架，这些是生命起源中最基本的化学问题。厦门大学赵玉芬院士及其所领导的团队在生命的化学起源方面开展了一系列研究，主要包括：发现 α–丙氨酸与磷结合后，可以自组装成多肽，而且可以使核苷转化成核苷酸；N–磷酰化氨基酸与核糖核苷能够相互作用并同时生成小肽和寡聚核苷酸；N–磷酸化丝氨酸在组氨酸的环境自然生成了丝组二肽，它能在中性条件下切割核酸蛋白及酶。她们也因此提出了核酸、蛋白共起源、共进化的假说，得到了国内外的关注。厦门大学纪志梁教授对包括古菌、细菌和真核生物三个生命领域在内的 500 多个现代代表物种的全基因组开展生物信息学分析，统计其中 20 个氨基酸的使用频率，从而推导出氨基酸的可能出现时序及进化路线。华中农业大学的张红雨教授和北京师范大学的林魁教授则分别以小分子及金属辅因子为分子化石及蛋白质结构域的架构出发，追踪蛋白质的起源及功能进化。

2. 生命树之根

生命树之根（Last Universal Common Ancestor，LUCA）是现存生物的共同祖先和最原始简单的生命体。通过寻找可能的生命树之根不但有助于揭示从无生命到有生命的演化机制，在对生命现象和规律的研究上也有重要的意义。近年来，许多证据都暗示，极端条件下，如类原始地球条件的高温、高压、高硫或强辐射等，生存的微生物可能是最接近 LUCA 的物种。香港科技大学王子晖在其提出的遗传密码子–氨基酸共进论基础上分析了 60 种生物全基因组系列中的 tRNA 序列及氨基酸–tRNA 合成酶序列与反密码子的使用，在生命之树上找到了在古菌范畴内最接近甲烷嗜高热菌（M. kandleri）的生命之根的位置。浙江大学的华跃进教授则关注耐辐射球菌（D. radiodurans）超强的辐射抗性与快速修复能力的分子机制研究。

3. 寒武纪大爆发

寒武纪大爆发是动物进化史上的里程碑，现在生活在地球上的各个动物门类几乎都在早寒武纪相继出现。尽管科学家们对"寒武纪大爆发"的机制提出过很多假设，但目前还没有一个清晰的和令人信服的解释。南京大学陈均远教授及其研究小组通过对云南澄江化石群的发掘研究，证明了地球上确实存在寒武纪大爆发，这被称为 20 世纪的惊人发现。此外，陈均远教授、厦门大学的王义权教授等学者已开始了以文昌鱼为模式，研究骨骼、神经及免疫系统的分化、发生起源的分子机制的工作，并尝试联系它们与地球环境之间的关系。中山大学徐安龙教授团队在文昌鱼的免疫系统进化领域做出了一系列重要贡献。

4. 氨基酸及密码子起源的理论研究

近年来，各种"组学"的快速发展积累了海量的关于生物分子的数据。借助生物信息学方法，可以从这些数据中挖掘出重要的关于生命起源、演化的信息。2006 年 Trifonov 等根据数十条标准推测出氨基酸获得密码子的顺序为：G/A、V/D、P、S、E/L、T、R、N、K、Q、I、H、F、C、M、Y、W。华中农业大学张红雨教授等和 Higger 等从热力学角度解释了第一相氨基酸先产生的必然性，并提出可根据氨基酸相对自由能的大小推测氨基酸在自然界中出现的大致顺序，其中 G、A、S、P、V、T、L、I、D、E 分子量较小的简单氨基酸的相对丰度要高于其他分子量大、结构较复杂的氨基酸，该研究从热力学层面解释了氨基酸和密码子的起源顺序，体现了理论研究的价值。厦门大学赵玉芬院士和纪志梁教授的课题组也通过对 549 个来自古菌、细菌和真核物种全基因组水平的氨基酸使用频率分析，提出了新的氨基酸进化时序（L, A, V/E/G, S, I, K, T, R/D, P, N, F, Q, Y, M, H, W, C）及可能的演化过程。该研究也从现有物种的遗传和表型状况支持了氨基酸和遗传密码子的共进化假说。

5. 蛋白质起源和演化的理论研究

由于原始蛋白的结构与功能研究难度很大，与于氨基酸起源研究相比，蛋白质起源的研究进展缓慢，这是因为研究原始蛋白的结构与功能十分困难。一来没有原始蛋白的化石遗迹可供参考，二来进行蛋白质前生物合成需要很长的周期，很难在实验室模拟。我国张红雨教授等提出了"分子化石（molecular fossils）"的概念，来推测原始蛋白的结构与功能特征。他们基于酵母蛋白质组中的早起源蛋白及蛋白质折叠类型与结构域之间的 power-law 关系，推断出最原始的蛋白质折叠类型，与国际其他研究组得到了一致的结论。基于此，张红雨等还提出了关于原始蛋白起源的小分子诱导模型，即原始蛋白的产生是小分子配体诱导、选择的结果，该模型目前得到越来越多的实验与理论证据的支持。在蛋白质演化方面，张红雨与 Caetano-Anollés 合作发现在演化过程中蛋白质的代谢功能最先出现，而蛋白质与 RNA 间的相互作用则出现得较晚。基于蛋白质结构的分子钟，张红雨等还推测氧气最早来源于 30 亿年前的过氧化氢分解（被 catalase 催化）；氧气最早参与呼吸代谢是在 28 亿年前等进化事件。其关于有氧代谢起源于 29 亿年前的推断得到最近一系列实验和理论研究的支持。此外，厦门大学纪志梁教授课题组从结构、功能和进化等多个角度，分析了 6799 个来自不同物种的多功能酶（multi-functional enzymes）。提出多功能酶是古老而保守的一类蛋白质酶，它们主要催化了包括糖代谢、核酸代谢和氨基酸代谢等最基础的细胞过程。这些发现从特定的角度建议了基础细胞生命的组成。

6. 生物分子手性起源难题的研究

为什么在生命起源过程中，仅 L- 氨基酸和 D- 核糖分别被选择聚合形成肽和寡聚核苷酸？这个问题是生命起源研究中最令人瞩目的难题之一。

中国科学院大学的何裕建组自 1998 年从大小、方向性和周期性角度研究天然地球轨道手性力对分子手性起源与生物钟起源等的力学机制，取得了较好的理论与实验结果。他们在地面上进行了一些相关理论和实验研究，结果表明左、右手螺旋力可以对手性螺旋分子产生相反的力学效应进而影响分子的稳定性和细胞的生物活性，并对氨基酸的手性聚合有明显影响。氨基酸聚合的（微）重力手性选择效应的研究将有助于解决生物分子手性起源的力学机制等重要难题，进而对于了解生命起源和分子进化有重要意义。

7. 生物钟起源相关问题的研究

最典型的生物节律是以昼夜 24 小时为周期的生物钟变化。因其分子与力学机制的复杂性，其起因仍是一个有待解决的学术难题，也不乏各种假说。生物钟与人类息息相关，探讨生物节律起源的兴趣是人类与生俱来的，人们直觉认为生物钟与自然中的日月星体的运动有关，但其机制仍不清楚。

考虑到地球重力也存在 24 小时周期性的变化和事实，何裕建关注地球重力周期性变化与生物节律是否存在相关性，是否是因果之一。初步的研究结果表明蛋白质酶的稳定性与活性依赖于超重力大小与手性方向变化而变化。这意味着，地球重力场本身大小的周期性变化会引起蛋白质等生物分子活性的周期性效应，在宏观水平上会导致细胞与生物个体的生物节律。

8. 地球早期的能量来源与获取途径

能量是一切生命活动的核心问题，生命体的能量来源与获取途径是地球早期生命起源与演化的关键科学问题。生物体利用太阳光能是早期地球生命演化的重要转折，生命随后逐渐发展并繁荣起来。地球上有机物质的合成是生命起源的基本条件和物质基础。然而，在生命活动中广泛存在着生物化学反应的电子转移过程中，电子最初来源是否以及如何源自太阳光能尚不清楚。鲁安怀等新近研究结果表明，天然金属硫化物与氧化物矿物普遍具有半导体特性，在日光可见光波谱范围内具有较好的响应。在早期地球的还原性环境中，还原性物质可作为半导体矿物光生空穴的有效空穴捕获剂（提供电子给光生空穴的物质），光生空穴的捕获可有效消除其强氧化性对早期生命造成的伤害作用。鲁安怀教授研究组模拟研究揭示了一种新的微生物能量利用途径，非光合微生物可在天然半导体矿物介导下间接利用太阳光能获得能量，促进其自身生长代谢。其推测，在早期地球热泉环境中，丰富存在的硫化物矿物一方面因其自身半导体属性吸收日光光子保护细胞免受紫外线辐照损伤，同时吸收光子能量后形成光电子 – 光生空穴对，光生空穴在还原性环境中被捕获而光电子则可为早期细胞通过一系列氧化还原电子传递链所利用进而维持早期细胞生命活动。

（四）受控生态理论与技术

近年来，在国家"863"计划及省部级项目等支持下，受控生态生保技术取得了较好进展。近年来，中国航天员科研训练中心（以下简称"航天员中心"）依托其在环境控制与生命保障、航天医学、环境医学、航天员选拔与训练、医监医保和人机工效等的综合学科优势，首次在我国建成了受控生态生保系统集成实验平台。该平台包括植物舱和乘员舱等 12 个分系统，植物舱植物培养面积 36m²，其大气环境、光照和营养条件等参数均实行自动控制；乘员舱居住面积 18m²，具备氧气应急补充、二氧化碳应急去除、大气微量有害气体和微生物净化、乘员睡眠、卫生、用餐、医保、安保、健身、学习、办公、上网和科学实验等全套设备，能确保乘员的基本安全、健康和对环境舒适性的要求。另外，乘员产生的尿液和卫生废水通过微生物废水处理反应器进行处理，后处理液经过滤后作为水分和养分再用于培养植物。

2012年年底，航天员中心主持开展了2人30天受控生态生保系统集成试验研究。本次试验是我国首次真正意义上的受控生态生保系统整合研究，重点研究了密闭系统中人与植物之间大气（包括氧气和二氧化碳）、水和食物等物质流的动态平衡调控机制。此外，还开展了密闭生态系统中植物生理、乘员生物节律与热反应、中医辨证，以及心理学、工效学、食品营养学、环境医学监测与评价、医监医保和空间站卫生清洁制度验证等方面的科学实验。同时，与德国合作开展了密闭环境中乘员核心体温生物节律研究。本试验突破了"人—植物"大气氧和二氧化碳交换动态平衡调控技术和微生物废水综合处理和循环利用等多项关键技术，大气、水和食物的闭合度分别达到100%、84.5%和9.3%，并证明种植面积为$13.5m^2$的四种共培养蔬菜（生菜、油麦菜、紫背天葵和苦菊）可以供应一个人呼吸所需的氧气，并能清除其呼出的二氧化碳；试验期间保持了良好的空气质量。

2人30天受控生态生保系统集成试验的成功标志着航天员中心在受控生态生保技术研究领域已迈进系统化、集成化阶段，对掌握空间生保系统中人与植物共存时的各种信息匹配性，验证受控生态生保系统前期研究中的单项技术等具有重要意义。

北京航空航天大学生物与医学工程学院刘红教授的团队，于2013底组织建成"月宫1号"，包含了一个植物舱（$58m^2$）和一个综合舱（$42m^2$），并于2014年初开展了3人105天的生物再生式生保系统集成技术研究。通过三层立体栽培，植物种植面积达到$69m^2$，批次培养小麦、生菜、草莓和花生等22种粮食、蔬菜、水果和油料作物，其大气、水和食物达到了较高闭合度，但废物在舱内进行了处理储存而并未利用。"月宫1号"实验中，开展了不同生长期的小麦对高CO_2浓度的响应及发生机理研究、小麦细菌种群结构多样性变化研究、蔬菜的生长和光合特性的评价、两种草莓生长及品质比较研究、密闭实验系统中升高CO_2浓度对粮食作物光合作用效率的影响、密闭实验期间人体肠道微生物的变化等多项研究。

此外，中国科学院水生生物所和中国空间技术研究院利用我国的神舟飞船进行了水生生物和番茄等植物的空间搭载飞行验证试验，取得了较好成果。例如，中国科学院水生生物所王高鸿研究员带领的团队建立了小球藻和澳洲水泡螺二元水生封闭生态系统，进行了$10^{-3} \sim 10^{-4}g$微重力对其生长发育影响的实验研究，结果表明这个系统可以稳定运行3个月以上。中国空间技术研究院刘敏团队进行空间环境条件下矮秆番茄的生长发育和开花结果的实验研究，结果表明，这种番茄能够在空间微重力环境条件下开花结果且花期提前，果实中番茄素含量增加。在"863"计划的支持下，福建农科院红萍研究中心对红萍的放氧能力进行了大量研究，并进行了人与红萍的大气整合试验研究。

2015年10月"绿航星际-4人180天受控生态生保系统集成试验"将在深圳开展，该项目以太空科技南方研究院为主导，以中国航天员科研训练中心为技术主体，联合法国空间研究中心、德国宇航中心、中国科学院生态环境研究中心、哈尔滨工业大学、深圳华大基因研究院等国内外相关机构设置参试项目 28 个，将成为目前我国持续时间最长、闭合循环程度最高、跨领域试验项目和驻留人数最多的一次受控生态生保系统集成试验。

三、空间生命科学国内外研究进展比较

（一）航天医学领域

1. 失重生理效应防护措施

目前国际空间站的失重生理效应防护以运动防护（体育锻炼）为主，着重围绕着心血管、骨骼、肌肉失重生理效应，兼顾生物节律和免疫内分泌功能紊乱实施医学防护。美国和俄罗斯航天员在返回段还常规采用倾斜座椅来提高返回过程中的抗过载能力，采用补液的措施提高返回后的立位耐力。此外，俄罗斯在飞行中还采用肌肉电刺激的对抗肌肉萎缩等。营养也是国际空间站上常采用的一种对抗措施。药物通常在紧急情况下应用，而非常规应用措施。

美国主要利用跑台、自行车功量计及抗阻力锻炼设备定期开展体育锻炼，根据每个人最大运动能力制定相应的锻炼方案。俄罗斯采用物理和体育锻炼相结合的方案，除跑台、自行车功量计及抗阻力锻炼设备，同时还采取套带、下体负压裤、神经肌肉电刺激等其他物理防护措施。

美国麻省理工学院 Newman 教授团队进行了重力加载的随身防护服装的研究（Waldie JM，2011）。该服装主要针对下肢和腰背肌群。正常情况下，该服装通过与鞋连接使足底受力以模拟站立。弹性织物间的空隙便于正常的体温调节。穿着该服装后还可以进行锻炼、工作和睡眠。与企鹅服相比，该服装对人体的纵向施力从肩至脚部是逐渐增高，人体受力特点更接近于在 1G 重力环境中，具有良好的舒适性能。该服装可结合在轨的其他锻炼方法一起使用来防止骨丢失和肌萎缩。2015 年英国航天员 Tim Peak 和丹麦航天员 Adreas Mogensen 有可能穿着该服装参加国际空间站的飞行任务。此外，可穿戴式外骨骼是 NASA 和 ESA 正在研制一种新型防护措施，该装置一般具有主动和被动两种模式，在被动模式下，人体下肢主要关节活动时通过克服一定的阻力达到锻炼肌肉的目的，在主动模式下能够协助解决人体在登陆月球或火星表面时不会由于肌肉萎缩而无法站立的问题。

2. 人类研究计划（HRP）

NASA 的人类研究计划（Human Research Program），长期以来所开展的基础研究和先进技术开发，都以确保人进入空间后的健康为目标，结合双子座（Gemini）、阿波罗（Apollo）、国际空间站（ISS）、航天飞机等计划实施，组织开展了约 736 个相关项目的空间和地基研究。其中包括：

骨和钙生理学研究 85 项。研究建立了骨质流失检测方法，验证对抗失重性骨质流失的方法；发现空间飞行增加肾结石的风险和引起背痛的机制。

心血管生理学研究 166 项。获得数十项研究成果，如：确定失重对心血管系统的反应；量化心脏萎缩的程度和时间，并确定了其机制，揭示了循环系统对微重力的适应性；确定了宇航员肌肉力量，骨骼强度，氧容量，神经系统功能的水平；提出了心血管问题的检测方法和基本对策等。

胃肠道生理学研究 11 项。研究的结论是，空间飞行不会导致大肠癌或结肠息肉等胃肠道疾病和的发病率上升。

免疫学研究 50 项。研究结果认为，空间飞行对体液免疫无显著影响，也不会造成染色体畸变增加，但是潜伏病毒激活增加长时间隔离会对人体内细胞介导的免疫系统产生不利影响；微重力下淋巴细胞骨架改变，活化受到抑制，造血细胞凋亡严重。

肌肉生理学研究 91 项。研究发现，长期驻留空间环境会导致肌肉萎缩，肌肉工作效率降低，女性月经周期会发生改变等效应。验证了采用施加足部压力可以对抗肌萎缩，并保持神经肌肉反射弧健康。建立了肌肉特性测量方法和肌萎缩的对抗措施。

神经生理学研究 125 项。建立了检测神经系统体征变化的方法，针对航天员空间反应能力减弱现象，提出了相应的训练和飞行对抗措施，以及可能用药的适用性。

肺生理学研究 26 项。研究表明，在长时间处于微重力环境中，肺活量没有变化，不会引发令人不安的显著肺功能下降或显著变化。

肾脏、体液和电解质生理学研究 35 项。研究证明，空间飞行期间钙代谢速度增加，体内水分含量不同于起飞前后。由体液、电解质平衡试验证实人体对空间环境是个长期适应的过程；并提出相应措施。

血液病学研究 14 项。血球量和微重力的生存适应导致贫血；一段时间的微重力环境会导致血球量下降；其他结果均不够完善。

此外，还有临床医学研究 129 项、生物医学对抗措施研究 4 项。这些研究工作，为美国建立起了一套完善的航天员训练和锻炼、饮食与营养管理、健康检查与评价，以及空间病预防、诊断、治疗和药物开发等相关航天医学、药物学与人体科学的科学和技术体系。美国的辐射生物学研究被纳入"航天医学，包括空间环境对人类的影响"研究方向。在其历次载人空间计划中，均采用了严格的监测手段，获取的数据提供研究。航天飞机（STS）和国际空间站（ISS）期间，空间辐射监测技术已相对完善。

3. 欧空局开展的研究

欧空局（ESA）支持进行的空间人体科学基础研究涉及生理学、心理学等方面的研究。在生理学方面，开展肌肉骨骼系统研究，主要致力于预防措施和恢复措施的研究，欧航局持续地进行新方法的开发和设计专用体能训练和监测设备。心血管和心肺系统则聚焦在了解出现心血管和心肺系统问题的生理学过程，以发现其最后的预防对抗措施（人造重力、健身设备或药物治疗），并优化恢复措施。针对肺功能基础研究，有助于使用诊断仪器和技术，改善肺生理模式和气体交换。欧航局已经制造了专用诊断和研究设备和方法应对出舱活动可能导致的肺水肿和积液。感觉神经系统，包括方位感和平衡感、运动病也是空间中常出现需要研究内容之一。航天飞行会造成睡眠和生理节律的改变，目前使用手表式睡眠活动记录仪和调查问卷来监测睡眠，以评估睡眠量和主观感受。研究旨在确定造成空间中睡眠障碍的各种因素，并开发防止和治疗的解决方法。食品的种类和品质会影响航天员的胃口和食品的营养价值，欧航局制定了开发空间食品种植技术的战略，作为先进生命保障系统开发计划（AURORA）的组成部分。内分泌、免疫和体液/血液调节系统等其他调节系统的研究相对较新，主要关注免疫系统和对压力的各种反应（IMMUNO）。

地球上最荒凉、隔绝的地区建有肯考迪娅工作站（南极），极昼和极夜的环境会导致生理节律和睡眠体系的问题。欧空局提供在肯考迪娅站进行研究的机会，领域包括医学、生理学和心理学。

（二）空间基础生物学领域

国际空间站（ISS）的建立和投入使用标志着空间科学实验研究的一次重大突破，为人类探索诸多学科中的基本问题提供了一个环境特殊的实验室，已经开展了大量的空间生命科学实验和人体医学方面的研究，是人类开展深空探测的一个新的起点。ISS由美、俄、欧、日、加等16个国家共同建造、运行和使用，共有13个舱，重量400 t。1998年正式建站，于2010年完成建造任务转入全面使用阶段。

ISS拥有生命科学手套箱，两个动植物培养室/饲养室的支持机柜，一个低温冷冻室和一个重力生物学研究服务系统机柜。在Columbus舱中建成了Biolab实验平台和EPM生理学研究实验平台；在日本的Kibo舱配备了细胞生物学实验装置、生物学实验单元、溶液/蛋白质晶体培养装置、超净工作台、图像处理单元、−80℃实验室冰柜。这些空间生命科学实验设备极大促进空间生命科学研究，成功实现了在轨从种子到植物的成长过程观测，进行了3次微生物学实验，关于蛋白质科学与工程的研究逐渐增加。

俄罗斯宇航局为国际空间站宇航员配备预防性负荷服"企鹅"，企鹅服可给宇航员腿部、背部和胸部肌肉施加压力，肌肉所受压力通过计算机处理传给地面医务人员，方便医疗监护。MATROSHKA是一个德国航天中心（DLR）开发的用于研究LEO空间宇航员辐射剂量和剂量当量的深度分布的人体模型。该装置安装在空间站外部，能够在大小，形状，位置，质量密度和对不同反应的响应等各个方面比较精确地模拟人体对辐射的反应。加拿大航天局也开展基于微流体芯片的空间生命科学研究，并且专门资助了微流控芯片微型流式细胞仪的研发，计划今后用于在国际空间站开展科学实验。空间骨质流失、肌肉萎缩及其对抗措施等一直是国际空间站空间人体科学的重要研究方向。

经过数十年的空基和地基科学研究实践，我国的空间生命科学研究也取得了长足的进步。特别是1992年以来，利用7次返回式卫星和4次神舟飞船的空间飞行机会，分别进行了13项和9项研究；上述22项空间飞行实验包括生物学（基础、生态系统研究）5项、生物力学2项、细胞/组织工程（细胞/组织/胚胎培养、细胞电融合）4项、生物大分子（蛋白质）分离和结晶5项、空间辐射6项。此外，还利用我国的高空气球落舱和美国航天飞机各进行过 1 项研究。但是，与美、俄、欧、日等航天大国相比，我国有计划地开展有源的空间飞行实验研究时间不长，经费投入有限，机会屈指可数，因此与国际前沿仍有较大差距，主要表现在地基研究和空间飞行实验的广度和深度不够，空间硬件研制水平急需提高：①地基模型化研究不足：由于重力作为体积力不能在地基研究中消除（除短时落塔或落管外），而地基模拟微重力效应的装置无法完全模拟空间微重力环境且存在流体扰动等附加影响，迫切需要开展理论建模、数值分析、计算模拟等方面的模型化研究。②地基实验研究缺乏对作用力（尤其是重力）影响规律的定量认识：人们对重力这一具有极性的力学环境影响生命过程和生物学行为的认识还仍很肤浅，而空间科学实验的深度和广度在一定程度上取决于对生命体力学 – 生物学耦合规律的定量描述。③空间硬件研制的新概念和新思想欠缺：以空间动物细胞 – 组织培养装置为例，由于无法量化并调控流场扰动对细胞生长动力学的附加影响，使得空间实验结果难以相互比较甚至互相矛盾，迫切需要通过空间生物力学研究对实验方法、过程控制、参数优化以及硬件研制提出新概念和新思想。

（三）空间生命起源领域

天体生物学围绕生命在宇宙中的产生和演化这个谜，借助于基础科学领域和高科技领域的前沿理论和方法去探索以生命起源为核心的诸多起源问题，因而它也成为许多学科的前缘领域。美国制定了详细的天体生物学的研究路线图，现在美国已有 700 名科学家在做有关天体生物学研究所资助的项目，150 个大学开设有关天体生物学的课程。澳大利亚天体生物学中心成立于 2001 年，是 NASA 的天体生物学研究所的协作成员，与欧洲空间署和其他空间科学研究机构有协作关系。澳大利亚天体生物学中心主要关注行星科学、生命的起源和早期演化，现代与古老微生物的比较，并承担相关多领域科学研究的整合，以及中学、大学和公众教育。欧洲天体生物学网络协会于 2001 年春天建立，以协调 17 个欧洲国家的有关天体生物学的活动。欧洲与天体生物学有关的空间发射包括以行星探索为主题的 Aurora 项目（2001）；卡西尼 – 惠更斯发射（1997，欧洲设计了测量泰坦地质流体的探针）；Mars Express（2003，加载 Beagle-2，探测火星水和生命）；Rosetta（2004，探测彗星和星际间物质），COROT 发射计划（2006，太阳系外行星）；达尔文计划（2014，类地行星）和在地球轨道上的有关有机或生物样品的实验。欧洲国家如芬兰、法国、德国、俄罗斯、西班牙、瑞士、瑞典和英国都已经建立了各自的天体生物学研究网络，这些国家同时也是欧洲天体生物学协作网成员，而欧洲协作网是美国 NASA 天体生物学研究所的协作机构。这些国家通过欧洲空间署的技术和科学资助建立国际协作项目，比如他们将"生命的起源与早期演化"作为从 2001 年起的一个 5 年研究计划。欧洲最近的研究焦点包括：①地球生命作为生命普遍性认识的一个模板；②太阳系生命探索（火星、欧罗巴、泰坦和彗星）；③太阳系之外生命探索（太阳系外行星系统，如 Corot 和达尔文空间发射计划）。但欧共体没有明确资助天体生物学为框架的科学研究项目。

欧共体的空间发射虽不如美国但也有其长远的计划。比如早期有卡西尼－惠更斯空间船对土星系统的探测（1997），已经获得重大成果（Vandermey and Paczkowski，2006）。在 2003 年开始的火星快车计划主要是在火星表面寻找水，包括使用一系列的小型化的光谱仪器。火星快车搭载的 Beagle-2 是个着陆器，用于火星表面矿物学研究，但它在与轨道飞船分离之后失踪了（2003 年 12 月）。达尔文发射计划是用于寻找太阳系以外的行星及其生命存在迹象（Fridlund，2004；Cockell et al.，2009），该空间飞船将于 2014 年发射。达尔文空间船将分析类地行星大气中是否存在二氧化碳、水、甲烷和臭氧。其中水是否存在将限定一个行星是否宜居（Des Marais et al.，2008），而臭氧和甲烷则直接与某些生物呼吸作用相关（Des Marais et al.，2002；Cockell et al.，2009）。

在行星生命探索方面，自从上世纪 60 年代以来，美国、俄罗斯及欧洲等航天大国和地区已向火星发射了 30 多个无人探测器，其中很大一部分工作就是在寻找生命物质。美国 NASA 已在火星上找到了水存在的证据；欧盟科学家则对彗星、陨石等天体物质进行了深入探测，并发现氨基酸在以上各天体中存在的证据；而法国等国则对土卫 Titan 专门发射了探测器并发现了 CH_4，HCN 等 150 余种分子，对生命起源研究具有极大的推进作用。在地外生命线索探寻方面，NASA 的 D.P. Glavin 博士通过分析彗星样品，寻找到了氨基酸。法国巴黎大学的 Y.Y. Guana 博士通过紫外线光谱研究外太空有机物的光化学特征。美国 NASA 的 J. Dworkin 博士实验室通过红外分析星云和宇宙尘埃的分子组分，以期得到太空生命起源的线索。最近，NASA 对火星进行了探测（phoenix mission），获得 H_2O 及其他小分子物质存在于火星的大量信息。据报道，印度也于 2014 年成功发射了火星探测器；这种对太空生命的探索热潮背后，一个又一个激动人心的改造月球，改造火星的计划不断出台。人们正为人类有朝一日走出地球，移民宇宙做着各种各样的准备，也为争夺宇宙资源埋下伏笔。

国内，许多学者从不同学科角度开展了生命起源相关的一系列研究工作，取得了丰硕的成果。例如，北京大学王文清教授改进米勒实验。赵玉芬院士从事磷调控下的二肽合成反应和遗传密码子起源研究。内蒙古大学罗辽复教授对遗传密码子起源和手性问题进行理论探索。中科院生物物理所的王孔江课题组进行模拟生命起源中多肽合成研究。吉林大学冯守华院士从事水热环境中小分子进化与手性起源等研究。中国科学院大学何裕建组从大小、方向性和周期性角度研究天然地球轨道手性力对分子手性起源与生物钟起源等的力学机制，取得了较好的理论与实验结果。

（四）受控生态理论与技术

美国 NASA 约翰逊航天中心于上世纪 90 年代组织实施了先进生保计划（Advanced Life Support Program，ALS 计划）中的月球－火星生保试验项目（Lunar-Mars Life Support Test Project，LMLSTP），综合利用生物和物化技术进行了大气、水和部分固体废物的连续再生循环利用。本世纪初，为了进行密闭时间更长、参加人员更多和物质闭合程度更高的受控生态生保整合技术研究，该中心开始主持建立星球生物再生生保系统实验综合体（Bioregenerative Planetary Life Support Systems Test Complex，BIO-Plex）。该系统共包括 7 个舱段，每个舱段直径 4.6m，长 11.3m，其中生物量生产舱栽培面积达 180.0m²。由于美国航天计划有所调整，导致该系统至今未能完全建成，但利用植物舱等开展了光源光质条件对植物光合效率影响等部分试验研究。约翰逊中心还在南极建成 CELSS 南极模拟系统（CELSS Antarctic Analog System，CAAS）；与加拿大航天局合作在加拿大北极高纬度地区建成火星温室模拟基地，重点开展了植物培养、污水处理及遥科学试验研究。美国亚利桑那大学主持研制成月球温室样机（Lunar Greenhouse Prototype）；美国环球生态技术公司建成生物圈实验室（Biosphere Laboratory）。

上世纪 60 年代，苏联科学院生物物理所（现为俄罗斯科学院西伯利亚分院生物物理所）开始实施"BIOS"计划，第一个在世界上建立起 CELSS 试验研究系统—BIOS-1 和 BIOS-2，进行了"人—藻类"整合试验研究。70 年代初，在以上设备的基础上建立起大型"BIOS-3"复合体。"BIOS-3"的容积为 315m³，有两个高等植物栽培室，一个藻类培养室和一个容纳 3 名乘员的居住室。随后相继开展了 2 ~ 3 人、4 ~ 6 月的长期有人整合实验。近二十年来，俄罗斯的研究重点放在了固体废物降解和尿液钠盐脱除等综合处理、类土壤基质制备及植物培养应用等方面，在废物循环利用方面走在世界前列。

欧空局下属的欧洲空间研究与技术中心（ESTEC）于 1989 年启动了微生态生保技术综合系统项目（Micro-Ecological Life Support System Alternative，MELISSA）。该系统基于"水生"生态系统原理，是一个以微生物和高等植物为基础的生态系统。目前，该中心在西班牙巴塞罗那建成 MELISSA 试验基地（MELISSA Pilot Plant），即将开始小规模动物与系统及人与系统的地面模拟整合试验研究。此外，ESA 在北极建成了北极"协和"基地（CONCORDIA Base），目前已连续进行了 30 个月的废水循环处理，主要考核技术的长期有效性及遥测技术等。

在日本空间局 JAXA 的支持下，日本环境科学研究院于 1998 年建成密闭生态实验系统（Closed Ecological Experimental Facility，CEEF）。该系统占地面积约为 350m²，分为植物舱、动物舱、居住舱、水圈舱和资源再生舱等，其主要目的是模拟密闭环境内氧气和二氧化碳等气体在植物／藻类、人类和动物之间的循环。已先后进行了 1 ~ 2 人、1 ~ 30 天的"人—植物／藻类—动物"整合技术。加拿大盖尔夫大学建成大型受控环境系统实验室，其中包括常压和低压植物栽培舱共计 24 个，就数量来讲，居世界之首。

此外，美、俄也进行了 CELSS 相关关键技术的空间在轨验证。针对"礼炮号"空间站、"和平号"空间站和国际空间站等，研制成多种类型的空间植物装置或空间温室，进行了小麦、莴苣等多种粮食蔬菜作物的空间培养，突破了空间微重力条件下植物根部水分养分供应等技术，进行了植物的迭代培养，航天员有望吃上自己种植的新鲜蔬菜，这对改善其生理尤其是心理状态极为重要。据报道，NASA 正在组织研制"国际空间站植物园"，计划在 2015 年年底由 SpaceX 公司的"龙"飞船运送至国际空间站。该植物园的体积为 0.27m³ (长 0.9m × 宽 0.5m × 高 0.6m)，配电功率 735W，可对其中的大气温度、湿度、氧含量以及 LED 亮度等进行自动控制。该植物园上天后可为航天员提供食物和呼吸空气，同时，可用于开展空间微重力条件下的商业和基础植物研究等，具有广阔的应用前景。

总体而言，美、俄等航天大国均已先后建成具有自身特点的地基受控生态生保系统，开展了多人多天和物质闭合度较高的受控生态生保系统集成技术研究，取得了令人瞩目的成就。我国最近虽然也开展了这方面的研究，但大都是分散、单独和基础性的单元研究，在系统集成技术研究领域才刚刚起步，其设施规模、进驻人数和时间、大气、水、食物和废物等物质流闭合度、技术成熟度和安全可靠性等与国外相比均存在较大距离，仍有大量关键技术难题和重要科学问题有待攻克、认识和掌握，需要较长周期予以解决。因此，我国有必要在该空间受控生态生保技术领域加大研究力度，争取尽快突破和掌握一批受控生态生保系统核心技术，以便尽早实现该技术在未来月球或火星等空间基地的工程化部署与应用。

四、空间生命科学发展趋势及展望

未来 20 年，是我国空间生命科学发展历史上的黄金时期，中国空间计划正以前所未有的速度向前推进。"载人航天与探月工程"是我国中长期科技发展规划 16 个重大专项之一，载人航天工程进入到"载人空间站"实施阶段，中国科学院的"先导专项"中规划了多颗返回式科学试验卫星。这些空间技术平台的建立，既是空间科学研究的条件，也是空间科学发展立足的战略背景。

战略需求之一：是支撑航天员长期在轨的生命保障、健康维护和工作效率的基础和应用基础科学研究。中国"载人空间站计划"的实施，提出了以解决人在空间飞行环境下的生存、健康和工效为目标的重大需求问题，尽管这些问题在过去 50 余年间，美国和俄国等发达国家的载人空间活动中已经大部分得到解决，但是由于众多原因，中国必须独立自主进行研究和解决这些问题，并形成自己的特色和有所创新。属于空间生命科学范畴的是空间人体科学和航天医学研究，包括在空间复合环境下的：心血管功能失调、骨质流失、肌肉萎缩、免疫功能减弱、神经系统功能障碍、空间运动病、时间节律改变、心理学变化等，这些效应背后的机制都还存在许多未解之谜。

战略需求之二：是在载人航天活动支撑下的空间基础生物学和宇宙生物学重大科学问题的基础研究。包括：地球生物对于空间环境的感知、响应和适应的现象，以及空间环境对地球生命体生理稳态的影响规律；宇宙中的生命起源、演化和分布探索等。该领域的研究虽然在国际上也进行了数十年的发展，取得了许多标志性的成果，但是仍有许多重大问题没有得到解决和阐明，例如：空间生物效应中的生物力学 – 化学耦合的问题；空间力学环境是否影响动物的生殖功能；细胞和组织能否在空间环境下正常分化和发育等；空间减弱的磁场对于学习记忆能力及发育影响等问题都给空间生命科学工作者提出了富有挑战性的课题。

战略需求之三：是利用空间特殊环境，发展服务于空间和地面人类生活的空间生物技术和转化应用的研究。面对地球人类发展过程中日益严峻的健康、环境、能源和粮食等重大问题，中国作为最大的发展中国家，这些问题更加突出！针对这些问题，在空间环境下利用地面相关的生物技术，丰富和发展地面医药、环境、能源和农业等领域的生物技术的发展，并转化形成新的产业。该方面新的研究发展包括：基于空间环境人体干细胞发育和分化的组织工程和再生医学；空间蛋白质工程技术研究与新型药物应用产品开发；空间特殊环境下的生物工程；有效运行的受控生态生命支持系统（CELSS）；空间站密闭舱内微生物生态的监测以及微生物危害的防控策略等。

战略需求之四：是通过空间生命科学研究活动，激发和培养下一代对于空间科学的兴趣，进行后备人才培养，以及科学普及工作的需要。中华民族要实现伟大复兴，需要有一代代脚踏实地、同时又仰望星空的人才，空间生命科学是有人参与的空间科学活动，是下一代教育的最好手段和课堂。

（一）航天医学领域

载人航天 50 多年的历史表明，加深对失重生理效应的理解认知是航天医学的核心内容，提高失重生理效应对抗防护能力是航天医学必须解决的首要任务；人体对特殊环境、极端环境的适应特征是医学科学的重要基础，深空探测步伐推动了标志性人与环境综合模拟试验，大数据时代航天医学蕴含着丰富的知识增长点。2010 年 9 月我国空间站工程正式启动，要求确保 180 天以上的驻留能力，对航天员健康维护能力提出了更高要求；建设国家级太空实验室，实现空间站工程创新应用，为航天医学发展提供了前所未有的机遇。根据目前国际前沿领域和发展趋势，深入研究航天医学问题的发生机理，发展高效能综合干预防护措施，是航天医学的重要内容。围绕机体对重力变化的适应与再适应调控途径，针对体液头胸向转移引起的神经 - 体液反应，重力效应器官对血容量和力学负荷降低的响应与重塑，细胞及亚细胞在失重条件下结构和功能的自适应调节，感受重力变化的分子信号和基因网络等重要科学问题，研究机体多层次响应、多途径调控耦合与稳态重建机制，形成失重生理效应及其机制的系统调节理论是失重生理效应机制研究的重要方向。聚焦失重对抗防护效能，深入研究力量负荷、耐力负荷的量效关系和个体化方案，发展基于中国传统医学理论与最新知识发现的随动性、靶点性、智能型综合防护技术；运用虚拟现实、智能控制等技术增强防护实现能力，提高防护效能；高度关注长期飞行后重力再适应能力，发展返回后主动恢复技术。应用电子、信息领域的先进技术成果，整合新材料、新方法、新工艺、新算法，解决医学生理学信息的采集、加工、分析及传输的问题、发展集成化、舒适化、方便化、穿戴式、非侵入性健康信息监测技术；完善生理信息连续监测方法，提高生理信息抗运动干扰的能力。集成生理、生化、环境、基因等各类健康信息，开发新型数据集成、数据挖掘、数据可视化方法；将多维度健康大数据通过优化设计的信息抽象与可视化方法，转化为客观量化的健康信息；拓展基于数据平台建设的健康风险评估、预警与管理应用。以空间站航天医学应用为牵引，面向地外生存，推动以模拟低重力与人工重力综合系统平台为主体的国家重大科研基础设施建设，为后续任务进行理论技术储备。

随着中国空间站任务的启动，长期载人飞行航天员在轨驻留所面临的医学问题就成为航天医学研究的焦点。针对长期飞行中的生理、心理以及行为能力变化，航天医学研究将建立高度开放的空间平台，吸引国内外科研力量，重点开展长期失重对航天员健康的影响与防护技术、空间辐射对航天员健康的影响与防护技术、航天员行为能力、先进的在轨监测与医学处置技术、传统医学航天应用技术等五个方面的研究，通过探索长期空间环境条件下生理效应、心理特征、人的能力变化规律和机制，发展新型防护技术和先进的在轨医监医保技术，取得具有重要科学价值及应用前景的创新成果。

（二）空间基础生物学领域

预计经过 15～20 年的努力，我国空间生命科学整体进入世界先进行列；若干重点领域取得有重大影响的领先科学发现和突出成就；在国际空间生命科学领域拥有突出地位和重大影响。

空间基础生物学领域重点研究微重力、空间辐射、亚磁等条件下各类生物从生物分子到整体各层次生命活动的响应和变化，探究生命现象的深层机理。基本科学问题包括地球生物感知（微）重力信号及其信号传导的过程；地球生物适应（微）重力环境的规律；空间辐射剂量生物学检测的方法；空间辐射损伤与修复的机理；空间辐射屏蔽与防护的措施基础。变重力环境调控生命体的力学－生物学耦合规律；跨尺度力学－生物学耦合的整合研究；地磁场减弱或消除的生物学效应及机制等。未来可望在空间（微重力、辐射和磁场等）环境对地球生命体生理稳态的影响规律及其机理研究领域取得部分重要成果，包括，能够为解决空间环境下地球生物体生存和适应等基础生物学问题提供基础研究数据，并建立空间生命科学研究的系统实验体系，明确基本概念，实现研究方法和实验技术的突破。

天基实验规划：今后 15 年空间生命科学将主要依托"载人空间站"开展，部分依靠返回式科学实验卫星。载人航天工程任务中，天宫-2（2015）开展高等植物培养实验；天舟 1 号（2016）开展微重力对细胞增殖和分化影响研究；空间站：2020 年到 2032 年，在人体和医学实验柜、生态生命和生物技术等实验柜和通用实验柜的支持下开展系列空间生命科学实验研究，生物样品包括微生物、植物（含种子、愈伤组织、植株等）和动物［线虫、昆虫（果蝇）、鱼类、爬行动物、小型哺乳动物］，以及细胞和组织；从分子、细胞和个体等多个生物学层次开展系统性研究，涉及重力生物学、辐射生物学、亚磁生物学、微生物学、生物力学等领域；开展空间生物技术和转化研究，包括细胞工程、空间蛋白质结晶、空间细胞培养和组织构建、空间干细胞培养和定向诱导分化、生物分子纯化与功能结构分析等；开展先进空间生态生命支持系统（水生系统、陆生系统等）基础性研究。空间站将配备先进的观察、诊断和分析（包括芯片实验室）手段，条件具备时配备基因测序设备。具备航天员操作更换科学实验单元和地面遥操作能力，具备低温和极低温存储生物样品和化学固定条件，具备上行科学样品或设备，及时将生物样品返回地面实验室的能力，充分利用现代各种先进研究手段（基因组学、转录组学、蛋白质组学、代谢组学和表观遗传组学）等实现研究水平的跨越提高。

（三）空间生命起源领域

生命起源、物质起源与宇宙起源一道并称为当今世界三大难题，也是当之无愧的世界科技前沿领域和技术创新源头之一。由于其高度交叉性，涵盖的学科领域包括化学、生物、地质、考古、航天、数学及物理等几乎所有自然科学门类。对它的深入研究将广泛带动一系列学科的发展。对它的关键问题的突破，如蛋白、核酸及遗传密码子的起源、手性选择、生物大分子和病毒的自组装等问题的分子机制的充分了解，不仅可极大提高人类对自然规律的认识水平，也必将产生一系列新方法、新技术，并应用于科学与经济的发展中。

加快生命起源与进化和空间生命探索研究符合我国科技发展战略，我国将有越来越多的科研院所和优秀团队投身这一领域的研究，并将结合我国的实际和特色取得一些在国际上有重要影响的成果，对我国基础学科的发展产生积极推动作用。预计未来 5 至 10 年，我国空间生命起源研究将会在空间生物大分子起源与生命演化、生命起源模拟、极端环境与生命适应及防护等方面获得重大进展：

（1）相关科学或技术领域的科研人员找到自己的研究与天体生物学之间的联系，促进天体生物学在中国的建立和发展。

（2）探索原始地球上含磷化合物是否是由陨石和彗星携带而来，探测在富氧天体的星际空间中的 PO 和 PO_2 和巨大的密集分子云中的 HCnP 或 HPnN，同时监测磷的氧化物和有机磷化物。

（3）从细胞重建过程寻找细胞起源的线索。研究细胞重建的模拟，为细胞起源过程提供依据和资料。通过研究细胞重建的模拟，了解怎样从没有细胞一步一步重建成细胞核，进而重建成完整的细胞。通过创造人工条件，实现对细胞质物质中的 DNA 和组蛋白组合成为染色质、染色质相变成为染色体及其可逆性进行模拟。也可以用人工建立的微环境，模拟核膜的消失和重建过程，以了解核膜的起源。

（4）加强生物信息学与分子生物学等检测技术，尤其是基于新一代测序技术（Next Generation Sequencing，NGS）高通量分析技术的结合；通过跟踪和分析人类及其他如小鼠等模式物种暴露在失重、微重力和各种空间辐射环境下基因表达谱（或转录组 Transcriptome）和代谢谱（Metabolome）的变化，探索了解信号转导和物质能量代谢等关键细胞过程对空间环境的反应及其分子机制。

（5）了解营养物质及其药物在空间相关条件下的代谢及效果变化，为宇航员太空的营养提供参考，或对地球上药物进行相应再设计或重新开发，以适应空间生存的需要。探索模式物种在微重力环境下的发育变化，尤其是在发育主要阶段中基因表达和物质代谢变化，寻找其中起关键作用的重要基因。

（6）研究生命对空间极端环境的适应及星球物种防护。采用 Microarray 和 NGS 技术对空间环境下微生物基因组和转录组的比较分析：①了解哪些地球上微生物物种更能适应空间微重力和高辐射等极端环境，它们与地球上的极端微生物的在基因组及转录组上的异同，基因转录和物质能量代谢的特殊性，在家族水平进行微进化分析（micro-evolution）；②探索一些病原菌（Pathogens）在空间环境下发生毒力增强的底层分子机制；③跟踪微生物从地球到太空、在空间、从空间到地球的基因型及表现型的变化，探索物种在太空及其他星球上的可能生存状况；以及太空物种进入和返回地球的安全评估和防护。

（7）探索地球上生命起源与进化的机制。通过对地球上现有物种基因组和代谢组的比较分析，结合古生物学、地质学等，构建物种的系统进化谱树，推测地球生命起源及进化的发生过程及机制。

总而言之，生命起源最中心的问题是无生命的前生物界如何组织与产生第一个基因？同时，解决生命起源难题，意味着要有一个自洽的、合理的、细节详尽的假设机理，它可以很好解释基因信息如何通过自然的过程充分地引起生命的起源，并且，与已知的真实生命组织的生物化学、分子生物学和信息学等特点和规律有密切的经验相关性，而不仅仅是数学的或计算机模型。

（四）受控生态理论与技术

受控生态生保技术虽然经历了 50 余年的发展历程，但至今该技术仍停留在实验研究阶段，远未能够实现工程化应用。当前国内外的发展水平差距不大，但都需要着力解决以下关键技术和重要科学问题：① 长期封闭条件下物质的高效产出、废物的高效循环利用和物质流动态平衡调控技术与机理；② 长期封闭环境中人与生物和无机环境之间的相互作用和影响关系及机理；③ 长期封闭条件下保持生物稳定遗传的方法机制以及病虫害有效防治等技术；④ 保持系统长期高效稳定运行的综合调控机制等。CELSS 的发展重点将主要包括两个方面。

第一，在地面开展多人长期封闭条件下的系统集成技术验证试验研究，阐明实现系统内物质的高闭合度再生循环和物质流的动态平衡调控技术与机制等一系列关键技术和重大科学问题，例如航天员中心与深圳市政府合作，即将建成大型受控生态生保系统综合集成实验平台，可满足开展 6 人、半年乃至一年以上受控生态生保系统集成技术试验研究，实现多人、多天、高闭合度和高可靠性的受控生态生保系统集成目标，拟解决上述一系列重大科学、技术和工程问题，为实现 CELSS 在未来月 / 火等星球基地的工程化部署与应用奠定基础。

第二，在上述基础上，逐步利用空间站等航天器开展 CELSS 多项关键技术的在轨飞行验证试验研究。例如，拟利用我国空间站的现有资源开展单元级和准系统级生物部件验证试验，并在我国即将建成的空间站上专门增加一个受控生态试验舱，开展系统级的受控生态生保系统与物化气水再生系统的整合验证试验，研究它们之间的接口匹配性及其生保物资的再生能力，从而为将来 CELSS 的工程化设计提供依据。

另外，拟尽力实现受控生态生保关键技术在地面南北极和沙漠等极端环境、环境保护和现代农业等领域的推广转化与应用。

—— 参考文献 ——

［1］ 商澎. 我国空间科学发展战略——空间生命科学［R］. 2014.

［2］ 陈善广，陈金盾，姜国华，等. 我国载人航天成就与空间站建设［J］. 航天医学与医学工程，2012（6）：391–396.

［3］ 李莹辉. 航天医学研究现状与趋势［J］. 航天医学与医学工程，2013（6）：421–425.

［4］ 中国空间科学学会空间生命专业委员会. 第二十届学术研讨会暨中国宇航学会航天医学工程与空间生物学专业委员第四届学术研讨会论文汇编［C］. 2014.

［5］ Wang X, Guo B, Li Q, et al. miR–214 targets ATF4 to inhibit bone formation［J］. Nat Med., 2013 , 19（1）：93–100.

［6］ Ling Shukuan, Wan Rui, Dai Zhongquan, et al. Pretreatment of Rat Bone Marrow Mesenchymal Stem Cells with a Combination of Hypergravity and 5–Azacytidine Enhances Therapeutic Efficacy for Myocardial Infarction［J］. Biotechnology Progress, 2011, 27: 473–482.

［7］ Wang H, Wan Y, Tam KF, et al. Resistive vibration exercise retards bone lossin weight–bearing skeletons during 60 days bed rest［J］. Osteoporos Int, 2012, 23: 2169－2178.

［8］ Yuan M, Coupé M, Bai Y, et al. Peripheralarterial and venousresponse to tilt test after a 60–day bedrest with and without countermeasures（ES–IBREP）［J］. PLoS One, 2012, 7（3）：32854.

［9］ Yin Gu, Ying–Jun Tan, Chun–Yan Wang, et al. A Surface Plasmon Resonance Sensor Platform Coupled With Gold Nanoparticle Probes For Unpurified Nucleic Acids Detection［J］. Analytical Letters, 2012, 45: 2210－2220.

［10］ Feima Guo, Zhongquan Dai, Feng Wu, et al. Gravity affects the responsiveness of Runx2 to 1, 25–dihydroxyvitamin D3（VD3）［J］. Acta Astronautica, 2013, 84: 189－196.

［11］ Jing Liu, Yuanhua Peng, Zhiwei Cui, et al. Depressed Mitochondrial Biogenesisand Dynamic Remodeling in Mouse Tibialis Anterior and Gastrocnemius Induced by 4–week Hindlimb Unloading［J］. IUBMB Life, 2012, 64（11）：901–910.

［12］ Wenying Mu, Shanguang Chen, Fengyuan Zhuang, et al. Quantification of the distribution of blood flow pressure with postures［J］. J. Biomedical Science and Engineering, 2012, 5: 113–119.

［13］ Dai, ZQ, Tan, YJ, Yang, F, et al. Altered Actin Dynamics and Functions of Osteoblast–Like Cells in Parabolic Flight may Involve ERK1/2［J］. MICROGRAVITY SCIENCE AND TECHNOLOGY, 2011, 23（1）：19–27.

［14］ Ming Yuan, Jiang Shizhong, Yuan Min, et al. Akt/GSK–3β signaling involves in the cardiac atrophy induced by hindlimb unloading in rats［J］. Aviation Space and Environmental Medicine, 2010, 81（3）：233.

［15］ Jianghui Xiong, Juan Liu, Simon Rayner, et al. Pre–clinical drug prioritization via prognosis–guided gene module network: the role of combinatory perturbation［J］. Plos ONE, 2010, 5（11）：e13937, 1–13.

［16］ Huang Y, Dai ZQ, Ling SK, et al. Gravity, a regulation factor in the differentiation of rat bone marrow mesenchymal stem cells［J］. J. BIOMEDIC SCI, 2009, 16: 87.

［17］ Ni, CZ .Wang, CY .Li, Y., et al. Detection of the quantity of kinesin and microgravity– sensitive kinesin genes in rat bone marrow stromal cells grown in a simulated microgravity environment［J］. ACTA Astronautica, 2011, 68: 1722–1728.

［18］ Jing, XL , Wu, P, Liu, F, et al. Guided Imagery, Anxiety, Heart Rate, and Heart Rate Variability During Centrifuge Training［J］. Aviation Space and Enviromental Medcine, 2011, 82: 92–96.

［19］ Zhou Futao, Qu Lina, Lv Ke, et al.Luteolin protects against ROS–mediated cell death induced by zinc toxicity via PI3K/Akt/NF–κ B/ERK– dependent pathway［J］. J. Neuroscience Res., 2011, 89: 1859–1868.

［20］ Chun–Yan Kang, Lin Zou, Ming Yuan, et al. Impact of simulated microgravity on microvascular endothelial cell apoptosis.European Journal of Applied Physiology［J］. 2011, 111: 2131–2138.

［21］ 郭金虎，徐璎，张二荃，等. 生物钟研究进展及重要前沿科学问题［J］. 中国科学基金，2014，28（3）: 179–186.

［22］ Liang X, Zhang L, Shen H, et al. Effects of a 45–day head–down bed rest on the diurnal rhythms of activity, sleep and heart rate［J］. Biological Rhythm Research, 2014, 45（4）: 596–601.

［23］ Liu Z, Wan Y, Zhang L, et al. Alterations in heart rate and activity rhythms of three orbital astronauts on a space mission［J］. Life Sciences in Space Research, 2015, 4: 62–66.

［24］ Chen S. Advances in Human Space Research – Lessons Learned and Future Directions. In A Sponsored Supplement to Science: Human Performance in Space – Advancing Astronautics Research in China. Washington DC: AAAS Press, 2014.

［25］ Guo J, Qu W, Chen S, et al. Keeping the right time in space: importance of circadian clock and sleep for physiology and performance of astronauts［J］. Military Medical Research , 2014, 1: 23.

［26］ Wang D, Zhang L, Liang X, et al. Space Meets Time: Impact of Gravity on Circadian/Diurnal Rhythms［M］. Washington DC: AAAS Press, 2014.

［27］ Liang X, Zhang L, Wan Y, et al. Changes in the Diurnal Rhythms during a 45–Day Head–Down Bed Rest［J］. PLoS One, 2012, 7（10）: e47984.

［28］ 王艳利，吕柯，钟悦，等. 模拟微重力对 NIH–3T3 细胞 clock 及 bmal1 基因表达的影响［J］. 航天医学与医学工程，2012，1: 18–21.

［29］ 万宇峰，张琳，喻昕阳，等. 45d 头低位卧床对尿样 Ca、P 元素含量及昼夜节律的影响［J］. 航天医学与医学工程，2015，28（1）: 11–15.

［30］ 鲁安怀，王鑫，李艳，等. 矿物光电子与地球早期生命起源及演化初探［J］. 中国科学：地球科学，2014，44（6）: 1117–1123.

［31］ Lu A, Li Y, Jin S, et al. Growth of non–phototrophic microorganisms using solar energy through mineral photocatalysis［J］. Nat. Commun., 2012, 3: 768–775.

［32］ Guo Shuangsheng, Ai Weidang, Tang Yongkang, et al. Study on O_2 generation and CO_2 absorption capability of four co–cultured salad plants in an enclosed system［J］. Advances in Space Research, 2014, 53（2014）: 1551–1556.

［33］ Guo Shuangsheng, Dong Wenping, Ai Weidang, et al. Research on regulating technique of material flow for 2– person and 30–day integrated CELSS test［J］. Acta Astronautica, 2014, 100（2014）: 140–146.

［34］ Roger DL. Why go to the moon? The many faces of lunar policy［J］. Acta Astronautica, 2012, 70（2012）: 165–175.

［35］ Wheeler RM, Wehkamp CA, Stasiak MA, et al. Plants survive rapid decompression: Implications for bioregenerative life support［J］. Advances in Space Research, 2011, 47（2011）: 1600–1607.

［36］ M Nelson, BC Wolverton.Plant+soil /wetland microbes: Food crop systems that also clean air and water［J］. Advances in Space Research, 2011, 47: 582–590.

［37］ Liu Hong, Fu Yuming, Xie Beizhen, et al. Bioregenerative life support experiment for 90 days in a closed integrative experimental facility LUNAR PALACE 1［C］//40th COSPAR Scientific Assembly, 2014.

［38］ Guo Shuangsheng, Ai Weidang, Fei Jinxue, et al. Kinetics characteristics of trace gases for a 2–person–30–day integrated CELSS test［J］. Environmental Science and Pollution Research, 2015, 22（9）: 7020–7024.

撰稿人：李莹辉　商　澎　赵玉芬　唐　果　郭双生

空间科学战略性先导科技专项进展报告

空间科学是以航天器为主要平台，研究发生在日地空间、行星际空间乃至整个宇宙空间的物理、天文、化学以及生命等自然现象及其规律的科学。空间科学研究宇宙的过去、现在和未来，进行从宏观天体到极端条件下原子与分子基本规律的探索，从根本上揭示客观世界规律，是当代自然科学的重要前沿学科。

2011 年 1 月，空间科学战略性先导科技专项（简称"空间科学先导专项"）作为中国科学院首批启动的 A 类战略性先导科技专项，经院长办公会审议通过后正式立项。空间科学先导专项的总体目标是，在最具优势和最具重大科学发现潜力的科学热点领域，通过自主和国际合作科学卫星计划，实现科学上的重大创新突破，带动相关高技术的跨越式发展，发挥空间科学在国家发展中的重要战略作用。

一、专项研究内容与任务分解

结合国际学科发展前沿，为促进我国空间科学的可持续发展，空间科学先导专项在"十二五"期间将开展空间科学卫星工程任务研制，同时部署了空间科学背景型号和空间科学预先研究项目，为下一个五年计划及更长远的空间科学发展奠定基础。

空间科学先导专项的研究内容包括（图 1）：

（1）研究黑洞的性质及极端条件下的物理规律，实现宽波段（1 ~ 250 keV）X 射线巡天，探测大批超大质量黑洞和其他高能天体，研究宇宙 X 射线背景辐射的性质，通过定点观测黑洞和中子星 X 射线双星，研究它们的多波段快速光变，探索黑洞强引力场和中子星强磁场中物质的动力学和高能辐射过程。

（2）在量子力学完备性检验方面，将在国际上首次进行星地高速量子密钥分发实验，并进行广域量子密钥网络实验；在国际上首次开展空间尺度进行量子纠缠分发和量子隐形传态实验，开展空间尺度量子力学完备性检验的实验研究。

（3）在寻找暗物质湮灭的证据方面，通过在空间高分辨、宽波段观测高能电子和伽马射线寻找、研究暗物质粒子，在暗物质研究这一前沿科学领域取得重大突破；通过观测TeV以上的高能电子及重核，在宇宙射线起源方面取得突破；通过观测高能伽马射线，在伽马天文方面取得重要成果。

（4）研究空间环境下的物质运动规律与生命活动规律，开展空间科学实验，研究、揭示微重力条件和空间辐射条件下物质运动及生命活动的规律，取得创新科技成果。

（5）研究太阳活动事件对地球空间环境的影响，通过国际合作形成对日地关系链锁变化的连续观测系统，探索日地空间系统物质和能量的传输与耦合过程，主导国际日地联系计划并预期在日地系统能量及扰动的耦合机制方面实现重大突破。

（6）在空间科学背景型号遴选与关键技术攻关方面，在先期任务概念预研的基础上，为"十三五"空间科学卫星计划遴选背景型号项目；通过关键技术攻关，降低进入工程研制后的进度风险、技术风险、人才队伍风险和经费投入风险，为顺利工程立项和"十三五"顺利开展工程研制与发射做好各项准备。

（7）在空间科学预先研究方面，通过部署的空间科学预先研究课题集群，将编制出适应国际发展前沿的空间科学发展战略规划；极大促进空间科学各学科领域创新任务概念的涌现、孵育8～10项具有创新性的空间科学卫星任务概念，突破空间科学观测/探测所需的科学探测仪器关键技术及空间科学实验关键技术，布局和启动需长期发展的重要关键技术，为空间科学的长期可持续发展奠定科学和技术基础。

（8）在专项总体管理及相关支撑技术研究方面，开展空间科学发展战略规划研究工作；开展专项总体管理、空间科学卫星任务工程总体及空间科学背景型号和预先研究项目

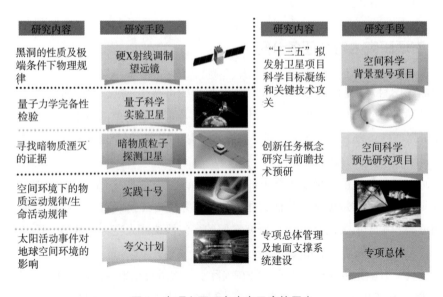

图1　专项主要研究内容及实施平台

的管理工作；开展专项公共支撑技术及配套设施建设工作，为专项的顺利实施提供技术支撑保障。

根据空间科学发展的战略需求，为实现空间科学先导专项的研究目标，结合专项的研究内容，在"十二五"期间，空间科学先导专项部署了空间科学卫星工程任务项目、空间科学背景型号项目、空间科学预先研究项目。其中，空间科学卫星工程任务项目包括硬 X 射线调制望远镜、量子科学试验卫星、实践十号、暗物质粒子探测卫星和夸父计划 ①
等五颗自主和国际合作科学卫星项目，以期实现科学上的重大创新突破和技术上的跨越发展；空间科学背景型号项目在"十二五"期间分两批遴选科学卫星项目进行背景型号研究，为"十三五"科学卫星的工程研制、发射做准备；空间科学预先研究项目按照一年期和两年期分批滚动设置预先研究课题，开展创新性概念研究、前瞻技术预研和关键技术攻关、有效载荷验证试验，为空间科学的可持续发展进行科学和技术储备；为了更好地统筹部署、组织实施专项工作，自 2013 年起，经中科院机关批准，在专项中增设了专项总体项目，主要负责开展专项总体管理和空间科学卫星工程地面支撑系统研制工作。

二、专项进展及阶段成果

（一）专项进展

专项自启动以来，在专项各参研参试单位的共同努力下，各项研制工作有序开展，完成了各年度的目标任务，为后续完成"十二五"期间的总体目标和任务奠定了坚实的基础，为我国空间科学的可持续发展进行了科学技术储备。

硬 X 射线调制望远镜卫星于 2011 年 3 月正式工程立项，进入方案设计阶段，在此阶段主要开展了卫星平台、有效载荷方案设计及关键技术攻关、验证工作；2011 年年底通过了方案研制总结暨转初样设计评审，工程转入初样研制阶段，在初样产品研制阶段，完成了卫星平台的研制和有效载荷电性件、结构件、结构热控件、准鉴定件及鉴定件五类产品的研制及试验，其他系统也相应开展研制建设工作，卫星于 2013 年 12 月通过了转正样评审，转入正样阶段。

量子科学实验卫星于 2011 年完成工程立项综合论证，并于当年年底正式工程立项，转入方案设计阶段；在方案阶段，完成了卫星与载荷方案设计和星地光路对准等三项关系任务成败的重要关键技术攻关，于 2012 年 12 月正式转入初样研制阶段；在初样阶段卫星系统开展初样产品的研制及各项地面试验工作，运载火箭系统开展试样产品研制生产，发射场和测控系统开展适应性改造工作，地面支撑系统和科学应用系统开展研制建设工作，于 2014 年 12 月转入正样研制阶段。

暗物质粒子探测卫星于 2011 年完成工程立项综合论证，并于当年年底正式工程立项，

---

① "夸父计划"为国际合作科学卫星项目，因国际合作伙伴无法落实，2014 年经中科院批准该项目暂缓。

转入方案设计阶段；在方案阶段，开展了方案设计，完成了有效载荷桌面电性能联试，并在欧洲核子中心（CERN）完成了束流定标试验，在完成"载荷平台一体化结构设计"等六项关键技术攻关后，于2013年4月卫星转入初样研制阶段；在初样阶段卫星系统开展了初样产品的研制及各项地面试验工作，其他系统也相应开展研制建设工作，在完成了全部初样研制阶段工作后，卫星于2014年9月通过了转正样评审，转入正样阶段；2015年年底进行了发射。

"实践十号"返回式科学实验卫星于2011年开展了深化论证工作，对原有搭载项目重新进行了遴选，完成了星上科学实验及载荷的遴选工作，在六大系统可行性论证和立项综合论证通过后，于2012年12月正式工程立项，转入方案设计阶段；在方案阶段，完成了卫星与载荷方案设计，解决了回收舱热控方案更改等技术难点，于2013年9月正式转入初样研制阶段；在初样阶段开展了初样电性件的研制与试验，于2014年12月转入正样研制阶段。

空间科学背景型号项目分别于2011年、2013年遴选了两批课题，共计遴选出4个大型项目、4个中小型项目，开展科学目标凝练、探测方案优化和关键技术攻关工作，为"十三五"工程立项作准备。第一批项目于2014年4月通过了中期评估并取得阶段性成果。目前8个项目（将在下一节作具体介绍）均处于研究阶段，并在国际空间科学研究所北京分部（ISSI-BJ）平台上开展了国际论证，与会国际专家对各项目的科学意义、探测方案给予了高度评价。

空间科学预先研究项目也分别于2011年、2013年遴选了两批课题，研究周期均为1~2年，两批共计遴选出近百个课题，开展创新性任务概念研究、前瞻技术预研和关键技术攻关及有效载荷验证试验，为"十三五"乃至"十四五"的空间科学发展进行科学和技术储备。

值得一提的是，在2013年5月举行的第九届中欧空间科学合作双边研讨会上，中国科学院和欧洲空间局达成共识，鉴于中国科学院从2011年起开始实施空间科学战略性先导科技专项、并将于2016年前启动新的科学卫星计划遴选，以及欧洲空间局规划的第二批小型科学卫星任务也将于2016年前确定，双方一致同意实施一项中欧联合空间科学卫星任务（简称"联合任务"），开启中欧双方全方位的合作。双方确定，联合任务将在空间天文、太阳物理、空间物理、太阳系探测和空间基础物理领域提出其科学目标，并计划于2021年进行发射。中欧科学界将在该任务的整个生命周期内，即包括研究、定义、实施、运行和科学数据利用阶段，联合对其进行定义、实施和数据利用。2014年2月、9月，中欧联合空间科学卫星任务第一次、第二次研讨会成功在成都和丹麦哥本哈根举行，为今后进一步合作并提出联合任务建议打下了良好基础。

（二）空间科学背景型号项目

作为下一个五年计划的备选项目，根据战略规划和发展路线图，通过科学论证，分两批遴选出了8个空间科学背景型号项目，开展科学目标凝练、探测方案优化和关键技术攻关，为"十三五"科学卫星的工程研制、发射和获得科学成果做准备。现对 8 个空间科学背景型号项目简介如下。

1. 磁层 – 电离层 – 热层耦合小卫星星座探测计划（MIT）

利用小卫星星座系统，对近地磁层高度以下的磁层 – 电离层 – 热层耦合关键区域进行探测，揭示电离层向磁层的上行粒子流的起源、加速机制与传输规律，认识来自电离层和热层的物质外流在磁层空间暴触发与演化过程中的重要作用，了解磁层空间暴引起的电离层和热层全球性多尺度扰动特征，揭示磁层 – 电离层 – 热层系统相互作用的关键途径和变化规律。

2. X 射线时变与偏振探测卫星（XTP）

以国际上探测面积最大的聚焦成像望远镜阵列和高能量分辨率、高时间分辨率探测器为基础，并结合高灵敏度偏振探测能力，研究"一奇"（黑洞，测量上百个黑洞的自转参数）、"二星"（中子星和夸克星，研究极高密度下的物质状态方程）、"三极端"（极端引力、极端密度、极端磁场下的物理过程），实现对黑洞和中子星系统的大样本、高精度 X 射线能谱和时变观测，开拓高灵敏度 X 射线偏振探测新窗口，测量黑洞和中子星的基本物理参数，揭示极端条件下的基本物理规律。

3. 空间毫米波 VLBI 阵列

自主研发大型空间可展开射电望远镜，同时与地面 VLBI 阵联网，建成世界上首个具有超高分辨率的空间长毫米波 VLBI 阵列，开展黑洞等致密天体的超高精细结构成像观测等研究，揭示黑洞附近发生的天体物理过程，探究黑洞的物理本质，揭示大质量恒星的诞生和死亡之谜。

4. 太阳极轨成像探测计划（SPORT）

利用携带的遥感成像仪器，首次以太阳极轨的视角，居高临下对太阳和行星际空间展开连续成像，描绘行星际空间天气"云图"。进行高时间、空间、谱分辨率的内日球层高纬的等离子体、电磁场、波动等的就地探测，在射电波段进行成像探测。研究日冕物质抛射在内日球层的传播和演化；日冕和日球层中能量粒子的加速、传输和分布；太阳高纬磁活动与太阳爆发、太阳活动周的关系；太阳风高速流的起源和特性。揭示太阳风加速和加热、太阳高纬的磁活动过程；深化理解无碰撞等离子体的波粒相互作用及其电磁辐射机制等。

5. 系外类地行星探测计划（STEP）

搜寻太阳系附近的类地行星，开展太阳系附近行星系统的精确探测研究，进行宇宙距离尺度定标。将在国际上首次探测到太阳系附近（66 光年以内）的可居住类地行星，STEP 的观测对理解多行星系统的起源、演化和这些系统中的行星可居住性有着非常重要的影响，将成为发展行星系统动力演化理论的必要基础。

6. 先进天基太阳天文台（ASO-S）

同时观测对地球空间环境有重要影响的太阳上两类最剧烈的爆发现象——耀斑和日冕

物质抛射（CME）；研究耀斑和日冕物质抛射的相互关系和形成规律；观测全日面太阳矢量磁场，研究太阳耀斑爆发和日冕物质抛射与太阳磁场之间的因果关系；观测太阳大气不同层次对太阳爆发的响应，研究太阳爆发能量的传输机制及动力学特征；探测太阳爆发，预报空间天气，为我国空间环境的安全提供保障。

7. 爱因斯坦探针（EP，图 2）

发现和探测几乎所有尺度上的沉寂的黑洞，特别是发现和研究星系中心黑洞潮汐摧毁并吞噬恒星产生的 X 射线暂现爆发；探测引力波爆发源的电磁波对应体并对其精确定位；开展高深灵敏度、高监测频度的大视场时域 X 射线监测，实现对暗弱和遥远的高能暂现源的全天普查，开展大样本 X 射线源的时变的巡天监测。

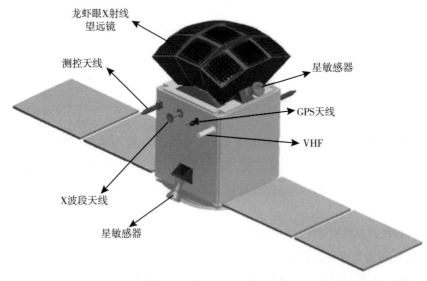

图 2　爱因斯坦探针卫星示意图

8. 全球水循环观测卫星（WCOM）

首次开展全球水循环关键多要素、高精度、同时相的综合观测，实现对地球系统中水的分布、传输与相变过程的机理及水循环系统的时空分布特征认识上的突破；利用 WCOM 的观测数据，实现对历史观测数据和水循环模型的改进，揭示全球变化背景下水循环变化特征，深化理解水循环对全球变化的响应与反馈作用的科学规律。

（三）专项阶段成果

专项自启动以来，通过加强组织实施管理，提高专项经费使用效益，已经取得大量成果，产生了大量成果产出（数据统计截至 2014 年 4 月）。

（1）空间科学卫星工程硬件产品（单机）：①初样结构件 25 台 / 套、热控件 10 台 / 套、电性件 59 台 / 套、鉴定件 55 台 / 套；②正样飞行件 55 台 / 套、备份件 4 台 / 套。

（2）背景型号及预先研究项目硬件研制：①关键部件53台/套；②原理样机29台/套；③测试设备/定标装置18台/套；④样件/样片240件。

（3）软件328个。

（4）科研论文287篇，其中国际论文179篇；国内论文108篇；SCI收录论文172篇，EI收录论文61篇；在国际著名科学期刊 *Nature* 上发表论文2篇。

（5）会议报告316篇，其中国际会议报告221篇、全国性会议报告95篇。

（6）各类管理及技术文档5246份。

（7）专利申请60项，已获得授权22项。

（8）计算机软件著作权登记及授权11项。

（9）集成电路布图设计登记4项。

三、国际影响

空间科学先导专项自实施以来，得到了包括美国、欧洲等空间科学大国的强烈关注，在国际上已经产生了较大影响，也吸引了欧美与我国在空间科学领域开展深度合作的愿望和兴趣。

2011年5月20日，《科学》杂志对中国科学院启动空间科学先导专项开始主持空间科学任务进行了专门报道："在中国科学院的创新2020战略下，空间科学在未来5年内将获得36亿元人民币的资助。在此期间，中国科学院计划设立具有稳定经费预算的国家空间科学中心来负责管理空间科学计划……空间科学先导专项将成为中国空间科学发展的转折点。"

同年11月15日，《自然》杂志报道："7月，中国科学院在北京成立了国家空间科学中心，总体负责未来中国的空间科学规划……只要中国经济持续有力的增长，预计其空间科学任务将持续扩展，中国的空间科学将会繁荣发展。"

2012年6月，《科学》杂志在 "*A New Dawn for China's Space Scientists*" 一文中，对空间科学先导专项拟发射的硬X射线调制望远镜、暗物质粒子探测卫星等空间科学卫星工程项目，以及空间科学背景型号项目XTP研究课题等专项研究内容进行了长篇报道："随着神舟九号的发射，中国的载人航天任务将赢得全世界的目光，即将发射的空间科学卫星任务也将赢得世人的关注。"

除《自然》和《科学》等知名科学杂志对空间科学先导专项进行报道以外，团队主要成员还应邀在空间科学领域的各个重要国际会议中做空间科学先导专项的专门报告，包括在第56届联合国和平利用外太空委员会会议、第64届国际宇航联大会、美国科学院空间研究委员会2014年空间科学周等。西班牙主流媒体等也对空间科学先导专项的进展情况、在空间科学领域的国际合作等进行专门报道，进一步扩大了专项的国际影响。

专项实施以来，美国国家科学院高度关注空间科学先导专项。2011 年 10 月，阴和俊副院长带队的中国科学院空间科学代表团与美国科学院空间研究委员会开展交流，双方达成共识，开展中美空间科学交流，打破了美国政府在此领域对中国多年封锁的局面。2013 年 6 月，美国科学院空间研究委员会主席率团回访中国科学院，双方决定将持续开展空间科学领域的合作，就举办中国科学院 – 美国科学院杰出青年前沿论坛达成了共识。在院机关的大力支持下，2014 年 5 月，首届中美空间科学杰出青年前沿论坛在北京成功举办，来自中美两国空间天文和空间物理领域的青年领军人才针对相关前沿科学问题进行了研讨、交流。

欧洲空间局也非常关注空间科学先导专项的实施。早在 2011 年，在夸父计划原国际合作伙伴加拿大航天局因财政预算紧缩原因而不得不中止与我方的合作后，欧空局就表现出了参与到夸父计划研制中的强烈兴趣。但在 2012 年年底，因欧洲财政紧缩因素最终未能继续开展相关合作。2013 年 5 月，第九届中欧空间科学双边研讨会在意大利举行。在此次会议上，中欧双方就实施中欧联合空间科学卫星任务达成共识，并签署了会议纪要。目前该中欧联合空间科学卫星任务的技术约束及时间框架已基本确定，该项任务将成为首项由中欧科学家全程共同参与策划、形成任务建议、实施并进行科学研究和数据利用的科学卫星任务，不仅将为中欧双方建立和维护强有力的、可持续发展的合作关系开辟道路，同时也将为探索、发展我国空间科学国际合作新模式提供有益的参考。

四、发展展望

空间科学先导专项的组织实施标志着我国空间科学事业进入新的发展阶段，将开启我国认识宇宙的新篇章。空间科学先导专项立项实施以来的进展表明，各项研究任务有望取得预期成果：可望在恒星与星系的起源和演化、检验量子力学完备性、暗物质的性质、空间环境下的物质运动规律和生命活动规律等方面取得重大科学发现或突破，深化人类对宇宙和自然规律的认识。同时为未来五年乃至更长时间段空间科学的发展做好技术准备、奠定发展基础。

在黑洞的性质及极端条件下的物理规律研究方面，实现宽波段 X 射线（1 ~ 250keV）巡天，探测大批被尘埃遮挡的超大质量黑洞和其他高能天体，分解和确定宇宙硬 X 射线背景辐射的来源；通过黑洞、中子星、活动星系核等高能天体的光变和能谱性质，加强对致密天体和黑洞强引力场中动力学和高能辐射过程的认识；催生极低噪声软 X 射线探测技术。

在量子力学基本问题检验方面，在国际上首次开展空间尺度下的量子力学基本问题检验，大大推进人类对大尺度范围量子力学规律的认识，带动我国量子物理整体水平的大幅度提升；在国际上首次实现星地量子密钥传输，真正体现量子通信向广域范围发展的可能性，并将快速推进广域量子通信的实用化率先在我国得以实现，在量子通信技术实用化和产业化整体水平上保持和扩大在国际上的领先地位；实验小卫星平台高精度姿态机动技术；推动空间光跟瞄、空间微弱光探测、空地高精度时间同步等技术发展。

在暗物质粒子的性质与空间分布研究、高能电子观测和高能伽马射线观测等方面取得重大突破，验证已有的物理模型；验证大规模集成电路星上应用技术；推进多路信号（万路量级）处理技术及星上计算技术。

在空间环境下的物质运动规律和生命活动规律研究方面，拓展人类的认识，在基础研究领域取得重大突破。提高我国在空间流体控制、航天器防火安全、能源高效利用、新材料加工过程等方面的技术能力。揭示微重力及空间辐射环境影响植物、动物、微生物等生命体生命活动和重要生物学过程的分子机制，并应用于动物早期胚胎发育、干细胞生长/分化、组织三维构建等生物学研究。

在空间科学背景型号遴选与关键技术攻关方面，在先期任务概念预研的基础上，为后续空间科学卫星计划遴选背景型号预研项目；通过关键技术攻关，降低进入工程研制后的进度风险、技术风险、人才队伍风险和经费投入风险，为顺利工程立项和开展工程研制与发射做好各项准备。

在空间科学预先研究方面，通过部署的空间科学预先研究项目集群，将编制出适应国际发展前沿的空间科学发展战略规划；极大促进空间科学各学科领域创新任务概念的涌现、孵育多项具有创新性的空间科学卫星任务概念，突破空间科学观测/探测所需的科学探测仪器关键技术及空间科学实验关键技术，布局和启动需长期发展的重要关键技术，为空间科学的长期可持续发展奠定科学和技术基础。

空间科学专项的顺利实施，将促成在宇宙的起源与演化、物质运动规律和量子力学完备性等方面实现重大科学发现和突破，同时带动高精度探测、量子通信、新材料加工等多项技术的发展和进步，取得重大原创性科技成果，提升我国的科技创新能力、国家安全保障能力和国际竞争力，为我国的科技事业跨越发展做出重要贡献。

撰稿人：孙丽琳

ABSTRACTS IN ENGLISH

Comprehensive Report

Advances in Space Science

Space science is a front interdiscipline closely related to the major technological breakthroughs, which can lead to the intense technical innovations. Space science is also highly related with the survival and development of our human society, therefore space science is playing more and more important roles in the national development. The international powers are paying high attentions and giving strong supports to the study of space science. Space science can be divided into several disciplinary areas, such as space physics, space astronomy, solar physics, space exploration, planetary science, microgravity science and space life science.

The cosmic space is the common treasure of humankind. The cosmos exploration is also the persistent pursuit of humankind. Nowdays, the human space activity is emerging a flourish scene. Major space countries/organizations, one after the other, for mutated, or modulated their space light development strategies, plans and goals. The status and roles of space science in the national integral development is becoming increasingly prominent. The effect of space activities on the human civilization and social progress is further strengthened.

In recent years, different international space plannings were issued one after another. The scientific cooperation is more comprehensive than ever. Numbers of satellite projects were carried out successively. Significant scientific achievements and discoveries were constantly announced. After 50 years development, a fair foundation has been set up for the space science study in our country. Significant progress has been made in different aspects in our country, such as the establishment of subject areas, the training of research teams and the construction of infrastructures, all of which constitutes the good foundation for future development.

Nowadays, the development situation of international space science is constantly changing, however, exploring the mysteries of universe, expanding the territory of human activity and utilizing the universe resource will always be the eternal cause of humankind. At present, the development in all fields of space science in China face new opportunity. Only through the joint efforts of all scientists, engineering technicians and all administrative departments of whole country, shall we be able to seize the opportunities, completely achieve the goals proposed in the approved satellite projects, and chart out the bright future of the space science in China.

With the constant enhancement of our national power, our country is paying higher attention to space science, and is providing long-term stable support to the study of space science. So, We strongly believe that Chinese scientists will definitely make significant contribution to the human cognition of universe and to the space exploration in the near future. The development of space science in China will become the milestone of the human space exploration.

Written by Liu Zhiheng

Reports on Special Topics

Advances in Space Physics Exploration

The successful launch of the first artificial satellite opened a new world for human beings. Space physics is a disciple to investigate the fundamental processes and natural laws of physics in solar-terrestrial space, and solar system in general. It treats the solar-terrestrial as an integrated whole system, studying the sun, the interactions between the solar wind and the planets, and the interstellar medium.

Space physics put emphasis on the impacts of solar activities on the geospace and human activities. It focuses on the Sun-Earth connection, and the space-borne and ground-based monitoring network are working together even tightly. The investigation is devoted to both micro- and macro processes. The main objective is to study the Sun-Earth connection process of solar activities - interplanetary disturbance geospace storms and establish the integrated space weather model so as to understand the space weather process in the solar-terrestrial space. The study on the effects of the space environment on space activities and human living environment is getting more attention.

Development focus and priority areas of space physics in the next 10 years in China will be the Sun-Earth connection, emphasizing the cause-effect chain process of the space weather; to establish the integrated space-borne and ground-based monitoring system; to make breakthroughs in the key science problems of the effects of the solar activities on the geospace and human society; to improve the space weather skill in order to better serve the space activities and high-tech systems. The key science problem is the global change of space weather in the solar-terrestrial space and its effect.

In order to address the key science problem, a series of space missions and ground based observation projects have been proposed. The Kuafu project is a solar storm, aurora and space weather exploration mission, which including three satellites. One satellite located in L1 point observing the Sun and make insitu measurements in the solar wind. Two satellites are in the polar orbits making continuous observations of the north aurora. The MIT project is to investigate the magnetosphere – ionosphere – thermosphere coupling system, by use of four small satellites in different altitudes in geospace. SPORT will be the first mission to image the propagation and evolution of Coronal Mass Ejection off the ecliptic plane. The Meridian Project is a Chinese multi-station chain mainly along 120°E to monitor geospace environment, starting from Mohe, the northernmost city in China, through Beijing、Wuhan、Guangzhou and extended to Zhongshan station of china in the Antarctic. The second phase of the Meridian Project will add the stations along 100°E to cover the most area of the space environment above China. The International Meridian Circle Project (IMCP) is an international collaboration effort which will make it possible to constitute the first complete environment monitoring chain around the globe by connecting observatories along the 120°E meridian with those along the 60°W meridian.

Written by Wang Chi

Advances in Space Astronomy

Space Astronomy uses space-based instruments beyond the atmosphere to observe celestial objects and study their morphology, structure, composition, motion, physical state, and evolution. Thanks to many years of efforts, the Chinese space astronomy community has developed the capability of carrying out systematic investigations in a variety of space astronomy branches. Since 1990s, Chinese scientists have been analyzing almost all of the publicly available data of international space telescopes and have made significant achievements, some of which are world leading discoveries. However, the absence of independent Chinese space and solar missions has prevented Chinese space astronomers from playing the leading role. China currently has about 2000 active astronomers with permanent appointment, and about 1500 postdoctoral researches and graduates working on astronomy and astrophysics. From 2009 to 2013, they published 3274 first-author papers, accounting for 5.5% of the total publication in astronomy and astrophysics, and ranking fourth in the world. In particular, in the fields of cosmology, gamma-ray bursts, black hole, dark matter, and solar physics etc., several papers have made significant international impact. Two of the works were rewarded the second-class national natural science award and several others won the National Science and Technology Progress Awards of China. During the past 5 years, significant progresses have been made on space astronomy technologies. The Dark Matter Particle Explorer (DAMPE)has been launched in 2015,and the Hard X-ray Modulation Telescope (HXMT) is expected to be launched in 2016. Significant technical breakthroughs have been made on many other preliminary missions. These achievements have established the foundation for significant advances in Chinese space astronomy in the 13th Five-Year Plan of China.

Written by Chang Jin

Advances in Lunar and Planetary Science

Lunar and planetary science is a subject which focuses on the topography, material, chemical composition, origin and evolution of the celestial bodies in solar system. As an important part of the space sciences, lunar and planetary science plays a great role in the development space sciences and aerospace exploration by studying the origin and evolution of solar system, extraterrestrial life and relevant material, exploiting and utilization of space resources. Not only relays on the results of meteorite study, the progress of lunar and planetary study also depends on the growing of space probe. After almost 50 years' struggle, the Chinese lunar and planetary science has improved a lot. More than 11000 meteorites have been collected, which makes China the third country that possesses the most meteorites (after US and Japan). The progress in classification and denomination of meteorites supplies a material foundation for chinese lunar and planetary science development. On the other hand, with the success of Chinese artificial satellites and manned space flight, a lot of achievements have been made in earth and near-earth space exploration. For example, the success of Chinese moon exploration program marks a substantial step in deep space exploration. Especially, the Chinese Chang'e-3 detector which landed on 14th December, 2013 is the first time of soft landing in the second lunar exploration high tide, and the Chang'e five returns by semi-ballistic reentry return jump in Octomber 2014, all of these will laid a solid foundation for the upcoming space exploration plans of our country.

Written by Liu Jianzhong

Advances in Space Remote Sensing

Remote sensing is an integrated technology which use various sensing instruments on satellites, airplanes or other aircraft to collect and process the electromagnetic wave radiation and reflection from remote targets and then form images. Target detection and recognition can be achieved with this technique. Remote sensing technology has been widely applied in meteorology, earth resources, oceans and disaster monitoring, military reconnaissance and astronomical observations, which has become an necessary method to explore outer space and learn more about nature.

For decades, with the rapid development of optical remote sensing technology in China, the capabilities of payload design, manufacture, testing and application have been greatly improved, bringing a wide variety of optical products and function and performance improvements.During the 12th Five-Year(from 2011 to2025) period, driven by GF major projects, the development of the payload reached a new high.Remote sensing payload has entered the submeter resolution ages.

Currently, China launched a civil space infrastructure construction project, which is an important part of China's strategic emerging industries.The project plays an effective role in the transformation of Chinese economic growth and information consumption increase, contributing a lot to China's One Belt One Road strategy and global interests expanding.

 Civil space infrastructure puts forward higher requirements of optical payload.

This report introduced the improvements of China's space optical remote sensing payload from 2011 to 2015,including optical payloads in the areas of terrestrial observation, meteorological exploration and ocean observation. Moreover, GF, ZY and FY series payloads are introduced in details.Foreign optical payloads in typical satellites are also introduced such as the United States Worldview-3, France Pleiades, and so on. The optical payloads development in China and abroad were analyzed, and the development trends were discussed in the end.

Written by Dong Xiaolong, Chen Xiaoli, Liu Heguang, Wang Hongjie, Gao Shumin, Li Chenxi

Advances in Deep Space Exploration

The world's space exploration technique developed rapidly from 2012 to 2015. Lunar Exploration activities were China's major space exploration activities, including Chang 'e-2 lunar probe carring out a number of expanding tests after the scheduled task, for example, leaping and probeing asteroid Toutatis, Chang 'e-3 probe completed successfully the fall detection and patrol, and China became the world's third country mastering fall in exploration technology. China has also completed successfully of lunar exploration's the third phase of the reentry return flight test task, so as to become the third country ,which recovered lunar spacecraft successfully.Foreign space exploration technology achievements play in many fields, including Gravity Recovery and Interior Laboratory (GRAIL)and Lunar Atmosphere and Dust Environment Explorer (LADEE) of USA completed the scheduled moon mission; American MESSENGER mercury detector obtained a large amount of information; European Venus Express detector has been prolong life till now; The world's most advanced US Curiosity rover got numerous fruit after landing, Mars Atmosphere and Volatile Evolution Mission (Maven) was the first space probe in the world designed to study the Martian atmosphere while orbiting Mars. Mangalyaan Mars rover of India became the world's fourth and Asia's first to explore Mars successfully; NASA's Juno detector is still flying to Jupiter; American remarkable success, Cassini Saturn probe in orbit around Saturn is extending service; Europeans Rosetta comet probe launched the world's first lander "Philae" to nucleus after it came into the target comets orbit; The Dawn probe become the world's first deep space probe, which explored asteroids of asteroid belt between Mars and Jupiter, and also the first deep space probe orbiting two different celestial bodies, and the first dwarf planets detector, Japan launched Hayabusa-2 as a asteroid sample return detector; USA Voyager-1 became the world's first man-made object to enter interstellar space; New Horizons began to exploring distant Pluto and its moons for the first time after more than 9 years. Thus, the global space exploration activities during the period of 2012—2015 were rich and wonderful.

Written by Pang Zhihao

Advances in Space Materials

With the steady progress of Chinese manned space flight and moon landing program, and the developing demand of national security, great achievements in the study and application of space materials have been made in recent years. Space materials are also the foundation and guide of High-tech and industry, and are becoming a prerequisite of the breakthrough in high-tech.

Space materials include metallic materials, polymer materials, inorganic nonmetallic materials and their composites. According to their roles, space materials are classified as structural materials, functional materials, and structure function integration materials. Structural materials are used to make structural parts of air vehicle, involving Al, Ti, Mg alloys, polymer materials, ceramics and their composites. Functional materials are characteristic of special functions, exhibiting the role of lubrication, protection, and catalysis, respectively. Structure function integration materials possess both structural and functional properties, for example, electron magnetic dome has multi-functions such as load bearing, thermal resistance, transmittance, and ablation resistance, to meet the application demand of microwave windows.

The authors summarize recent development of space materials including structural materials, functional materials, and structure function integration materials in China.

Written by Wang Shiwei

Advances in Microgravity Science

Microgravity science is to explore the fundamental physical laws of matter motion under microgravity, as well as to investigate the effect of varying gravity on matter motion. Microgravity experiments are useful to demonstrate the fundamentalphysical laws,since those effects due to gravity such as buoyancy, sedimentation, and pressure gradient, disappear under microgravity environment.These experiments are impossible to be carried out on ground.In general, Microgravity science involves the fields of fluid physics, combustion, material sciences and basic physics etc.

Up to now, totally six kinds of universal experimental apparatuses have been developed by China's manned space flight project focused on the research of microgravity sciences. In recent ten years, some space experiments have been successfully carried out in China by recoverable satellites, concerning the fields of space materials science and microgravity fluid physics etc. Besides, supported by Chinese National 863 plan, the drop tower with 116 meters high above ground and 8 meters deep under ground was built to perform microgravity experiments. Projects to carry out experiments in sounding rockets for microgravity science and space life science are also in plan in China. Cesium atomic fountain clock has achieved the accuracy of 3×10^{-15} in China, and the principled sample machine of cold rubidium atomic clock with high accuracy has been prepared in China to be serving in space.

Moreover, international cooperation is another important way to develop Chinese microgravity researches. By using the facilities in Russian recoverable satellites "Photons", and the facilities in international space station, Chinese researchers completed some experiments of semiconductor crystal growth and fluid physics respectively.Chinese scientists have taken part in the project of European ACES Plan. They also attended the study of fine structure measurement by atomic clock on ground in Europe.

Written by Liu Qiusheng, Pan Mingxiang, Wang Binbin

Advances in Space Life Science

Space life sciences is a basic research to study life phenomenon and law of the earth organism under the special environment in outer space, including microbes, plants and animals (people); Using special space environment to carry out space transformation and application of biological technology and basic research; Application and research of support manned space exploration activities; Exploring extraterrestrial life and exploratory research on the origin of the life in universe, and the special method of support space life science and related technology research.

With accelerating pace of human beings into outer space, space life sciences are growing vigorously. From 2013 to 2015, Space medicine has made significant progress. Human obtained more knowledge for all kinds of biological response, growth, development and rhythm change mechanism. The possible gravity perception mechanisms of the plant and animal are found, as well as the space radiation side effect of biological tissue. Space biotechnology and translational research are also progressing very successfully. Meanwhile, a series of progress has been made in the exploration of extraterrestrial life, which is extending the understanding of the conditions of existence of life.

Written by Li Yinghui

Advances in Strategic Priority Program on Space Science

In January 2011, Strategic Priority Program (SPP) on Space Science was approved and initiated by Chinese Academy of Sciences (CAS) under the Program of Innovation 2020. During the 12th Five-Year Plan period, SPP on Space Science implements the following missions and studies: Hard X-ray Modulation Telescope (HXMT), Quantum Experiments at Space Scale (QUESS), Dark Matter Particle Explorer (DAMPE), Shijian-10 (SJ-10), KUAFU Mission, Intensive Study of Future Space Science Missions, and Advanced Research of Space Science Missions, and

Payloads.

HXMT will perform a broad band (1~250 keV) all-sky survey, in which a large number of massive black holes and other high energy objects will be detected, and the properties of the cosmic X-ray background will be more tightly constrained.

QUESS will implement the long-distance quantum communication network based on high-speed Quantum Key Distribution (QKD) between the satellite and the ground station, to achieve major breakthroughs in the realization of space-based practical quantum communication. It will also make experiment on quantum entanglement distribution and quantum teleportation on space scale, testing the fundamental laws of quantum mechanics on global scale. QUESS entered in flight model phase in Dec. 2014.

DAMPE is dedicated to search for and study dark matter particles by conducting high-resolution observation of high-energy electron and gamma ray. It will also study the origin of cosmic rays and the propagation and acceleration mechanism of cosmic ray. DAMPE has been launched in Dec.2015.

SJ-10, which is a recoverable satellite, is designed for space experimental research of microgravity science and space life science. The major scientific objectives of SJ-10 are to get innovative achievements in kinetic properties of matter and rhythm of life by carrying out various scientific experiments in space. SJ-10 entered in flight model phase in Dec. 2014.

KUAFU mission, as an international colaberation mission, will perform integrated, continuous, multi-layered long-term observation of the origin of the solar wind and CME eruptions, determine the earthward velocity and energy output of these disturbances, track their propagation and evolution in the interplanetary space, solve systematically the problem of what drives space weather. Due to its international partners not available for the present, KUAFU mission is not yet started officially.

Intensive Study of Future Space Science Missions is aiming at carry out studies in the selected future science missions including their scientific objectives, their payload definitions, and related key technologies, making preparations for implementing the missions during the 13th Five-Year Plan period. 8 projects have been selected to perform intensive studies.

Advanced Research of Space Science Missions and Payloads is targeted for the advanced research on key technologies for future space science satellites by planning a cluster of research subjects, including innovative concepts of space science missions, key technologies of payloads, ground calibrations as well as short-time flight demonstrations. The project is divided into two groups during each five-year plan, with 1~2 year research cycle.

Endorsed by the State Council of China in March, 2010, the Strategic Priority Program was initiated by Chinese Academy of Sciences to make world-leading original achievements by focusing on the breakthroughs in scientific and strategic high-tech frontline, which is of great significance to China's international competitiveness, long-term economic and social sustainable development, national security and new S&T revolution trend. The implementation of the SPP on Space Science will definitely promote the rapid development of China's space science endeavor, making contributions to China's development and the progress of human civilization.

Written by Sun Lilin

索 引